高等职业教育"十四五"规划教材

动 物 药 理

第 2 版

贺生中　李荣誉　裴春生　主编

U0219172

中国农业大学出版社

·北京·

内 容 简 介

本教材共分 10 个学习情境和 18 个实验实训。每个学习情境根据学习内容提出了知识目标和技能目标，并附有复习思考题，引导学习者掌握必要的知识要点。实验实训部分主要包括目的要求、实训内容、实验步骤、实验报告等方面内容。书后附有不同动物用药量换算表和注射液物理化学配伍禁忌表，利于学习者准确用药、科学用药。

本教材可作为高职高专类院校畜牧兽医、动物医学、宠物养护、兽药生产与营销等专业的教材，也可作为中职院校畜牧兽医类专业师生、畜牧兽医生产人员、畜牧兽医技术服务人员、兽药营销人员和兽药行政监管人员等的参考用书。

图书在版编目(CIP)数据

动物药理 / 贺生中,李荣誉,裴春生主编. —2 版. —北京:中国农业大学出版社,2021.1
(2025.2 重印)

ISBN 978-7-5655-2524-7

Ⅰ.①动…　Ⅱ.①贺…②李…③裴…　Ⅲ.①兽医学－药理学－高等职业教育－教材
Ⅳ.①S859.7

中国版本图书馆 CIP 数据核字(2021)第 026552 号

书　　名	动物药理　第 2 版		
作　　者	贺生中　李荣誉　裴春生　主编		
策划编辑	康昊婷	**责任编辑**	康昊婷　刘彦龙
封面设计	郑　川		
出版发行	中国农业大学出版社		
社　　址	北京市海淀区圆明园西路 2 号	**邮政编码**	100193
电　　话	发行部 010-62733489,1190		
	编辑部 010-62732617,2618	**出　版　部**	010-62733440
网　　址	http://www.caupress.cn	**E-mail**	cbsszs@cau.edu.cn
经　　销	新华书店		
印　　刷	涿州市星河印刷有限公司		
版　　次	2021 年 1 月第 2 版　　2025 年 2 月第 3 次印刷		
规　　格	787mm×1092mm　　16 开本　　15 印张　　370 千字		
定　　价	45.00 元		

图书如有质量问题本社发行部负责调换

第2版
编审人员

主　编　贺生中（江苏农牧科技职业学院）

李荣誉（河南牧业经济学院）

裴春生（辽宁农业职业技术学院）

副主编　张崇秀（湖北生物科技职业学院）

王　利（商丘职业技术学院）

颜友荣（江苏农牧科技职业学院）

参　编（按姓氏笔画排序）

李　晖（湘西民族职业技术学院）

张　瑾（甘肃畜牧工程职业技术学院）

郭永刚（河南牧业经济学院）

高月林（黑龙江农业职业技术学院）

徐光科（信阳农林学院）

董亚青（江苏农牧科技职业学院）

傅宏庆（江苏农牧科技职业学院）

审　稿　卜仕金（扬州大学）

李春雨（新疆农业职业技术学院）

第1版 编审人员

主　编　贺生中（江苏畜牧兽医职业技术学院）

李荣誉（郑州牧业工程高等专科学校）

裴春生（辽宁农业职业技术学院）

副主编　张崇秀（湖北生物科技职业学院）

王　利（商丘职业技术学院）

参　编　（按姓氏笔画排序）

李　晖（湘西民族职业技术学院）

张　瑾（甘肃畜牧工程职业技术学院）

周伟伟（江苏畜牧兽医职业技术学院）

郭永刚（郑州牧业工程高等专科学校）

高月林（黑龙江农业职业技术学院）

徐光科（信阳农业高等专科学校）

傅宏庆（江苏畜牧兽医职业技术学院）

审　稿　卜仕金（扬州大学）

李春雨（新疆农业职业技术学院）

第2版
前　言

在畜牧生产过程中，我们追求动物安全、生态环境安全和人类健康。近年来，我国畜牧业与兽药行业发展迅速，动物养殖企业的疾病防治岗位、兽药生产企业的销售和技术服务等岗位急需具有动物药理知识和技能的高职应用型人才。

动物药理课程是动物疾病诊疗技术的重要基础课程。学生通过本课程的学习，可以为系统学习动物传染病、动物寄生虫病、动物内科病、动物营养代谢病和动物外产科病等打下坚实基础。

党的二十大报告指出：教育、科技、人才是全面建设社会主义现代化国家的基础性、战略性支撑。加强教材的建设与管理。本教材是按照新形势下国家高等职业教育人才培养目标和中国农业大学出版社的要求，组织国内从事高等职业教育畜牧兽医类动物药理课程教学的专业骨干教师编写。在编写过程中，我们力求按照高职高专类教学大纲，结合实际教学体会，突出应用性和适用性，注重理论实践一体化，以方便学生尽快掌握学习内容，学会正确选药、合理用药、提高药效、减少用药不良反应。

本教材由江苏农牧科技职业学院贺生中、河南牧业经济学院李荣誉、辽宁农业职业技术学院裴春生任主编，湖北生物科技职业学院张崇秀、商丘职业技术学院王利、江苏农牧科技职业学院颜友荣任副主编，参加编写的（按姓氏笔画排序）还有湘西民族职业技术学院李晖、甘肃畜牧工程职业技术学院张瑾、河南牧业经济学院郭永刚、黑龙江农业职业技术学院高月林、信阳农林学院徐光科、江苏农牧科技职业学院董亚青和江苏农牧科技职业学院傅宏庆等。本教材由扬州大学卜仕金和新疆农业职业技术学院李春雨审稿。

由于我们的知识水平和能力有限，教材难免出现疏漏和缺点，敬请广大读者批评、指正。

编　者

2024 年 12 月

第1版 前言

　　动物药理课程始终作为动物传染病、动物寄生虫病、兽医内科学、兽医外科学、兽医产科学等后续课程的重要基础。近些年，我国畜牧业与兽药行业发展迅速，兽药生产企业的销售和技术服务岗位、兽药经营企业的营销岗位、动物养殖企业的兽医岗位等急需具有良好动物药理知识和技能的高职高专类人才，动物药理课作为高职高专类的畜牧兽医专业、兽医专业、兽医医药专业、兽药生产与营销专业等的专业基础课或专业课，其地位和作用备受重视。为顺应上述情况的需要，结合兽药在养殖业生产实践中防治疾病的实际应用与国家兽药管理政策法规的要求，我们组织了来自全国不同地区的从事高职高专类动物药理课程教学的教师，积极吸纳2005年《中华人民共和国兽药典兽药使用指南》（化学药品卷）的内容和有关兽药新知识，编写了能够全面反映动物药理知识，具有代表性、实用性和先进性特点的动物药理教材。同时，为帮助高职高专类学生提高理解力与自学能力，教材尽可能将抽象性文字内容表述转化为示意图形式说明，并辅以相关的知识拓展。书中为突出用于防治危害严重的动物群发病药物的重要性，强化了抗病原微生物药物、抗寄生虫药物以及动物普通病药物中的调节组织代谢等药物，并从内容的排序上先期导入，在内容的量与质上进行了适度扩展和深化，并将药物作用对象扩充到水产养殖动物。就具体药物的作用特点和临床应用注意内容有所侧重，减少了防治动物散发病药物部分的比例，删去了抗病毒性药物部分。

　　目前，鉴于高职高专类的三年制畜牧兽医专业和兽医专业的动物药理课均为50学时，而三年制兽药生产与营销专业则为80学时，考虑到专业间的教材普适性与特殊性兼容，本教材最终是按照80学时教学量来编写的。为此，教师在使用本书时可根据不同专业的本课程教学大纲要求，对教材内容作适当取舍。

　　由于我们的知识水平和能力有限，本书还可能存在不少缺点与疏漏，恳请广大师生和专业技术人员批评、指正。

编　者

2007 年 4 月

目 录

学习情境 1
动物药理基础知识

▶▶知识目标◀◀

熟练掌握药物、剂型和制剂的概念。

掌握药物的作用、药物的体内过程和影响药物作用的因素。

了解药物管理的相关知识。

熟练掌握药物处方的开写方法。

▶▶技能目标◀◀

掌握动物常见给药途径的训练方法。

掌握剂量对药物作用的影响。

学习单元 1　绪　论

一、药物的概念

药物(drug)是指用于治疗、预防和诊断动物疾病的物质,或者有目的地调节动物生理机能的化学物质(含药物饲料添加剂),主要包括化学药品、抗生素、生化药品、放射性药品、外用杀虫剂、消毒剂、中药材、中成药及血清制品、疫苗、诊断制品、微生态制品等。

毒物(poison)是指对动物机体能产生损害作用的物质。药物超过一定的剂量也能产生毒害作用,因此,药物与毒物之间仅存在着剂量的差别,没有绝对的界限。药物剂量过大或长期使用也可成为毒物,一般把这部分内容放在动物药理学范畴讨论,其他化学毒物、工业和动植物毒物等,则归毒理学范畴。

兽用处方药是指凭执业兽医师开具的处方才可购买和使用的兽药。

兽用非处方药是指由国务院兽医行政管理部门公布的、不需要凭执业兽医师处方就可以自行购买并按照说明书使用的兽药。

二、药物的来源

药物的种类虽然很多，但就其来源讲，大体可分为三大类。

1. 天然药物

利用自然界的物质经过加工而成的药物。

(1)动物性药物：利用动物的组织器官经过加工或提炼而成的药物(如胎盘组织液)。

(2)植物性药物：利用植物的根、茎、叶、花、果实、种子加工而成。其主要成分为生物碱、苷(甙)、挥发油、树脂、鞣质等。

(3)矿物性药物(无机盐类药物)：直接利用原矿物或其制成品(药名就是化学名)。

(4)微生物类药物：从某些微生物的培养液中提取的具有抗菌作用的药物称为抗生素，用细菌制成的疫苗为菌苗，用病毒制成的疫苗为疫苗，经处理失去毒性且具抗原性的外毒素为类毒素，能中和外毒素(类毒素)的抗体为抗毒素。

2. 人工合成药物

应用化学方法(分解、结合、取代、加成等)合成的药物(如磺胺类药物等)。当然，许多人工合成的药物是在天然药物的化学结构基础上加以改造而成的。因此，天然药物和人工合成药物并无绝对的区分。

3. 生物技术药物

通过细胞工程、酶工程、基因工程等新技术生产的药物，如生长激素、酶制剂、基因工程疫苗等。

三、动物药理的性质和内容

动物药理又称兽医药理，是研究兽药和动物机体(包括病原体)的相互作用规律的学科。它既是兽医专业基础学科，又是密切结合临床、指导合理治疗的应用学科。因此，兽医药理学既与家畜生理学、动物生物化学以及数学、有机化学互相关联，又与微生物学、寄生虫学、临床各学科紧密配合，构成专业学科间的分工。

动物药理的内容主要包括药物的体内过程、药理作用和应用范围，此外还包括药物的来源、性状、化学结构、制剂、用法和剂量等。

四、学习动物药理的目的和方法

学习动物药理课程的目的概括起来主要有三个方面：一是使未来的畜牧兽医工作者和广大养殖人员通过学习动物药理的基本理论知识，学会正确选药、合理用药，进而提高药效，减少药物不良反应，更好地指导畜牧生产和兽医临床实践，充分发挥药物防治动物疾病和促进生产的作用，并保证动物性食品的安全，维护人们身体健康；二是为进行兽医临床药理实验研究，寻找开发新药及新制剂创造条件；三是对动物机体的生理生化过程乃至对生命的本质有所阐明，为发展生物科学做出贡献。

学习动物药理应以辩证唯物主义思想为指导，认识和掌握药物与动物机体的相互关系，正确评价药物在防治疾病中的作用,重点要学习现代药理学的基本规律,以及各类代表性药物,分析每类药物的共性和特点。同时动物药理又是一门实验科学,学生在学习中必须重视动物药理的实验课。它不仅能验证课堂理论和培养学生的操作技能,更重要的是能培养学生实事求是的科学作风以及分析问题和解决问题的能力。

五、动物药理的发展简史

从古代的本草发展成为现代的药物学经历了漫长的岁月,药物是劳动人民在长期的生产实践活动中发现和创造出来的,是人类药物知识和经验的总结。动物药理是药理学的组成部分,许多药理学的研究大多以动物为基础,动物药理学的发展与药理学的发展有着密切的联系。

(一)本草学或药物学阶段

大约公元前 2 世纪(公元前 104 年),《神农本草经》(简称《本经》或《本草经》)系统地总结了秦汉以来医家和民间的用药经验,具有朴素的唯物主义思想。《神农本草经》把"本草"作为对药物的总称,含"以草类治病为本"之意。其借神农之名问世,是集东汉以前药物学之大成的名著,也是我国现存最早的药物学专著。该书现今流传的本子,都是后人从宋代《证类本草》以及明代《本草纲目》书中辑出的。该书收载药物 365 种,其中植物药 252 种、动物药 67 种、矿物药 46 种。该书对药物的功效、主治、用法均有论述,如麻黄平喘、黄连止痢、猪苓利尿、瓜蒂催吐、常山截疟、海藻疗瘿、黄芩清热、雷丸杀虫等,至今仍为临床疗效和科学实验所证明。同时,提出了药有"君、臣、佐、使"的组方用药等方剂学理论,堪称现代的药物配伍应用的典范。

《新修本草》又称《唐本草》,由唐代苏敬等 20 多人于公元 657 年开始集体编写,完成于公元 659 年,是最早的由国家颁行的药典,比 1535 年颁布的世界医学史上著名的《纽伦堡药典》早 876 年。该书是在陶弘景《本草经集注》730 种药物的基础上新增 114 味,达到了 844 种,共 54 卷。该书还收录了安息香、血竭、胡椒、密陀僧等许多外来药。《新修本草》的颁发,对药品的统一、药性的订正、药物的发展都有积极的促进作用,具有较高学术水平和科学价值。该书曾在日本作为医学专业学生必修课本。

明代李时珍广泛收集民间用药知识和经验,参考 800 余种文献书籍,历经 27 年辛勤努力,其间大的修改 3 次,于 1578 年完成了《本草纲目》。全书 52 卷 190 万字,收药 1 892 种,插图 1 160 幅,药方 11 000 条,曾被翻译为英、日、德、俄、法、朝、拉丁 7 种文字。《本草纲目》总结了 16 世纪以前我国的药物学,纠正了以往本草书中的某些错误,提出当时纲目清晰的、最先进的药物分类法,系统论述了各种药物的知识,纠正了反科学见解,丰富了世界科学宝库,辑录保存了大量古代文献,被誉为中国古代的百科全书。

公元 1608 年,明代喻本元、喻本亨等集以前及当时兽医实践经验编著了《元亨疗马集》,收载药物 400 多种,方 400 余条。

(二)近代药理学阶段

清代赵学敏的《本草纲目拾遗》,吴其浚的《植物名实图考》及《植物名实图考长篇》等都是在《本草纲目》的基础上整理补充的。近代药理学是 19 世纪药物化学与生理学相继发展而创新的学科。1803 年,德国药剂师塞蒂纳从罂粟中分离出具镇痛作用的纯化物吗啡,通过犬的麻醉观察到了吗啡的麻醉镇痛作用;1819 年,法国 F. Magendie 通过对士的宁的青蛙试验,确定士的宁对中枢系统的兴奋部位在脊髓;之后,德国药理学家 Schmiedberg(施密德贝格)对洋地黄进行试验研究,提示了洋地黄的基本作用部位在心脏。自此之后,许多植物药物的有效成分被提纯,如咖啡因(1819 年)、奎宁(1820 年)、阿托品(1831 年)、可卡因(1860 年)等;人工合成药物也相继问世,如氯仿(1831 年)、氯醛(1831 年)、乙醚(1842 年)被用于外科麻醉和无痛拔牙(1846 年),伦敦皇家兽医学院用氯仿对马的麻醉(1847 年)以及用可卡因对犬的脊髓麻醉(1865 年),均是在广泛试验的基础上被应用到临床上。

(三)现代药理学阶段

现代药理学大约从 20 世纪 20 年代开始。1909 年,德国 Ehrlich(埃利希)发现砷凡纳明(606)能治疗梅毒,从而开创了应用化学药物治疗传染病的新纪元,并创立"化学治疗"的概念。1933 年,Clark 在他的研究中奠定了"定量药理学"的基础;同时他又推广了 Langley 和 Ehrlich 的受点(体)学说,两者都代表现代药理学的起点。1935 年陈存仁在《本草纲目》的基础上整理补充而成《中国药学大辞典》。1935 年,德国 Domagk(杜马克)首先报道偶氮染料百浪多息对小白鼠链球菌感染有保护与治愈作用,从而发现磺胺药。1940 年,英国 Florey(弗洛里)在 Fleming 的研究基础上分离出了作用于革兰氏阳性菌的青霉素,从此进入抗生素的新时代。随着研究的广泛与深入,人们发现抗生素是有效抗菌药物的重要来源,时至今日,抗生素在防治动物疾病中仍具有十分重要的地位。

20 世纪六七十年代,生物化学、生物物理学和生理学的飞跃发展,同位素、电子显微镜、精密分析仪器等新技术的应用,对药物作用原理的探讨由原来的器官水平进入细胞、亚细胞以及分子水平。对细胞中具有特殊生物活性的结构——受体进行分离、提纯及建立其测试方法,先后分离得到乙酰胆碱受体、肾上腺素受体、组胺受体等。这就使本来极其复杂的药物作用机理的研究变得相对简单,即变成研究药物小分子和机体大分子中一部分或基团(受体或活性中心)之间的相互作用。药理学也在深度和广度方面出现了许多分支学科,如生化药理学、分子药理学、免疫药理学、临床药理学、遗传药理学和时间药理学等边缘学科。

我国于 20 世纪 50 年代开设兽医药理学,1959 年出版了全国试用教材《兽医药理学》,之后又出版了《兽医临床药理学》《兽医药物代谢动力学》《动物毒理学》等著作。其中较为重要的是冯淇辉教授等主编的《兽医临床药理学》一书,它总结和反映了中华人民共和国成立后中西兽药理论研究和临床实践的主要成果,广泛介绍了国外有关兽药方面的新动向和新成就,具有较高的学术水平和实用价值,对提高我国兽医药理研究水平、促进兽医药理学的发展都有重大作用。

我国兽医药理学得到较好发展是在改革开放以后。各高等农业院校为兽医药理学培养了大量人才,兽医药理学工作者的队伍逐渐壮大,科学研究蓬勃开展,取得了一批重要研究成果,经农业部批准注册的一、二、三类新兽药与新制剂有 190 余种,如海南霉素、恩诺沙星、达诺沙星、伊维菌素、替米考星、马度米星铵、氟苯尼考、喹烯酮等,为动物生产提供了可靠保证,并极大地丰富了兽医药理学内容。

学习单元 2　药物剂型与制剂

一、药物剂型

(一)概念

剂型是药物经加工制成适合防治动物疾病应用的一种形式,一般指制剂的剂型,如注射剂、软膏剂、片剂等。

(二)药物制成剂型的目的

(1)满足医疗、预防和诊断疾病的需要;

(2)使药物呈现更大疗效;

(3)满足使用、贮存、运输、生产的需要;

(4)提高药物稳定性和生物利用度。

(三)剂型分类

按形态分类,分为液体剂型、固体剂型、半固体剂型和气体剂型;按分散系统分类(分散相、分散介质),分为真溶液型液体剂型、乳浊液型液体剂型、混悬液型液体剂型和胶体溶液型液体剂型;按给药途径分类,分为经胃肠道给药剂型和不经胃肠道给药剂型;按制法分类,分为用浸出方法制备的剂型、用灭菌方法制备的剂型等。

1.液体剂型

芳香水剂:指芳香挥发性药物(多半为挥发油)的近饱和或饱和水溶液,如薄荷水、樟脑水等。

醑剂:指挥发性有机药物的乙醇溶液,挥发性药物多半为挥发油。凡用以制备芳香水剂的药物一般都可以制成醑剂外用或内服。挥发性药物在乙醇(60%～90%)中的溶解度一般都比在水中大,所以在醑剂中挥发性药物的浓度比芳香水剂大得多。如樟脑醑、芳香氨醑等。

溶液剂:指化学药物的内服或外用澄明溶液,药物呈分子或离子状态分散于溶媒中。溶液剂的溶质一般均为不挥发性化学药物,其溶媒多为水,如高锰酸钾溶液。但也有不挥发性药物的醇溶液或油溶液,如维生素 A 油溶液。

煎剂:一般为生药加水煎煮一定时间,去渣内服的液体剂型。

浸剂:生药用沸水、温水或冷水浸泡一定时间去渣使用。煎剂及浸剂均为生药的水浸出制剂。

酊剂:是指用不同浓度乙醇浸制生药或溶解化学药物而成的液体剂型,如龙胆酊、碘酊;或用流浸膏稀释制备,如马钱子酊等。剧毒药的酊剂一般每 100 mL 相当于原药 10 g,其他药物的酊剂一般每 100 mL 相当于原药 20 g。

流浸膏剂:是指生药的浸出液除去一部分浸出溶媒而成的浓度较高的液体剂型。除特别规定外,流浸膏剂每毫升相当原药 1 g,如马钱子流浸膏等。

乳剂:是指两种以上不相混合或部分混合的液体所构成的不均匀分散的液体药剂。油与水是不相混合的液体,如制备稳定的乳剂,尚需加入第三种物质即乳化剂。常用乳化剂有阿拉伯胶、西黄蓍胶、明胶、肥皂等。乳剂的特点是增加了药物表面积,可以促进吸收及改善药物对皮肤、黏膜的渗透性。

合剂:是指内含两种以上药物的液体药剂,如胃蛋白酶合剂、三溴合剂等。

注射剂:也称针剂,是指灌封于特别容器中灭菌的药物溶液、混悬液、乳浊液或粉末(粉针剂),通过注射器注入肌肉、静脉内及皮下等部位进行给药的一种剂型,如葡萄糖注射液、注射用青霉素 G 钾等。

搽剂:是指刺激性药物的油性或醇性液体剂型。搽剂外用涂搽皮肤表面,如松节油搽剂,一般不用于破损的皮肤。

2.半固体剂型

软膏剂:是指药物与适宜基质混合制成的容易涂布的膏状剂型。常用的基质有凡士林、豚脂、羊毛脂等。

糊剂:是指粉末状药物与甘油、液状石蜡等均匀混合制成的半固体剂型。一般糊剂含药物粉末超过 25%,如氧化锌糊剂。

浸膏剂:是指生药浸出液经浓缩后的粉状或膏状的半固体或固体剂型,如甘草浸膏等。除特别规定外,浸膏剂的浓度每克相当于原药 2~5 g。

大丸剂:是指一种或一种以上药物均匀混合,加水及赋形剂制成球形、椭圆形或卵形的丸状剂型。大丸剂久贮易变硬、长霉菌,宜临用前配制。

舔剂:是指供内服的粥状或糊状稠度的药剂。制备的辅料有甘草粉、淀粉、糖浆、蜂蜜、植物油等。

栓剂:是指药物与适宜基质混合制成的供腔道给药的固体制剂。其纳入腔道后在体温下可软化或溶化,将药物释出再被吸收显效。

3.固体剂型

散剂:是指粉碎较细的一种或一种以上的药物均匀混合制成的干燥固体剂型。散剂可供内服如健胃散,也可供外用如消炎粉。散剂在体内易分散,显效快,但剂量不易掌握。

片剂:是指一种或一种以上的药物加压制成的扁平或上下面稍有凸起的圆片剂型,如敌百虫片、大黄苏打片等。

胶囊剂:是指药物盛于空胶囊中制成的一种剂型,如土霉素胶囊等。胶囊一般用明胶作为主要材料,可遮掩药物的不良味道、保护药物等。

膜剂:是指药物与适宜的成膜材料经加工制成的膜状药剂,也称薄膜剂。此剂型体积小,重量轻,携带、服用都方便。

4.气体剂型

气雾剂:是指液体或固体药物利用雾化器喷出的微粒状制剂,可供吸入、外用,作局部或吸收后全身治疗。

二、兽药制剂

制剂是根据《兽药典》《兽医药品规范》《兽药质量标准》及其他法定的处方,将原料和辅料等经过加工制得的兽药制品,具有一定的含量、规格和包装,如 0.9% 氯化钠注射液、0.1%苯扎溴铵溶液等。

学习单元 3　药物对动物机体的作用

一、药物的作用

药物对动物机体的作用是指药物与动物机体相互作用所产生的反应,即药物接触或进入机体后,促进体表与内部环境的生理生化功能改变,或抑制入侵的病原体,协助机体提高抗病能力,达到防治疾病的效果,简称为药物的作用。

二、药物作用的基本形式

药物对动物机体生理功能的影响,基本上表现为机能的增强或减弱,即兴奋和抑制反应。药物的兴奋作用是指提高动物机体机能活动性,抑制作用是指降低动物机体机能活动性。例如,咖啡因能兴奋中枢神经系统,加强动物机体的机能活动性,对该组织器官的作用形式为兴奋;戊巴比妥钠能减弱中枢神经系统机能的活动性,因而表现为抑制。

同一药物对不同的器官可以产生不同的作用:肾上腺素可加强心肌收缩力,使心跳加快,对心脏呈现兴奋作用;但其又能使支气管平滑肌松弛,因而呈现抑制作用。

兴奋和抑制作用在一定条件下可以相互转化。

三、药物作用的类型

(一)局部作用与吸收作用

药物在用药局部所产生的作用,无需药物吸收,称为局部作用,如在肠道内硫酸镁不易吸收,从而产生导泻作用。

当药物吸收入血液循环后分布到机体各组织器官而发挥的作用则称为吸收作用或全身作用,如肌内注射硫酸镁注射液产生的对中枢的镇静作用和对神经肌肉接头部位阻断而呈现的抗惊厥作用。

临诊治疗时,如果要利用药物的局部作用,就应该设法使药停留在用药局部,如为了提高局麻药的麻醉效果,可将肾上腺素加入盐酸普鲁卡因溶液中。如果利用药物的吸收作用,则应该使药物被充分吸收,最理想的办法就是采用静脉注射途径给药。

(二)直接作用与间接作用

药物对直接接触的组织器官所产生的作用称为直接作用或原发作用,如局麻药普鲁卡因的局部麻醉作用。

药物作用于机体通过神经反射、体液调节所引起的作用称为间接作用或继发作用。

洋地黄(强心药)直接作用于心脏,使心脏功能加强,强心作用为直接作用;洋地黄能改善血液循环,使肾脏的血流量增加,过多的水分可自肾脏排出体外,产生利尿作用,从而消除水肿,利尿作用为洋地黄对肾脏的间接作用。

(三)选择作用

药物作用于机体后,对某些器官、组织产生明显的作用,而对其他组织、器官没有明显作用或作用很小,这种作用叫作选择作用。

多数药物在使用适当剂量时,只对某些组织器官产生明显的作用,而对其他组织器官作用较小或不产生作用。选择性高是由于药物与组织的亲和力大,且组织细胞对药物的反应性高。选择性高的药物,大多数药理活性也较高,使用时针对性强;选择性低的药物,作用范围广,应用时针对性不强,不良作用较多。

(四)药物的防治作用与不良反应

1.防治作用

应用适当剂量的药物能预防或治疗畜禽疾病,这种作用称为药物的防治作用。

针对发病原因而进行的治疗为对因治疗;针对疾病症状而进行的治疗为对症治疗;为加强基础代谢,注射葡萄糖溶液,提高能量,这种治疗为支持疗法。对因治疗和对症治疗各有其特点,相辅相成,不能偏废。临床上,往往采取综合治疗的方法,即既使用消灭病原体的药物如抗生素、磺胺类等,又使用解除各种严重症状(高热、虚脱、休克等)的药物作辅助治疗,以防止疾病进一步发展。

2.不良反应

药物的作用是一分为二的。药物除对机体有治疗作用外,还能产生与治疗无关的或有害的作用,统称为药物的不良反应,它包括副作用、毒性作用、过敏反应、后遗效应和继发性反应。

(1)副作用:药物在治疗剂量下产生的、与治疗目的无关的作用,是在用药前可以预料到的,有时可设法纠正。例如用阿托品解除肠道平滑肌痉挛时,可出现腺体分泌减少引起的口腔干燥的副作用。

(2)毒性作用:指药物对机体的损害作用,一般是由于剂量过大或用药时间过久而引起的。主要表现为中枢神经系统、消化系统、血液循环系统以及肝肾功能等方面的功能性或器质性的损害。从毒性发生的时间上看,用药后在短时间内或突然发生的称为急性毒性反应,主要是由于用药量过大引起,如敌百虫片剂用于犬驱虫,若量过大易发生急性中毒;长期反复用药,因蓄积而逐渐发生的称为慢性毒性反应,主要是由于用药时间长,如链霉素的耳、肾毒性。另外,部分药物具有致癌、致畸、致突变等特殊毒性反应。因此,在用药前注意病畜的体况、用药的剂量和疗程,即可避免产生毒性作用。

(3)过敏反应:又称变态反应,是机体接触某些半抗原性、低分子物质如抗生素、磺胺类、碘等,与体内细胞蛋白质结合成完全抗原,产生抗体,当再用药时出现抗原-抗体反应,表现为皮疹、支气管哮喘、血清病综合征,甚至过敏性休克。这种反应和药物剂量无关。如青霉素、链霉素、普鲁卡因等易发生过敏性反应。临床上通常采取的防治措施是用药前对易引起过敏的药物先进行过敏试验,用药后出现过敏症状时,可根据情况用抗组胺药、糖皮质激素类药、肾上腺素和葡萄糖酸钙等抢救。

(4)后遗效应:指停药后的血药浓度已降至阈值以下时残存的生物效应。如长期用糖皮质激素致使肾上腺皮质功能低下,可持续数月。在一般情况下,后遗效应是不利的效应,但对于抗菌药则为有利方面,如大环内酯类抗生素和氟喹诺酮类药有较长的抗菌药后效应。

(5)继发性反应:由于药物治疗作用引起的不良后果称继发性反应,又称治疗矛盾或二重感染,如成年草食动物长期应用广谱四环素类药物易发生中毒性胃肠炎和全身感染。

四、药物作用的机制

1.非特异性药物作用机制

主要通过借助于渗透压、络合、酸碱度等改变细胞周围的理化环境而发挥药效,与药物的解离度、溶解度、表面张力等有关,但与药物的化学结构关系不大。如用于消除脑水肿和肺水肿的甘露醇高渗生理盐水,利用药物的渗透压发挥组织脱水和利尿作用;二巯基丁二酸钠等络合剂可与汞、砷等重金属离子络合成环状物,促使随尿排出以解毒;碳酸氢钠等抗酸药的中和作用,使胃酸降低,治疗消化性溃疡等。

2.特异性药物作用机制

(1)对受体的激活或拮抗:受体是存在于细胞膜上、细胞膜内或细胞核内的大分子蛋白质,要特异地与某些药物或体内生物活性物质结合,并能识别、传递信息,产生特定的生物效应,具有特异性、高选择性、高亲和力、饱和性、可逆性等特性。受体在介导药物效应中主要起传递信息的作用。如胰岛素可激活胰岛素受体、阿托品可阻断M胆碱受体而起作用。

(2)改变酶的活性:通过对体内某些酶活性的抑制或激活而起作用。如碘解磷定和新斯的明分别对胆碱酯酶产生不同的激活与抑制,从而产生相应的药效。

(3)影响离子通道和改变细胞膜通透性:如局麻药普鲁卡因等抑制Na^+通道,阻断神经冲动的传导,从而产生局麻作用;苯扎溴铵、两性霉素等均影响细菌细胞膜通透性而发挥抗菌作用。

(4)影响体内活性物质的合成和释放:体内活性物质很多,如神经递质、激素、前列腺素等。如阿司匹林能抑制生物活性物质前列腺素的合成而发挥解热作用;小剂量碘能促进甲状腺素合成;麻黄碱能促进体内交感神经末梢释放去甲肾上腺素而产生升压作用。

(5)影响细胞物质代谢:如磺胺类药物参与细菌叶酸代谢而抑制细菌生长繁殖;维生素、微量元素等作为酶的辅酶或辅基成分,通过参与或影响细胞的物质代谢过程而发挥作用。硒是谷胱甘肽氧化酶的必需组分,能发挥抗氧化作用,保护细胞膜结构和功能稳定。

学习单元4　动物机体对药物的作用

一、药物的跨膜转运

药物进入机体内要到达作用部位才能产生效应。在到达作用部位前药物必须通过生物膜,称为跨膜转运。药物的跨膜转运主要有被动转运、主动转运和膜动转运3种方式,它们各具特点。

1.被动转运

又称"顺流转运",是从药物浓度高的一侧扩散到浓度低的一侧,包括简单扩散、滤过和易化扩散等。其转运速度与膜两侧药物浓度差(浓度梯度)的大小成正比,浓度梯度越大,越易扩散。当膜两侧浓度达到平衡时,转运即停止。这种转运不需消耗能量。

（1）简单扩散：又称脂溶扩散，是药物转运的最主要方式。由于生物膜具有类脂特性，许多脂溶性药物可以直接溶解于脂质中，从而通过生物膜，其速度与膜两侧浓度差的大小成正比。同时，转运受药物的解离度、脂溶性等影响。

（2）滤过：是指直径小于膜孔通道的一些药物（如乙醇、甘油、乳酸、尿素等），借助膜的渗透压差，被水携带到低压侧的过程。这些药物往往能通过肾小球膜而排出，而大分子蛋白质却被滤除。

（3）易化扩散：又称载体转运，是指药物通过细胞膜上的某些特异性蛋白质帮助而扩散，不需供应 ATP。如葡萄糖进入红细胞需要葡萄糖通透酶，多种离子转运需要通道蛋白等。该扩散的速率比简单扩散快得多。

2. 主动转运

又称逆流转运，是药物逆浓度差膜的一侧转运到另一侧。这种转运方式需要消耗能量及膜上的特异性载体蛋白（如 Na^+-K^+-ATP 酶）参与，转运能力也有一定限度，如载体蛋白具有饱和性，且同一载体转运的两种药物之间可出现竞争性抑制作用。

3. 膜动转运

是指大分子物质的转运都伴有膜的运动，膜动转运又分为两种。

（1）胞饮：又称入胞，某些液态蛋白质或大分子物质可通过由生物膜内陷形成的小泡吞噬而进入细胞内。如脑垂体后叶素粉剂可经鼻黏膜给药吸收。

（2）胞吐：又称出胞，某些液态大分子物质可从细胞内转运到细胞外，如腺体分泌物及递质的释放等。

二、药物的体内过程

在药物影响机体的生理、生化功能产生效应的同时，动物的组织器官也不断地作用于药物，使药物发生变化。从药物进入机体到排出体外的过程称为药物的体内过程，包括药物吸收、药物分布、药物代谢和药物排泄。药物体内吸收、分布和排泄统称为药物在体内的转运，而代谢过程则称为药物的转化，转化和排泄统称为消除。

（一）药物的吸收及其影响因素

吸收是指药物从用药部位进入血液循环的过程。除静脉注射外，一般的给药途径都存在吸收过程。药物吸收的快慢和多少与药物的给药途径、理化性质、吸收环境等有关。

1. 消化道吸收

药物内服后，主要通过被动转运从胃肠道黏膜吸收。药物相对分子质量越小，脂溶性越大或非解离型比例越大，越易吸收。动物胃液的 pH 差异较大，如猫、犬、猪胃内 pH 1.0～2.0，家禽胃内 pH 2.0～3.5，牛、羊的前胃内 pH 5.5～6.0，皱胃 pH 接近于 3.0。为此，弱酸性或中性药物在猫、犬、猪、家禽胃内吸收较快而完全，牛、羊胃内吸收较慢。内服吸收的主要部位是小肠，小肠吸收面积大，肠蠕动快，血流量大，肠段愈向下 pH 越高，对弱酸性和弱碱性药物均易溶解吸收。除简单扩散外，还有易化扩散、主动转运等。药物从胃肠道吸收后，都要经过门静脉进入肝脏，再进入血液循环。

舌下给药或直肠给药，分别通过口腔、直肠和结肠黏膜吸收。舌下和直肠吸收表面积虽小,但血流的供应丰富,药物可迅速吸收到血液循环,而不必首先通过肝脏。

2.非胃肠道给药的吸收

皮下或肌内注射的药物主要以简单扩散形式通过毛细血管和淋巴内皮细胞进入血液循环。气体、挥发性的液体或分散在空气中的固体药物,可通过吸入给药途径穿过肺泡壁被迅速地吸收。个别脂溶性高的药物或透皮制剂也可经皮肤给药而吸收,如敌百虫、左旋咪唑透皮剂等。

3.影响药物吸收的因素

(1)药物的理化性质:在水和有机溶剂中均不溶的物质一般很难被吸收。如硫酸钡因在胃肠道不溶解、内服时不吸收,可作造影剂;水溶性钡盐口服可吸收,因此有剧毒。硫酸镁水溶液内服难吸收,常用做泻药。

(2)首过效应:内服药物在胃肠道吸收后经门静脉到肝脏。有些药物在通过肠黏膜及肝脏时极易代谢灭活,在第一次通过肝脏时即有一部分被破坏,使进入血液循环的有效量减少,药效降低,这种现象称为首过效应。

(3)吸收环境:胃排空的快慢、肠蠕动的快慢、胃内容物的量和性质都可影响内服药物的吸收。排空快、蠕动增加或肠内容物多,可阻碍药物与吸收部位的接触,使吸收减慢,吸收减少。油与脂肪等食物可促进脂溶性药物的吸收。

(二)药物的分布及其影响因素

分布是指药物从血液转运到各组织器官的过程。大多数药物在体内的分布是不均匀的。影响药物在体内分布因素很多,包括药物与血浆蛋白的结合率、各器官的血流量、药物与组织的亲和力、血脑屏障以及体液 pH 和药物的理化性质等。

1.药物与血浆蛋白的结合率

药物与血浆蛋白的结合率是决定药物在体内分布的重要因素之一。部分药物可与血浆蛋白呈可逆性结合,结合型药物由于相对分子质量增大,不能跨膜转运,暂无生物效应,又不被代谢和排泄,因此在血液中暂时贮存。只有游离型药物才能被转运到作用部位产生生物效应。当血液中游离型药物被转运代谢而浓度降低时,结合型药物又可转变成游离型,两者处于动态平衡之中。蛋白结合较高的药物在体内消除慢,作用维持时间长。

2.药物的理化特性和局部组织的血流量

脂溶性或水溶性小分子药物易透过生物膜,非脂溶性的大分子或解离型药物则难以透过生物膜,从而影响其分布。局部组织的血管丰富、血流量大,药物就易于透过血管壁而分布于该组织。

3.药物与组织的亲和力

某些药物对特殊组织有较高的亲和力。如碘主要集中在甲状腺中;钙沉积于骨骼中;汞、砷、锑等重金属和类金属在肝、肾中分布较多,中毒时可损害这些器官。但是对多数药物而言,药物分布量的高低与其作用并无规律性的联系,如强心苷选择性分布于肝脏和骨骼肌,却表现强心作用。

4.体内屏障

(1)血脑屏障:血液和脑之间有一种选择性地阻止各种物质由血液入脑的屏障,它有利于维持中枢神经系统内环境的相对稳定。中枢神经系统中物质转运以主动转运和脂溶扩散为主。葡萄糖和某些氨基酸可易化扩散。分子较大、极性较高的药物不能通过血脑屏障。

（2）胎盘屏障：是指使母体与胎儿血液隔开的胎盘具有的屏障作用。脂溶性高的全身麻醉药和巴比妥类可进入胎儿血液，脂溶性低、解离型或大分子药物如右旋糖酐则不易通过胎盘，有些药物能进入胎儿循环，引起畸胎或对胎儿有毒性。

（三）药物的代谢

药物的代谢是指药物在体内发生的化学变化。大多数药物主要在肝脏经药物代谢酶（简称药酶）催化，发生化学变化。多数药物经代谢后失去药理活性，称为灭活；少数由无活性药物转化为有活性药物或者由活性弱的药物变为活性强的药物，称为活化。某些水溶性药物可在体内不代谢，以原形从肾脏排出。

（四）药物的排泄

药物以原形或代谢产物的形式通过不同途径排出体外的过程称为排泄。挥发性药物及气体可从呼吸道排出，非挥发性药物则主要由肾脏排泄。

（1）肾脏排泄：肾脏是药物排泄最重要的器官。除了与血浆蛋白结合的药物外，解离型药物及其代谢产物可水溶扩散，其滤过速度受肾小球滤过率及分子大小的影响。当排泄机制相同的两种药物合并用药时，可发生竞争性抑制。

（2）胆汁排泄：许多药物经肝脏排入胆汁，由胆汁流入肠腔，然后随粪便排出。有些脂溶性大的药物随胆汁排入肠腔后又被肠道重吸收，便形成肝肠循环。强心苷类药物（洋地黄毒苷）在体内可进行肝肠循环，使药物作用持续时间延长。

（3）其他：有些药物可从乳腺、肠液、唾液、眼泪或汗中排泄。

三、主要药物动力学参数

1.生物利用度

生物利用度又称生物有效度，是指药物被机体吸收利用的程度。药物颗粒的大小、晶型、填充剂的紧密度、赋形剂的差异以及生产工艺的不同均可影响药物的生物利用度。如不同药厂生产的不同批号的同一品种也有此种现象。制剂工艺的改变可加速或延长片剂的崩解与溶出的速率，进而影响生物利用度。为了保证药效，对新制剂应测定生物利用度。药物制剂的生物利用度是指药物内服或肌内注射时的药时曲线下面积（AUC）与该药静脉注射后的AUC的比值，称为绝对生物利用度；若与另一非经血管途径给药后的标准剂型的AUC相比，则称为相对生物利用度。

2.血浆半衰期

血浆半衰期是指血浆药物浓度下降一半所需的时间（$t_{1/2}$）。绝大多数药物的消除是一级动力学，因此其半衰期是固定的数值，不因血浆药物浓度高低不同而改变。按零级动力学消除的药物，其$t_{1/2}$可随着药物的浓度而有所改变。

了解药物的$t_{1/2}$具有重要的实际意义。在临床上一般均为多次用药，目的是使血浆药物浓度保持在有效浓度以上，且在中毒浓度以下。因此可根据$t_{1/2}$确定给药间隔。通常用药的时间约等于1个$t_{1/2}$。如磺胺异噁唑血浆半衰期为6 h，可每6 h给药1次。也可根据$t_{1/2}$预测连续给药后达到稳态血药浓度的时间。

3.表观分布容积

是指假定药物均匀分布于机体所需要的理论容积,即药物在体内分布达到动态平衡时体内药量与血药浓度的比值。

4.清除率

单位时间内清除药物的血浆容积,即每分钟有多少毫升血中药量被清除。

学习单元 5　影响药物作用的因素

一、药物方面的因素

(一)药物的化学结构

药物的特异性化学结构与药理作用关系极为密切。药物的构效关系是指药物的化学结构与药理效应之间的关系。影响药理效应的化学结构包括基本结构、功能基团(如烃基、羟基、巯基、卤基、磺酸基和羧基等)、立体结构(几何异构体、光学异构体、构象异构体)等,这种关系经常是很严格的。药物分子结构细微的变化(如立体异构体)可引起药物理化性质很大的改变。

化学结构非常近似的药物能与同一受体或酶结合,引起相似(如拟似药)或相反的作用(如拮抗药)。例如,肾上腺素、去甲肾上腺素、异丙肾上腺素、普萘洛尔共有类似苯乙胺的基本结构,但因存在不同取代基团,前三者分别有强心、升血压、平喘等不同药效,后者则有抗肾上腺素作用。

有时,许多化学结构完全相同的药物,由于光学活性不同而存在光学异构体,它们的药理作用既可表现有量(作用强度)的差异,也可发生质(作用性质)的变化。如奎宁为左旋体,有抗疟疾作用,而奎尼丁为右旋体,有抗心律失常的作用;左旋氧氟沙星的抗菌活性是右旋氧氟沙星的 2 倍。

(二)药物的剂型

药物的剂型或所用赋形剂不同可影响药物吸收及消除。同一药物剂型不同或同一药物的剂型相同,但所用赋形剂不同,均可影响药物疗效。如土霉素常用的剂型有注射剂、片剂等,它们的药理作用虽相同,但注射剂产生的药效快,其生物利用度也高。

(三)药物的剂量

在一定范围内药物效应的强弱与其剂量或浓度大小有一定的关系,简称量效关系。

1.剂量的相关概念

药物的用量称为剂量。在一定范围内,药物剂量增加,药物效应相应增加;剂量减少,药效减弱。当剂量超过一定限度时能引起质的变化,产生中毒反应。如给动物静脉注射亚甲蓝注射液时,若按每千克体重 1～2 mg 给药,可解救亚硝酸盐中毒引起的高铁血红蛋白症,而使用剂量达每千克体重 5～10 mg 时,反而引起血中的高铁血红蛋白升高,则用于解救氰化物中毒。用量太小而不出现药理作用的剂量,称为"无效量";开始出现效应的药量称为"最小有效量";比最小有效量大,并对机体产生明显效应,但并不引起毒性反应的剂量,称为"有效量"或"治疗量",即"常用量"。随着剂量增加,效应强度相应增大,达到最大效应,称为极量。以后再增加剂量,超过有效量并能引起动物机体毒性反应的剂量称为"中毒量"。能引起毒性反应的最小剂量称为"最小中毒量"。比中毒量大并能引起死亡的剂量称为"致死量"。最小有效量与极量之间的范围称为"安全范围"或称"安全度"。这个范围越大,用药越安全,反之则不安全(图1-1)。

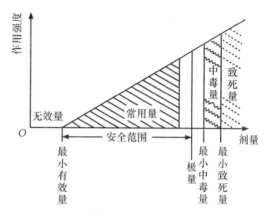

图1-1　药物作用与剂量的关系

2.量效曲线

药物的剂量大小和效应强弱之间呈现一定关系,称为量效关系,这种关系可用曲线来表示,则称为量效曲线。如以效应强度为纵坐标,以剂量或剂量对数值为横坐标作图,量效曲线呈直方双曲线形或 S 形曲线。

3.药物的效价和效能

效价也称强度,是指产生一定效应所需的药物剂量大小,剂量越小,表示效价愈高。随着剂量或浓度的增加,效应强度也随之增加,但其速率不一。当效应增强到最大程度后,再增加剂量或浓度,效应也不再增强,此时的最大效应称为效能。

(四)给药途径

不同的给药途径使药物进入血液的速度和数量均有不同,产生药效的快慢和强度也有很大差别,甚至产生质的差别。如硫酸镁溶液内服起泻下作用,用于治疗便秘;注射则起中枢抑制作用,用于抗惊厥。因此,应熟悉各种常用给药途径的特点,以便根据药物性质和病情需要,选择适当的给药途径。

各种给药途径中的药物发挥作用的速度依次是:静脉注射>吸入给药>肌内注射>皮下注射>直肠给药>内服给药。

1.内服给药

包括经口投服、不经口投服和混入饲料(饮水)中给予。内服给药方法简便,适合于大多数药物,特别是能发挥药物在胃肠道内的作用。但由于胃肠内容物较多、吸收不规则、不完全,或者药物因胃肠道内酸碱度和消化液(酶)等的影响而被破坏,故药效出现较慢。且内服给药,多数药物存在首过效应的影响。

2.注射给药

(1)皮下注射:是将药物注入皮下组织中。皮下组织血管较少,吸收较慢。刺激性较强的药物不宜使用该方法。

(2)肌内注射:是将药物注入肌肉组织中。肌肉组织含丰富的血管,吸收较快而完全。油溶液、混悬液、乳浊液都可作肌内注射。刺激性较强的药物应作深层分点肌内注射。

(3)静脉注射:是将药液直接注入静脉血管中,无吸收过程,药效出现最快,适合于急救或需要输入大量液体的情况。但一般的油溶液、混悬液、乳浊液不可静脉注射,以免发生栓塞。

刺激性大的药物不可漏出血管外。

此外,还有皮内注射、腹腔注射、关节腔内注射等,可根据用药目的选用。

3. 直肠给药

将药物灌注至直肠深部的给药方法。直肠给药能发挥局部作用(如治疗便秘)和吸收作用(如补充营养)。药物吸收较慢,但不需经过肝脏。

4. 吸入给药

将某些挥发性药物或药物的气雾剂等,供病畜吸入体内的一种给药方法。此法可发挥局部作用(如治疗呼吸道疾病)和吸收作用(如吸入麻醉)。刺激性大的药物不宜采用吸入给药方法。

5. 皮肤、黏膜给药

将药物涂敷于皮肤、黏膜局部,主要发挥局部作用。刺激性强的药物不宜用于黏膜。脂溶性大的杀虫药可被皮肤吸收,但应防中毒。

(五)药物的联合应用

两种或两种以上的药物联合应用,引起药物作用和效应的变化,称为药物相互作用。按照作用的机制不同分为药动学相互作用和药效学相互作用。

1. 药动学相互作用

两种以上药物同时使用,一种药物可能改变另一种药物在体内的吸收、分布、生物转化或排泄,使药物的半衰期、峰浓度和生物利用度等发生改变。

2. 药效学相互作用

在联合用药或配伍用药中,出现药物疗效增强或不良反应减少等有利的相互作用,也可出现作用减弱或消失、毒副作用增强等有害的相互作用。

(1)协同作用:合并用药使效应增强的作用称为协同作用。如氨基糖苷类药物、氟喹诺酮类药物、磺胺类药物与碱性药物碳酸氢钠合用,抗菌活性增强或不良反应减轻。其中,协同作用又可分为相加作用和增强作用。相加作用即药效等于两种药物分别作用的总和,如三溴合剂的总药效等于溴化钠、溴化钾、溴化钙三药相加的总和;增强作用即药效大于各药分别效应之和,如磺胺类药物与抗菌增效剂甲氧苄啶合用,其抗菌作用大大超过各药单用时的总和。

(2)拮抗作用:合并用药使效应减弱的作用称为拮抗作用。磺胺类药物不宜与含对氨基苯甲酰基的局麻药如普鲁卡因、丁卡因合用,因后者能降低磺胺类药物防治创口感染的抑菌效果。在抗菌药物中,常以部分抑菌浓度(简称 FIC 指数)的数值大小作为联合药敏试验的判断依据。FIC＝甲药联用时的 MIC/甲药单用时的 MIC＋乙药联用时的 MIC/乙药单用时的 MIC。当 FIC 值小于或等于 0.5 时,为增强作用;FIC 值为 0.5～1.0 时,为相加作用;FIC 值为 1.0～2.0 时,为无关作用;FIC 值大于 2.0,为拮抗作用。

(3)配伍禁忌:两种以上药物联合应用时,在体外发生相互作用,产生药物中和、水解、破坏失效等理化反应,出现浑浊、气体及变色等异常现象,或者体内产生的药理性拮抗作用称为配伍禁忌。一般分为物理性、化学性、药理性三类配伍禁忌。如青霉素类药物与大环内酯类抗生素(如红霉素或四环素)类药物合用,使青霉素无法发挥杀菌作用,从而降低药效;利福平、氯霉素与环丙沙星、诺氟沙星等氟喹诺酮类药合用时,可使其作用减弱或消失;微生态制剂不宜与抗生素合用;人工盐不宜与胃蛋白酶合用;氨基糖苷类药物与呋塞米联用可引起耳毒性和肾毒性增强,与地西泮联用引起肌肉松弛,与头孢菌素合用肾毒性增强,与红霉素合用耳毒性增强;阿司匹林与红霉素合用,引起耳鸣,听觉减弱。所以,临床联合使用两种以上药物时应避免配伍禁忌。

二、动物方面的因素

1.种属差异

动物品种繁多,解剖结构、生理特点各异,在大多数情况下不同种属动物对同一药物反应的敏感性不同,表现出量的差异(作用的强弱和维持时间的长短不同)或者作用性质上的差异。例如牛对赛拉嗪最敏感,使用剂量仅为马、犬、猫的 1/10,而猪最不敏感,临床化学保定使用剂量是牛的 20~30 倍;猫对氢溴酸槟榔碱最为敏感,犬则不敏感;马、犬对吗啡表现为抑制作用,而牛、羊、猫则表现为兴奋作用。

2.生理因素

不同年龄、性别、怀孕或哺乳期动物对同一药物的反应往往有一定差异。如幼龄和老龄动物的肝微粒体酶代谢、肾功能较弱,一般对药物的反应较成年动物敏感,临床上用药剂量应适当减少;怀孕动物对拟胆碱药、泻药或能引起子宫收缩加强的药物比较敏感,能引起流产,临床用药必须慎重;牛、羊在哺乳期的胃肠道还没有大量微生物参与消化活动,内服四环素类药物不会影响其消化机能,而成年牛、羊则因药物能抑制胃肠道微生物的正常活动,会造成消化障碍,甚至会引起继发性感染。

3.病理状态

动物在病理状态下对药物的反应性存在一定程度的差异。解热镇痛药能使发热动物降温,对正常体温没有影响;严重的肝、肾功能障碍,可影响药物的生物转化和排泄,易引起药物蓄积,增强药物的作用,严重者可产生毒性反应。如鸡肾脏出现尿酸盐沉积时,若用磺胺类药物治疗则会加剧病情,造成鸡的大批死亡。

4.个体差异

同种动物在基本条件相同的情况下,有少数个体对药物特别敏感,称为高敏性,另有少数个体则特别不敏感,称为耐受性,这种个体之间的差异最高可达 10 倍。原因在于不同个体之间的药物代谢酶类活性可能存在很大的差异,造成药物代谢速率上的差异。个体差异除表现药物作用量的差异外,有的还出现质的差异,例如马、犬等动物应用青霉素后,个别可出现过敏反应。

三、饲养管理与环境方面的因素

药物的作用是通过动物机体来表现的,机体的健康状态对药物的效应可以产生直接或间接的影响,而动物的健康主要取决于饲养和管理水平。如动物营养不良,使蛋白质合成减少,药物与血浆蛋白结合率降低,血中游离型药物增多;由于肝微粒体酶活性减低,使药物代谢减慢,药物的半衰期延长。在管理上应考虑动物群体的大小,防止密度过大,房舍的建设要注意通风、采光和动物活动的空间,加强病畜的护理,提高机体的抵抗力,使药物的作用得到更好地发挥。例如,用镇静药治疗破伤风时,要注意环境的安静;被全身麻醉过的动物,应注意保温,给予易消化的饲料,使其尽快恢复健康。

环境生态条件对药物的作用也会产生影响。例如,不同温度和湿度均可影响消毒药、抗寄生虫药的疗效;环境若存在大量的有机物可大大减弱消毒药的作用;通风不良、空气中高浓度的氨气污染,可增加动物的应激反应,加重疾病过程,影响疗效。

学习单元6　兽药管理与食品安全

一、兽药管理

兽药是一类特殊商品,既要保证其疗效,又要保障动物安全。现代兽药安全的理念,包含兽药对靶动物,对生产、使用兽药的人,对动物性食品的消费者,以及对环境的安全。对动物性食品消费者的安全,属于兽药残留控制问题。

(一)兽药管理法规和标准

1.兽药管理条例

我国第一个《兽药管理条例》(以下简称《条例》)是 1987 年 5 月 21 日由国务院发布的,它标志着我国兽药法制化管理的开始。为保障条例的实施,与《条例》配套的规章有:兽药注册办法,处方药和非处方药管理办法,生物制品管理办法,兽药进口管理办法,兽药标签和说明书管理办法,兽药广告管理办法,兽药生产质量管理规范,兽药经营质量管理规范,兽药非临床研究质量管理规范和兽药临床试验质量管理规范等。

2.《中华人民共和国兽药典》

《中华人民共和国兽药典》(以下简称《中国兽药典》)是国家为保证兽药产品质量而制定的具有强制约束力的技术法规,是兽药生产、经营、进出口、使用、检验和监督管理部门共同遵守的法定依据。它不仅对我国的兽药生产具有指导作用,而且是兽药监督管理和兽药使用的技术依据,也是保障动物源食品安全的基础。兽药只有国家标准,不再有地方标准。

《中国兽药典》先后于 1990 年、2000 年和 2005 年出版发行 3 版。2005 年版《中国兽药典》在设计上分为三部:第一部收载化学药品、抗生素、生化药品原料及各类制剂等质量标准 448种,第二部收载中药材、成分制剂质量标准 685 种,第三部收载生物制品质量标准 115 种,每部分别有各自的凡例、附录、目录及索引等。

《中国兽药典》的颁布和实施,对规范我国兽药的生产、检验及临床应用起到了显著效果。为我国兽药生产的标准化、管理的规范化,提高兽药产品质量,保障动物用药的安全、有效,防治畜禽疾病等方面都起到了积极的作用,同时也促进了我国新兽药研制水平的提高,为发展畜牧养殖业提供了有力的保证。

(二)兽药管理体制

1.兽药监督管理机构

兽药监督管理主要包括兽药国家标准的发布、兽药监督检查权的行使、假劣兽药的查处、原料药和处方药的管理、上市兽药不良反应的报告、生产许可证的管理、兽药评审程序以及兽医行政管理部门、兽药检验机构及其工作人员的监督等。国务院兽医行政管理部门负责全国的兽药监督管理工作;县级以上地方人民政府兽医行政管理部门负责本行政区的兽药监督管理工作。

水产养殖动物的兽药使用、兽药残留检测和监督管理以及水产养殖过程中违法用药的行政处罚,由县级以上地方人民政府渔业行政主管部门及其所属的渔政管理机构负责。但水产养殖业的兽药研制、生产、经营、进出口仍然由兽医行政管理部门管理。

2.兽药注册制度

兽药注册制度是依照法定程序,对拟上市销售的兽药的安全性、有效性、质量可控性等进行系统评价,并作出是否同意进行兽药临床或残留研究、生产兽药或者进口兽药决定的审批过程,包括对申请变更兽药批准证明文件及其附件中载明内容的审批制度。

兽药注册包括新兽药注册、进口兽药注册、变更注册和进口兽药再注册。境内申请人按照新兽药注册申请办理,境外申请人按照进口兽药注册和再注册申请办理。新兽药注册申请,是指未曾在中国境内上市销售的兽药的注册申请,进口兽药注册申请,是指在境外生产的兽药在中国上市销售的注册申请。变更注册申请,是指新兽药注册、进口兽药注册经批准后,改变、增加或取消原批准事项或内容的注册申请。

3.标签和说明书要求

兽药产品的标签和说明书也是正确使用兽药必须遵循的有法定意义的文件。兽药包装必须按照规定印有或者贴有标签并附有说明书,并必须在显著位置注明"兽用"字样,以避免与人用药品混淆。凡是中国境内销售、使用的兽药,其包装标签及所附说明书的文字必须以中文为主,提供兽药信息的标志及文字说明应当字迹清晰易辨,标示清楚醒目,不得有印字脱落或粘贴不牢等现象。

兽药标签和说明书必须经国务院兽医行政管理部门批准才能使用。特殊兽药的标签必须印有规定的警示标志。为了便于识别,保证用药安全,对麻醉药品、精神药品、剧毒药品、放射性药品、外用药品、非处方兽药,必须在包装、标签的醒目位置和说明书中注明,并印有符合规定的标志。

4.兽药广告管理

在全国重点媒体发布兽药广告的,必须经国务院兽医行政管理部门审查批准,取得兽药广告审查批准文号。在地方媒体发布兽药广告的,应当经省、自治区、直辖市人民政府兽医行政管理部门审查批准,取得兽药广告审查批准文号。未取得兽药广告审查批准文号的,属于非法兽药广告,不得发布或刊登。

兽药广告的内容应当与兽药说明书的内容相一致,其内容必须真实、准确、对公众负责,不允许有欺骗、夸大情况。兽药的说明书包含有关兽药的安全性、有效性等基本科学信息。

(三)兽用处方药与非处方药管理制度

国家实行兽用处方药和非处方药分类管理制度,从法律上正式确立了兽药的处方管理制度。所谓兽用处方药,是指凭兽医师开具处方方可购买和使用的兽药。兽用非处方药,是指由国务院兽医行政管理部门公布的、不需要凭兽医处方就可以自行购买并按照说明书使用的兽药。

处方药管理的一个最基本的原则就是兽药要兽医的处方方可购买和使用。因此,未经兽医开具处方,任何人不得销售、购买、使用处方兽药。通过兽医开具处方后购买和使用兽药,可以防止滥用兽药尤其是抗菌药,避免或减少动物产品中发生兽药残留等问题,达到保障动物用药规范、安全、有效的目的。

兽用处方药和非处方药分类管理制度包括以下几个方面:①对兽用处方药的标签或者说明书的印制提出特殊要求,应当印有国务院兽医行政管理部门规定的警示内容,其中兽用麻醉药品、精神药品和放射性药品还应当印有国务院兽医行政管理部门规定的非处方标志。②兽药经营企业销售兽用处方药的,应当遵守兽用处方药管理办法。③禁止未经兽医开具处方销售、购买和使用国务院兽医行政管理部门规定实行处方药管理的兽药。④开具处方的兽医人员发现可能与兽药使用有关的严重不良反应时,有义务立即向所在地人民政府兽医行政管理部门报告。

兽药经营企业应当向购买者说明兽药的功能、主治、用法、用量和注意事项。销售兽用处方药的,应当遵守兽用处方药管理办法。批发销售兽用处方药和兽用非处方药的企业,必须配备兽医师或药师以上的药学技术人员,兽药生产企业不得以任何方式直接向动物饲养场(户)推荐、销售兽用处方药。兽用处方药必须凭兽医师处方销售和购买,兽药批发、零售企业不得采用开架自选销售方式。

(四)不良反应报告制度

国家实行兽药不良反应报告制度。兽药生产企业、经营企业、兽药使用单位和开具处方的兽医人员发现可能与兽药使用有关的严重不良反应,应当立即向所在地人民政府兽医行政管理部门报告。有些兽药在申请注册或者进口注册时,由于科学技术发展的限制或者人们认识水平的限制,当时没有发现对环境或者人类有不良影响,在使用一段时间后,该兽药的有害作用才被发现,这时,就应当立即采取有效措施,防止这种有害作用的扩大或者造成严重的有害作用,兽药生产企业、经营企业、兽药使用单位和开具处方的兽医师有义务向所在地兽医行政主管部门及时报告。

二、动物性食品安全

食品动物用药后,药物的原型或其代谢产物和有关杂质可能蓄积、残存在动物的组织、器官或食用产品(蛋、奶等)中,这样便造成了兽药在动物性食品中的残留(简称"兽药残留")。食用动物在饲养过程中,除了使用兽药防治疾病外,一般还大量使用饲料药物添加剂,因此在肉、蛋、奶中存在微量的兽药残留是很难避免的。为了保障动物性食品安全,经过测定兽药的无作用剂量和日许量制定出被人食用的动物产品的最高残留限量,即兽药在食用动物产品中的残留量不能超过这个标准,否则将对食品消费者的健康产生有害作用。因此,避免兽药残留超标也是合理用药必须认真遵守的原则。

(1)兽药残留超标的原因:①不遵守休药期规定。②不按兽医师处方或药物标签和说明书用药。使用者随便加大剂量、延长用药时间或同时使用多种药物,是兽药残留超标的重要原因。③使用未经批准的药物。④缺乏用药记录。⑤宰前故意用药,如用氯丙嗪等以减少运输过程中的发病和死亡,使用某些中枢抑制药以延长水产动物的存活时间等。此外,还有少数人使用违禁药物如克伦特罗等作促生长添加剂,也是造成动物性食品有害残留的原因。

(2)兽药残留的危害:①一般毒性作用。如氨基糖苷类抗生素有较强的肾毒性和耳毒性等。②特殊毒性作用。一般指致畸作用、致突变作用、致癌作用和生殖毒性作用等。如己烯雌酚、硝基呋喃类、卡巴氧、砷制剂有致癌作用,苯并咪唑类、氯羟吡啶等有致畸和致突变作用。③变态反应(过敏反应)。如青霉素等在牛奶中的残留可引起人的过敏反应。④激素样作用。雌激素、同化激素等作为动物的促生长剂,除有致癌作用外,还能对人类产生其他有害作用,超量残留可能干扰人类的内分泌功能,产生内分泌功能紊乱,有的性早熟也可能与这类物质在食品中的残留有关。⑤对人类胃肠道菌群的影响。另外,胃肠道菌群在残留抗菌药的选择压力下可能产生耐药性,而使胃肠道成为细菌耐药基因的重要贮藏库,使细菌耐药性传播、扩散。⑥造成人类病原菌耐药性增加。

(3)避免兽药残留应注意的事项:①坚持用药记录制度。避免兽药残留必须从源头抓起,严格执行兽药使用的登记制度。兽医及养殖人员必须对使用兽药的品种、剂量、剂型、给药途径、疗程或添加时间等进行登记,以备检查和溯源。②严格遵守休药期规定。兽药残留产生的主要原因是没有遵守休药期的规定,严格执行休药期规定是减少兽药残留的关键措施。药物的休药期受剂型、剂量和给药途径的影响。此外,联合用药由于药动学的相互作用也会延长休药期,以保证动物性食品的安全。③避免标签外用药。在标签说明以外的任何应用,它包括动物种属、适应证、给药途径、剂量和疗程。一般情况下,食品动物禁止标签外应用,因为任何标签外应用均可能改变药物在体内的动力学过程,延长在动物体内的消除时间,使食品动物出现潜在的药物残留。④严禁使用违禁药物。我国兽药管理部门规定了食用动物禁用的兽药清单。兽医师和食品动物饲养场均应严格执行这些规定。

学习单元7　动物诊疗处方的开写

一、动物诊疗处方

动物诊疗处方是由动物诊疗机构有处方资格的执业兽医师在动物诊疗活动中开具,由兽医师、兽药学专业技术人员审核、使用、核对,并作为发药凭证的诊疗文书。处方的意义在于写明药物的名称、数量、制成何种剂型以及用量、用法等,以保证药剂的规格和安全有效。

兽用处方药必须凭动物诊疗机构执业兽医出具的处方销售、调剂和使用。执业助理兽医师开具的处方须经所在诊疗地点执业医师签字或加盖专用签章后方有效;执业兽医师须在当地县级以上兽医行政管理部门签名留样及专用签章备案后方可开具处方。处方应当遵循安全、有效、经济的原则。

执业助理兽医师、执业兽医师应当根据动物诊疗需要,按照诊疗规范、药品说明书中的药品适应证、药理作用、用法、用量、禁忌、不良反应和注意事项等开具处方。开具麻醉药品、精神药品、放射性药品的处方须严格遵守有关法律、法规和规章的规定。处方为开具当日有效。特殊情况下需延长有效期的,由开具处方的兽医注明有效期限,但有效期最长不得超过3 d。

二、处方格式与内容

一般动物诊疗机构都有印好的处方笺,形式统一,开具处方时只需填写各项内容即可。一个完整的处方结构由 3 部分组成。

1.处方前记(登记部分)

本部分可用中文书写,主要登记或说明处方的对象,包括诊疗机构名称、处方编号、畜主姓名、畜别、性别、畜龄、体重、特征、门诊登记号、临床诊断、开具日期等,以便于查对处方和积累资料。

2.处方正文(处方部分)

处方的左上角印有 Rp 或 R 符号,此为拉丁文 Recipe 的缩写,为处方开头用语,其意思是取、处方或请配取。中药则用中文"处方"开头。在 Rp 之后或下一行,分列药品名称、规格、数量、用法用量。药品剂量与数量一律用阿拉伯数字书写。

3.处方后记(签名部分)

兽医师和药物调剂专业技术人员签名或加盖专用签章,药品金额以及审核、调配、核对、发药的人员签名,以示负责。兽药房处方药调剂专业技术人员应当对处方兽药的适宜性进行审核,包括对规定必须做过敏试验的药物,是否有注明过敏试验及结果的判定;处方用兽药与临床诊断的相符性;剂量、用法;剂型与给药途径;是否有重复给药现象;是否有药物的配伍禁忌等。

三、处方开写举例

动物诊疗处方笺格式如下:

××动物诊疗处方笺

处方编号:			门诊号(住院号):			
主人姓名			住址			
动物种类		性别		畜龄(体重 kg)		特征

Rp

　　磺胺嘧啶　　　　2.5

　　次碳酸铋　　　　1.0

　　碳酸氢钠　　　　2.5

　　常　　水　　　　适量,加至 100.0

　　配制法:混合制成合制。

　　服用法:摇匀,一次灌服。

药　价

主治医师(签名):　　　　　　药剂师(签名):　　　　　　　　　年　月　日

四、处方中药物的作用

处方中各药物按其在处方中所起作用不同分为:主药,在处方中起主要作用的药物(如磺胺嘧啶)。佐药,起辅助或加强主药作用的药物(如次碳酸铋)。矫正药,矫正主药的副作用或毒性作用的药物(如碳酸氢钠)。赋形药,使药物制成适当剂型的药物,以便于治疗(如常水)。

五、处方中药物剂量的开写方法

1.总量法

将需要药量一次开出,说明每次用量。

R

复方龙胆酊   60.0

用法:每天 3 次,每次 20.0,加水灌服。

R

25%葡萄糖注射液   1 000.0

用法:静注,每天 2 次,每次 500.0。

2.分量法

开写每次用量,说明需要若干份。

R

大黄苏打   0.3×6

用法:一次灌服。

R

25%葡萄糖注射液   500.0

用法:静注,每天 3 次,每次 500.0。

六、动物诊疗处方书写注意事项

(1)开写动物诊疗处方,字迹要清楚,绝不可潦草,也不要用铅笔书写。

(2)药名应以《中华人民共和国兽药典》《兽医药品规范》为准,不要开写别名或俗名,以免混淆。

(3)剂量单位以国家规定的法定计量单位为准,如克、毫升,一般不必写出 g 或 mL;其他单位一律应写明(如 mg、μg、μL 等)。有效量单位以国际单位(IU)、单位(U)计算。片剂、丸剂、散剂分别以片、丸、袋(或克)为单位;溶液剂以升或毫升为单位;软膏以支、盒为单位;注射剂以支、瓶为单位,应注明含量;饮片以剂或副为单位。

(4)剂量小于 1 时,应在小数点前加写"0"字,各药的小数点必须上下对齐。

(5)如果需要在同一张处方笺上给同一家畜开写几个处方时,每个处方均应按其内容完整书写,两个处方之间用"♯"字隔开;或在每个处方的第一个药物名称的左方加写次序号码①、②等。

(6)急诊处方,需立即取药者,应在处方上加写"急"字,并签名。

(7)如属治疗需要,剧毒药品要超过极量使用时(例如用阿托品抢救有机磷中毒病畜),或应用有配伍禁忌的药物时,执业兽医师应在剂量或药名旁边签名并加写"!"号,以示负责。如无签名或"!"时,药剂师有拒绝发药的责任。

(8)执业兽医师须在当地县级以上兽医行政管理部门签名留样及专用签章备案后方可开具处方;执业助理兽医师开具的处方须经所在诊疗地点执业兽医师签字或加盖专用签章后方有效。处方兽医的签名式样和专用签章必须与在动物防疫监督机构留样相一致,不得任意改动,否则,应重新登记留样备案。

（9）执业助理兽医师、执业兽医师应当根据动物诊疗需要，按照诊疗规范、药品说明书中的药品适应证、药理、用量、禁忌、不良反应和注意事项等开具处方。开具麻醉药品、精神药品、放射性药品的处方须严格遵守有关法律、法规和规章的规定。

■ 复习思考题

一、选择题

1. 药物的常用量是指（　　　）。
   - A. 最小有效量到极量之间的剂量
   - B. 最小有效量到最小中毒量之间的剂量
   - C. 治疗量
   - D. 最小有效量到最小致死量之间的剂量

2. 治疗指数为（　　　）。
   - A. LD_{50}/ED_{50}
   - B. LD_5/ED_{95}
   - C. LD_1/ED_{99}
   - D. LD_1 与 ED_{99} 之间的距离

3. 药物主动转运的特点是（　　　）。
   - A. 由载体进行，消耗能量
   - B. 由载体进行，不消耗能量
   - C. 不消耗能量，无竞争性抑制
   - D. 消耗能量，无选择性

4. 吸收是指药物从用药部位进入（　　　）。
   - A. 胃肠道的过程
   - B. 靶器官的过程
   - C. 血液循环的过程
   - D. 细胞内的过程
   - E. 细胞外液的过程

5. 药效学研究（　　　）。
   - A. 药物的疗效
   - B. 药物在体内的变化过程
   - C. 药物对机体的作用规律
   - D. 影响药效的因素

6. 作用选择性低的药物，在治疗量时往往呈现（　　　）。
   - A. 毒性较大
   - B. 副作用较多
   - C. 过敏反应较剧
   - D. 容易成瘾

7. 肌内注射阿托品治疗肠绞痛时，引起的口干属于（　　　）。
   - A. 后遗效应
   - B. 副作用
   - C. 变态反应
   - D. 毒性反应

8. 决定每天用药次数的主要因素是（　　　）。
   - A. 作用强弱
   - B. 吸收快慢
   - C. 体内分布速度
   - D. 体内消除速度

9. 简单扩散的特点是（　　　）。
   - A. 转运速度受药物解离度影响
   - B. 转运速度与膜两侧的药物浓度差成正比
   - C. 不需消耗 ATP
   - D. 需要膜上特异性载体蛋白

10. 药物的不良反应不包括（　　　）。
    - A. 抑制作用
    - B. 副作用
    - C. 毒性反应
    - D. 变态反应
    - E. 致畸作用

二、简答题

1.简述兽药的概念。

2.药物作用的基本形式有哪些？请分别举例说明。

3.药物作用的类型包括哪些？

4.什么叫药物作用的选择性？在临床上有何意义？

5.药物的不良反应有哪些？在临床上如何避免？

6.影响药物作用的因素包括哪些？在临床上有何意义？

7.什么是配伍用药？配伍的目的是什么？

8.剂量对药物作用有何影响？

9.什么叫动物诊疗处方？在实际中如何正确开写动物诊疗处方？

学习情境 2
防腐消毒药

知识目标◀

掌握防腐消毒药的概念。

了解影响防腐消毒药作用的因素。

掌握常用防腐消毒药的应用。

▶技能目标◀

学会防腐消毒药的杀菌效果观察。

学习单元 1　防腐消毒药基础知识

一、防腐消毒药的概念

防腐消毒药可分为消毒药和防腐药。消毒药是指能迅速杀灭病原微生物的药物,主要用于环境、厩舍、动物排泄物、用具和手术器械等非生物表面的消毒;防腐药是指仅能抑制病原微生物生长繁殖的药物,主要用于抑制局部皮肤、黏膜和创伤等生物体表的微生物感染,也用于食品及生物制品等的防腐。

消毒药和防腐药是根据用途和特性分类的,二者无明显的分界线,低浓度的消毒药仅能抑菌,而高浓度的防腐药时也能杀菌。因此,一般总称为防腐消毒药。

二、防腐消毒药的分类

1.根据使用对象分类

第一类为主要用于厩舍和用具的防腐消毒药,有酚类、醛类、碱类、酸类、卤素类、过氧化物类。具体如石炭酸、煤酚皂溶液(来苏儿)、克辽林(臭药水)、升汞(二氯化汞)、甲醛溶液(福尔马林)、氢氧化钠、生石灰(氧化钙)、漂白粉(含氯石灰)、过氧乙酸(过醋酸)等。

第二类为主要用于畜禽皮肤和黏膜的防腐消毒药,有醇类、表面活性剂、碘与碘化物、有机酸类、过氧化物类、染料类,具体如乙醇、碘、松馏油、水杨酸、硼酸、新洁尔灭、消毒净、洗必泰等。

第三类为主要用于创伤的防腐消毒药,如过氧化氢溶液、高锰酸钾、甲紫、利凡诺等。

2.根据化学消毒剂对微生物的作用分类

(1)凝固蛋白质和溶解脂肪类的化学消毒药:如甲醛、酚(石炭酸、甲酚、来苏儿、克辽林)、醇、酸等。

(2)溶解蛋白质类的化学消毒药:如氢氧化钠、石灰等。

(3)氧化蛋白质类的化学消毒药:如高锰酸钾、过氧化氢、漂白粉、氯胺、碘、硅氟氢酸、过氧乙酸等。

(4)与细胞膜作用的阳离子表面活性消毒剂:如新洁尔灭、洗必泰等。

(5)对细胞发挥脱水作用的化学消毒剂:如甲醛溶液、乙醇等。

(6)与核酸作用的碱性染料:如龙胆紫(结晶紫)。

还有其他类化学消毒剂,如戊二醛、环氧乙烷等。以上各类化学消毒剂虽各有其特点,但有的一种消毒剂同时具有几种药理作用。

3.根据化学消毒药的结构分类

(1)酚类:如石炭酸等,能使菌体蛋白变性、凝固而呈现杀菌作用。

(2)醇类:如70%乙醇等,能使菌体蛋白凝固和脱水,而且有溶脂的特点,能渗入细菌体内发挥杀菌作用。

(3)酸类:如硼酸、盐酸等,能抑制细菌细胞膜的通透性,影响细菌的物质代谢;乳酸可使菌体蛋白变性和水解。

(4)碱类:碱类消毒药如氢氧化钠,能水解菌体蛋白和核蛋白,使细胞膜和酶受害而死亡。

(5)氧化剂:如过氧化氢、过氧乙酸等,遇有机物即释放出初生态氧,破坏菌体蛋白和酶蛋白,呈现杀菌作用。

(6)卤素类:如漂白粉等容易渗入细菌细胞内,对原浆蛋白产生卤化和氧化作用。

(7)重金属类:如升汞等,能与菌体蛋白结合,使蛋白质变性、沉淀而产生杀菌作用。

(8)表面活性剂:如新洁尔灭、洗必泰等,吸附于细胞表面,溶解脂质,改变细胞膜的通透性,使菌体内的酶和代谢中间产物流失。

(9)染料类:如甲紫、利凡诺等,能改变细菌的氧化还原电位,破坏正常的离子交换机能,抑制酶的活性。

(10)挥发性溶剂:如甲醛等,能与菌体蛋白和核酸的氨基、烷基、巯基发生烷基化反应,使蛋白质变性或核酸功能改变,呈现杀菌作用。

三、理想防腐消毒药的条件

(1)抗微生物范围广、活性强,而且在有体液、脓液、坏死组织和其他有机物质存在时,仍能保持抗菌活性,能与去污剂配伍应用。

(2)作用产生迅速,其溶液的有效寿命长。

(3)具有较高的脂溶性和分布均匀的特点。

（4）对人和动物安全,防腐药不应对组织有毒,也不妨碍伤口愈合,消毒药应不具残留表面活性。

（5）药物本身应无臭、无色和着色性,性质稳定,可溶于水。

（6）无易燃性和易爆性。

（7）对金属、橡胶、塑料、衣物等无腐蚀作用。

（8）价廉易得。

四、影响防腐消毒药作用的因素

1.药液浓度

药液的浓度对其作用产生着极为明显的影响,一般来讲,当其他条件一致时,浓度越高其作用越强。但治疗创伤时,还必须考虑对组织的刺激性和腐蚀性。但 85％以上浓度的乙醇则是浓度越高作用越弱,因为高浓度的乙醇可使菌体表层蛋白质全部变性凝固,而形成一层致密的蛋白膜,造成其他乙醇不能进入菌体内。另外,应根据消毒对象选择浓度,如同一种防腐消毒药在应用于外界环境、用具、器械消毒时可选择高浓度;而应用于体表,特别是创伤面消毒时应选择低浓度。

2.作用时间

防腐消毒药与病原微生物的接触达到一定时间才可发挥抑杀作用,一般作用时间越长,其作用越强。为取得良好的消毒效果,应选择有效时间长的消毒药溶液,并应选取其合适的浓度和按消毒药的理化特性,达到规定的消毒时间。临床上可针对消毒对象的不同选择消毒时间,如应用甲醛溶液对雏鸡进行熏蒸消毒,时间仅需 25 min 以下,而厩舍、库房则需 12 h 以上。

3.温度

药液与消毒环境的温度,对防腐消毒药的效果产生很大的影响。一般温度每提高 10℃ 消毒力可提高 1～1.5 倍,例如氢氧化钠溶液,在 15℃ 经 6 h 杀死炭疽杆菌芽孢,55℃ 时只需 1 h,而在 75℃ 时仅需 6 min 就可杀死。对热稳定的药物,常用其热溶液消毒。但提高药液及消毒环境的温度会增加经济成本,所以药液温度一般控制在正常室温(18～25℃)。

4.消毒环境中的有机物

消毒环境中的粪、尿等,或创面上的脓、血、体液等有机物一方面可与防腐消毒药结合形成不溶性化合物,或将其吸附、发生化学反应使其作用减弱;另一方面机械性保护微生物而阻碍药物向消毒物中的渗透,而减弱防腐消毒药的效果。因此,在环境、用具、器械消毒时,必须彻底清除消毒物表面的有机物;创伤面消毒时,必须先清除创面的脓、血、坏死组织和污物,以取得良好的消毒效果。

5.pH

环境或病变部位的 pH 对有些防腐消毒药的作用影响较大。如戊二醛在酸性环境中较稳定,但杀菌能力较弱,当加入 0.3％碳酸氢钠使其溶液 pH 为 7.5～8.5 时,杀菌活性显著增强,不仅能杀死多种繁殖型细菌,还能杀死芽孢,因其在碱性环境中形成的碱性戊二醛易与菌体蛋白的氨基结合使其变性。含氯消毒剂作用的最佳 pH 为 5.0～6.0。

6.水质

硬水中的 Ca^{2+} 和 Mg^{2+} 可与季铵盐类药物、洗必泰、碘伏等结合成不溶性盐类,从而降低其抑菌和杀菌效力。

7.病原微生物的特点

不同种(型)的微生物及微生物的不同发育时期,其形态结构和生理生化各有特点,对药物的敏感性不同,如生长繁殖旺盛期的细菌对药物敏感,而具有芽孢的细菌则对其有强大抵抗力。又如病毒对碱类较敏感而对酚类耐药,适当浓度的酚类化合物几乎对所有不产生芽孢的繁殖型细菌均有杀灭作用,但对处于休眠期的芽孢作用不强,因此对不同的微生物应选用不同的药物。

8.配伍用药

实践中常见到两种消毒药合用,或者消毒药与清洁剂或除臭剂合用时,消毒效果降低,这是由于物理性或化学性配伍禁忌造成的。例如,阴离子表面活性剂肥皂与阳离子表面活性剂合用时,发生置换反应,使消毒效果减弱,甚至完全消失。又如高锰酸钾、过氧乙酸等氧化剂与碘酊等还原剂之间可发生氧化还原反应,不但减弱消毒作用,而且会加重对皮肤的刺激性和毒性。因此,在临床应用时,一般单用为宜。

五、防腐消毒药的作用机制

1.使菌体蛋白变性、沉淀

如酚类、醛类、醇类、重金属盐类等大部分的防腐消毒药能使微生物的原浆蛋白质凝固或变性而杀灭微生物。其作用不具有选择性,可损害一切活性物质,故称为"一般原浆毒",由于其不仅能杀菌,也能破坏动物组织,因而只适用于环境消毒。

2.改变菌体细胞膜的通透性

如新洁尔灭、洗必泰等表面活性剂的杀菌作用是通过降低菌体的表面张力,增加菌体细胞膜的通透性,从而引起细胞内酶和营养物质漏失,水则向菌体内渗入,使菌体溶解和破裂。

3.干扰或损害细菌生命必需的酶系统

有些防腐消毒药通过氧化还原反应损害酶的活性基团,或因其化学结构与菌体内代谢物相似,竞争或非竞争地同酶结合,抑制酶的活性,引起菌体死亡。如高锰酸钾等氧化剂的氧化、漂白粉等卤化物的卤化等可通过氧化、还原等反应损害酶的活性基团,导致菌体的抑制或死亡。

六、选择防腐消毒药的原则

1.低毒高效

选择的消毒剂力求消毒作用强,药效作用迅速,能保证在较短的时间内达到预期的消毒目标,而且无臭、无毒、无刺激性、无腐蚀性,对人、畜无害。如过氧乙酸、季铵盐类、二氯异氰尿酸钠等,主要用于带畜禽消毒。

2. 广谱

可杀灭病毒、细菌、霉菌等多种有害微生物。如火碱、高锰酸钾、过氧乙酸、二氯异氰尿酸钠等，主要用于畜禽舍、运动场、垫料、染疫物等的消毒。

3. 经济实惠

如新鲜石灰水、高锰酸钾、漂白粉等价格较低，且有较好的消毒效果。

4. 使用方便

易溶于水，溶解迅速，渗透力好，能迅速渗透于尘土、粪便等各种有机物内杀灭病原体。如过氧乙酸、二氯异氰尿酸钠、戊二醛等，主要用于畜禽舍内消毒。

5. 性质稳定

受光、热、水质硬度、环境酸碱度等环境因素影响小，不易挥发失效。如聚维酮碘、戊二醛、二氯异氰尿酸钠等，主要用于畜禽舍和运动场的消毒。

6. 效力持久

作用时间长，长期保存药效不减。如季铵盐类、聚维酮碘、火碱、新鲜石灰水等，主要用于墙壁、地面消毒。

7. 交替使用

在一个养殖场或一个相对固定的场所内不宜长期单一使用某种消毒剂，应选择两种以上消毒剂交替使用，但应考虑消毒剂的酸碱性，防止酸碱中和，降低消毒剂浓度，影响消毒效果。如铵盐类、聚维酮碘、过氧乙酸、戊二醛等消毒剂可以交替使用，但过氧乙酸与火碱不能同时使用。

8. 看消毒对象

消毒的对象不同选用的消毒药品也不同。带畜禽消毒要考虑其毒性、刺激性。笼子、器具、料槽、水槽等消毒要考虑其腐蚀性。畜禽舍、运动场、周边环境等消毒，要考虑其消毒效果和价格，可以使用火碱、二氯异氰尿酸钠、新鲜石灰水等。空间消毒要使用烟熏消毒剂，如甲醛与高锰酸钾合用、烟熏王等。消毒前可提高舍内温度和密封门窗，以增强消毒效果。

学习单元2　常用的防腐消毒药

一、主要用于环境、用具、器械的防腐消毒药

（一）卤素类

本类药物主要是氯、碘以及能释放出氯、碘的化合物。含氯消毒药主要通过释放出活性氯原子和初生态氧而起杀菌作用，其杀菌能力与有效氯含量成正比。卤素类防腐消毒药包括无机含氯消毒药和有机含氯消毒药两大类。无机含氯消毒药主要有漂白粉、复合亚氯酸钠等，有机含氯消毒药主要有二氯异氰脲酸、三氯异氰脲酸、溴氯海因等。含碘消毒药主要靠不断释放碘离子达到消毒作用，如碘的水溶液、碘的醇溶液（碘酊）和碘伏等。其中碘伏是近年来广泛使

用的含碘消毒药,它是碘与表面活性剂(载体)及增溶剂形成的不定型络合物,其实质是含碘表面活性剂,但其性能更为稳定。碘伏的主要品种有聚乙烯吡咯烷酮-碘(PVP-I)、聚乙烯醇碘(PVA-I)、聚乙二醇碘(PEG-I)、双链季铵盐络合碘等。

含氯石灰(Chlorinated Lime)

【基本概况】本品又名漂白粉,灰白色粉末,有氯臭味,为次氯酸钙、氯化钙和氢氧化钙的混合物,在空气中吸收水分与二氧化碳而缓缓分解。本品为廉价有效的消毒药,部分溶于水,常制成含有效氯为 25%～30% 的粉剂。

【作用与用途】①本品加水后释放出次氯酸,次氯酸不稳定,分解为活性氯和初生态氧而呈现杀菌作用。本品杀菌作用快而强,但作用不持久。其对细菌繁殖体、细菌芽孢、病毒及真菌都有杀灭作用,并可破坏肉毒杆菌毒素。如 1% 澄清液作用 0.5～1 min 可抑制炭疽杆菌、沙门氏菌、猪丹毒杆菌和巴氏杆菌等多数繁殖型细菌的生长,1～5 min 可抑制葡萄球菌和链球菌;30% 漂白粉混悬液作用 7 min 后,炭疽芽孢即停止生长;对结核杆菌和鼻疽杆菌效果较差。②除臭作用,因所含的氯可与氨和硫化氢发生反应。

漂白粉主要用于厩舍、畜栏、场地、车辆、排泄物、饮水等的消毒;1%～5% 溶液用于玻璃器皿和非金属器具消毒;漂白粉加水生成的次氯酸,其杀菌作用产生快,氯又能迅速散失而不留臭味,肉联厂、食品厂设备常用其消毒。

【应用注意】①本品对金属有腐蚀作用,不能用于金属制品;因其可使有色棉织物褪色,故也不可用于有色衣物的消毒。②现用现配,杀菌效果受有机物的影响,消毒时间一般至少需15～20 min。③本品可释放出氯气,引起流泪、咳嗽,并可刺激皮肤和黏膜,严重时表现为躁动、呕吐、呼吸困难等,故消毒人员应注意防护。④在空气中容易吸收水分和二氧化碳而分解失效,在阳光照射下也易分解。⑤不可与易燃易爆物品放在一起。

【用法与用量】饮水消毒,每 50 L 水加入 1 g。厩舍等消毒,配成 5%～20% 混悬液。玻璃器皿和非金属用具消毒,临用前配成 1%～5% 澄清液。粪池、污水沟、潮湿积水的地面消毒,直接用干粉撒布或按 1:5 比例与排泄物均匀混合。鱼池消毒,每立方米水加入 1 g;鱼池带水清塘,每立方米水加入 20 g。

复合亚氯酸钠(Composite Chlorite Sodium)

【基本概况】本品又称鱼用复合亚氯酸钠、百毒清,为白色粉末或颗粒,有弱漂白粉气味。其主要成分为二氧化氯(ClO_2),常制成粉剂。

【作用与用途】①本品对细菌繁殖体、细菌芽孢、病毒及真菌都有杀灭作用,并可破坏肉毒梭菌毒素。②除臭作用。

本品用于厩舍、饲喂器具及饮水等消毒;用于治疗鱼、虾、蟹、育珠蚌和螺的细菌性疾病。

【应用注意】①本品溶于水后可形成次氯酸,pH 越低,次氯酸形成越多,杀菌作用越强。②避免与强还原剂及酸性物质接触,不可与其他消毒剂联合使用。③药液不能用金属容器配制或贮存。④现配现用。配制操作时穿戴防护用品,严禁垂直面对溶液,配好后不得加盖密封;不得使用高温水,宜在阴天或早、晚无强光照射下施药。泼洒时应将水溶液尽量贴近水面均匀泼洒,不能向空中或从上风处向下风处泼洒,严禁局部药物浓度过高。⑤休药期 500 度日(温度×时间＝500)。

【用法与用量】本品 1 g 加水 10 mL 溶解,加活化剂 1.5 mL 活化后,加水至 150 mL。厩舍、饲喂器具消毒 15～20 倍稀释,饮水消毒 200～1 700 倍稀释。遍洒,一次量,每立方米水体,水产动物细菌病或病毒病 0.5～2.0 g。

溴氯海因(Bromochlorodimethyl Hydantoin)

【基本概况】本品为类白色或淡黄色结晶性粉末,有次氯酸刺激性气味,微溶于水,常制成粉剂。

【作用与用途】本品是一种广谱杀菌剂,杀菌速度快,杀菌力强,受水质酸碱度、有机物影响小。对炭疽芽孢无效。

本品主要用于动物厩舍、运输工具等消毒;也用于鱼、虾、蟹的细菌性疾病(如烂鳃病、打印病、烂尾病、肠炎病、竖鳞病、淡水鱼类细菌性出血症等)及养殖水体消毒。

【应用注意】①本品对人的皮肤、眼及黏膜有强烈的刺激。②配制时用木器或塑料容器将药物溶解均匀后使用,禁止用金属容器盛放。

【用法与用量】环境或运输工具消毒,喷洒、擦洗或浸泡,口蹄疫按 1:400 倍稀释,猪水疱病按 1:200 倍稀释,猪瘟按 1:600 倍稀释,猪细小病毒病按 1:60 倍稀释,鸡新城疫、法氏囊病按 1:1 000 倍稀释,细菌繁殖体按 1:4 000 倍稀释。水体消毒,每立方米水体用药 0.3～0.4 g,每天 1 次,连用 1～2 d。

二氯异氰脲酸钠(Sodium Dichloroisocyanurate)

【基本概况】本品又名优氯净,含有效氯 60%～64.5%,属氯胺类化合物,在水溶液中水解为次氯酸。本品为白色晶粉,有浓厚的氯臭,性质稳定,在高温、潮湿地区贮存 1 年,有效氯含量下降很少,易溶于水,水溶液稳定性差,在 20℃ 左右时 1 周内有效氯约丧失 20%。

【作用与用途】杀菌谱广,杀菌力较大多数氯胺类消毒药强。对繁殖型细菌、芽孢、病毒、真菌孢子均有较强的杀灭作用。溶液的 pH 越低,杀菌作用越强,加热可提高杀菌效力,对有机物影响小。

本品用于厩舍、排泄物和水等消毒。

【应用注意】腐蚀和漂白作用,有机氯危害毒性大于无机氯,病房不宜使用,用前现配。

【用法与用量】0.5%～1% 水溶液用于杀灭细菌和病毒,5%～10% 水溶液用于杀灭芽孢。可采用喷洒、浸泡和擦拭方法消毒,也可干粉直接处理排泄物和污物。厩舍消毒,常温下每平方米 10～20 mg,气温低于 0℃ 时 50 mg。

三氯异氰脲酸(Trichloroisocyanuric Acid)

【基本概况】本品又称强氯精,为白色结晶性粉末,是一种极强的氧化剂和氯化剂,有次氯酸刺激性气味,易溶于水,呈酸性,常制成含氯量 60%～82% 的粉剂。

【作用与用途】本品可杀灭细菌繁殖体、细菌芽孢、病毒、真菌和藻类，对球虫卵囊也有一定的杀灭作用，是一种高效、低毒、广谱、快速的杀菌消毒剂。

本品用于场地、器具、排泄物、饮用水、水产养殖等消毒。

【应用注意】①本品应贮存在阴凉、干燥、通风良好的仓库内，禁止与易燃易爆、自燃自爆等物质混放，不可与氧化剂、还原剂混合贮存，不可与液氨、氨水、碳铵、硫酸铵、氯化铵、尿素等含有氨、铵、胺的无机盐或有机物以及非离子表面活性剂等混放，否则易发生燃烧、爆炸。②与碱性药物联合使用，会相互影响其药效；与油脂类合用，可使油脂中的不饱和键氧化，从而使油脂变质；与硫酸亚铁合用，可使 Fe^{2+} 氧化成 Fe^{3+}，降低硫酸亚铁的药效。③水溶液不稳定，现用现配。④刺激和腐蚀皮肤、黏膜，须注意防护。⑤水产养殖消毒时，根据不同的鱼类和水体的 pH，使用剂量适当增减。⑥休药期 10 d。

【用法与用量】饮水消毒，每升水 4～6 mg；喷洒消毒，每升水 200～400 mg；带水清塘，每升水 4～10 mg，10 d 后可放鱼苗；全池泼洒，每升水 0.3～0.4 mg；食品、牛奶加工厂、厩舍、蚕室、用具、车辆消毒，每升水 50～70 mg。

蛋氨酸碘（Iodine Methionine）

【基本概况】本品又名虾康宁，为红棕色黏稠物。本品为蛋氨酸与碘的络合物，含有效碘 43.0% 以上，常制成粉剂和溶液。

【作用与用途】本品在水中释放游离的分子碘，对细菌、病毒和真菌均有杀灭作用。

本品用于虾池水体消毒及对虾白黑斑病的预防。

【应用注意】勿与维生素 C 等强还原剂同时使用。

【用法与用量】以蛋氨酸碘粉计，拌饵投喂，每 1 000 kg 饲料，对虾 100～200 g，每天 1 或 2 次，2～3 d 为一疗程。以蛋氨酸碘溶液计，池水体消毒，虾一次量，每 1 000 L 水，本品 60～100 mL，稀释 1 000 倍后全池泼洒。

(二)醛类

醛类消毒剂主要是通过烷基化反应，使菌体蛋白质变性，酶和核酸的功能发生改变。常用的有甲醛和戊二醛两种。

甲醛溶液（Formaldehyde Solution）

【基本概况】本品为无色或几乎无色的澄明液体，有刺激性，特臭，含甲醛不得少于 36%，其 40% 溶液又称福尔马林，能与水、乙醇任意混合，常制成溶液。

【作用与用途】①本品不仅能杀死繁殖型的细菌，也可杀死芽孢以及抵抗力强的结核杆菌、病毒及真菌等。②对皮肤和黏膜的刺激性很强，但不损坏金属、皮毛、纺织物和橡胶等。③穿透力差，不易透入物品深部发挥作用；作用缓慢，消毒作用受温度和湿度的影响很大，温度越高，消毒效果越好，温度每升高 10℃，消毒效果可提高 2～4 倍，当环境温度为 0℃ 时，几乎没有消毒作用。④具有滞留性，消毒结束后即应通风或用水冲洗。甲醛的刺激性气味不易散失，故消毒空间仅需相对密闭。

本品主要用于厩舍、仓库、孵化室、皮毛、衣物、器具等的熏蒸消毒；也可用于标本、尸体防腐;还可用于肠道制酵。

【应用注意】①本品对黏膜有刺激性和致癌作用(尤其肺癌)。消毒时避免与口腔、鼻腔、眼睛等黏膜处接触,否则会引起接触部位角化变黑、皮炎,少数动物过敏。本药液污染皮肤,应立即用肥皂和水清洗;动物误服甲醛溶液,应迅速灌服稀氨水解毒。②本品贮存温度为9℃以上。较低温度下保存时,凝聚为多聚甲醛而沉淀。③用甲醛熏蒸消毒时,甲醛与高锰酸钾的比例应为 2:1[甲醛体积(mL)与高锰酸钾质量(g)的比例];消毒后,消毒人员应迅速撤离消毒场所,消毒场所事先密封,温度应控制在 18℃以上,湿度应为 70%～90%。④消毒后在物体表面形成一层具腐蚀作用的薄膜。

【用法与用量】以甲醛溶液计:内服,用水稀释 20～30 倍,一次量,牛 8～25 mL,羊 1～3 mL。标本、尸体防腐,5%～10%溶液。熏蒸消毒,每立方米 15 mL。器械消毒,2%溶液。

戊二醛(Glutaraldehyde)

【基本概况】本品为淡黄色的澄清液体,有刺激性,特臭,能与水或乙醇任意混合,制成溶液。

【作用与用途】①本品具有广谱、高效和速效的杀菌作用,对细菌繁殖体、病毒、结核杆菌和真菌等均有很好的杀灭作用。②对金属腐蚀性小。

本品用于动物厩舍、橡胶、温度计和塑料等不宜加热的器械或制品消毒;也可用于疫苗制备时的鸡胚消毒。

【应用注意】①本品在碱性溶液中杀菌作用强(pH 为 5～8.5 时杀菌作用最强),但稳定性较差,2 周后即失效。②与新洁尔灭或双长链季铵盐阳离子表面活性剂等消毒剂有协同作用,如对金黄色葡萄球菌有良好的协同杀灭作用。③避免接触皮肤和黏膜。

【用法与用量】以戊二醛计:2%溶液浸泡消毒橡胶、塑料制品及手术器械。20%溶液喷洒、擦洗或浸泡消毒环境或器具(械),口蹄疫 1:200 倍稀释,猪水疱病 1:100 倍稀释,猪瘟1:10 倍稀释,鸡新城疫和法氏囊病 1:40 倍稀释,细菌性疾病 1:(500～1 000)倍稀释。

聚甲醛(Polymerized Formaldehyde,Paraformaldehyde)

本品又名聚氧化次甲基,为甲醛的聚合物($H(CH_2O)_n OH$),有特臭,为白色疏松粉末,在冷水中溶解缓慢,热水中很快溶解,溶于稀碱和稀酸溶液。聚甲醛本身无消毒作用,常温下缓慢解聚,放出甲醛。加热(低于 100℃)熔融很快产生大量甲醛气体,呈现强大的杀菌作用。主要用于环境的熏蒸消毒,每立方米 3～5 g。

(三)碱类

碱类杀菌作用的强度取决于其解离的 OH⁻浓度,解离度越大,杀菌作用越强,碱对病毒和细菌的杀灭作用较强,但刺激性和腐蚀性也较强,有机物可影响其消毒效力。高浓度的 OH⁻能水解菌体蛋白和核酸,使酶系和细胞结构受损,并能抑制代谢机能,分解菌体中的糖类,使菌体死亡。碱类无臭无味,除可消毒厩舍外,还可用于肉联厂、食品厂、奶牛场等的地面、饲槽、车船等消毒。本类药物常用的主要有氢氧化钠和氧化钙。

氢氧化钠(Sodium Hydroxide)

【基本概况】本品又称烧碱、火碱、苛性钠,为白色干燥颗粒、块或薄片。本品吸湿性强,露置空气中会逐渐溶解呈溶液状态,易吸收二氧化碳,变成碳酸钠,故需密封保存。本品含96%氢氧化钠和少量的氯化钠、碳酸钠,极易溶于水。

【作用与用途】火碱属原浆毒,杀菌力强,对细菌繁殖型、芽孢、病毒有很强的杀灭作用;对寄生虫卵也有杀灭作用;还能皂化脂肪和清洁皮肤。

本品用于畜舍、车辆、用具等的消毒;也可用于牛、羊新生角的腐蚀。

【应用注意】①对人畜组织有刺激和腐蚀作用,用时注意保护。②厩舍地面、用具消毒后经6~12 h清水冲洗干净再放入畜禽使用。③能损坏铝制品、油漆漆面和纤维织物。

【用法与用量】消毒,1%~2%热溶液;腐蚀动物新生角,50%溶液。

氧化钙(Calcium Oxide)

【基本概况】本品又称生石灰,为白色无定型块状。其主要成分为氧化钙,加水即成氢氧化钙,即为熟石灰,呈粉末状,几乎不溶于水。

【作用与用途】本身无杀菌作用,加水后生成熟石灰放出氢氧根离子而起杀菌作用($CaO + H_2O \rightarrow Ca(OH)_2$,$Ca(OH)_2 \rightarrow Ca^{2+} + 2OH^-$)。对多数繁殖型病菌有较强的杀菌作用,但对芽孢、结核杆菌无效。

本品用于厩舍墙壁、畜栏、地面、病畜排泄物及人行通道的消毒。

【应用注意】①石灰乳现用现配,以新鲜生石灰为好(生石灰吸收空气中的二氧化碳,形成碳酸钙而失效)。②本品不能直接撒布栏舍、地面,因畜禽活动时其粉末飞扬,可造成呼吸道、眼睛发炎或者直接腐蚀畜禽蹄爪。

【用法与用量】10%~20%混悬液涂刷或喷洒,或将其粉末与排泄物、粪便直接混合。

(四)酚类

酚类是一种表面活性物质(带极性的羟基是亲水基团,苯环是亲脂基团),可损害菌体细胞膜,能使胞浆漏失和菌体溶解,较高浓度时也是蛋白变性剂,故有杀菌作用。此外,酚类还通过抑制细菌脱氢酶和氧化酶等活性而产生抑菌作用。在适当浓度下,酚类对大多数不产生芽孢的繁殖型细菌和真菌均有杀灭作用,但对芽孢、病毒和结核杆菌作用不强。酚类的抗菌活性不易受环境中有机物和细菌数目的影响,故可用于消毒排泄物等。酚类的化学性质稳定,因而贮存或遇热等不会改变药效。为扩大抗菌作用范围,目前销售的酚类消毒药大多含两种或两种以上具有协同作用的化合物,如煤酚、复合酚等。一般酚类化合物仅用于环境及用具消毒。

苯酚(Phenol)

【基本概况】本品又称石炭酸,为无色或微红色针状结晶或结晶块,有特臭、引湿性。本品为低效消毒剂,水溶液显弱酸性反应,遇光或在空气中色渐变深。复合酚俗称菌毒敌,为我国生产的一种兽医专用消毒剂,是由苯酚(41%~49%)和醋酸(22%~26%)加十二烷基苯磺酸等配制而成的水溶性混合物,为深红褐色黏稠液,有特臭。

【作用与用途】本品杀灭细菌繁殖体和某些亲脂病毒作用较强。0.1%~1%溶液有抑菌作用;1%~2%溶液有杀灭细菌、真菌作用;5%溶液可在 48 h 内杀死炭疽芽孢,杀菌效果与温度呈正相关。复合酚可杀灭多种细菌、真菌、病毒以及动物寄生虫的虫卵。

本品用于厩舍、畜栏、地面、器具、病畜排泄物及污物的消毒。

【应用注意】①碱性环境、脂类、皂类能减弱其杀菌作用。②本品对动物有较强的毒性,被认为是一种致癌物,不能用于创面和皮肤的消毒;其浓度高于 0.5%时对局部皮肤有麻醉作用,5%溶液对组织产生强烈的刺激和腐蚀作用。③动物意外吞服或皮肤、黏膜大面积接触苯酚会引起全身性中毒,表现为中枢神经先兴奋后抑制以及心血管系统受抑制,严重者可因呼吸麻痹致死。对误服中毒时可用植物油(忌用液状石蜡)洗胃,内服硫酸镁导泻,给予中枢兴奋剂和强心剂等进行对症治疗;对皮肤、黏膜接触部位可用 50%乙醇或者水、甘油或植物油清洗,眼中可先用温水冲洗,再用 3%硼酸液冲洗。

【用法与用量】用具、器械和环境等消毒,2%~5%溶液。0.35%~1%复合酚溶液主要用于厩舍、器具、排泄物和车辆等消毒,药效可维持 7 d。预防性喷雾消毒用水稀释 300 倍,疫病发生时的喷雾消毒稀释 100~200 倍,稀释用水的温度不宜低于 8℃,禁与碱性药物或其他消毒药混用。

甲酚(Cresol)

【基本概况】本品又名煤酚,是从煤焦油中分馏得到的邻位、间位和对位 3 种甲酚异构体的混合物,其间位的煤酚抗菌作用最强,对位最弱。本品为无色、淡紫红色或淡棕黄色的澄清液体,有类似苯酚的臭气,并微带焦臭,日光下颜色逐渐变深,难溶于水,肥皂可使其易溶于水,并具有降低表面张力的作用,为此,通常用肥皂乳化配成 50%甲酚皂(又称来苏儿)溶液。常用的含酚焦油还有煤焦油、松馏油和鱼石脂,均有温和刺激、防腐、溶解角质及止痒的作用,用以治疗慢性皮肤病,如湿疹、牛皮癣等。其各种软膏均可用于软组织炎症及疖肿。

【作用与用途】①本品抗菌作用比苯酚强 3~10 倍,消毒用药液浓度较低,故较苯酚安全。②能杀灭繁殖型细菌,对结核杆菌、真菌有一定的杀灭作用;对细菌芽孢和亲水性病毒无效。

本品用于器械、厩舍、场地、病畜排泄物及皮肤黏膜的消毒。

【应用注意】①有特异臭味,不宜用于肉、蛋、食品仓库等的消毒。②由于色泽污染,不宜用于棉、毛纤制品的消毒。③本品对皮肤有刺激性,若用其 1%~2%溶液消毒手和皮肤,务必精确计算。

【用法与用量】甲酚溶液,用具、器械、环境消毒,3%~5%溶液。甲酚皂溶液,厩舍、器械、排泄物和染菌材料等消毒,5%~10%溶液。

【制剂】甲酚皂溶液,甲酚磺酸,复方煤焦油酸溶液(俗称农福),液化苯酚。

氯甲酚(Chlorocresol)

【基本概况】本品为无色或微黄色结晶,有酚特臭,微溶于水,常制成溶液。

【作用与用途】本品对细菌繁殖体、真菌和结核杆菌均有较强的杀灭作用,但不能杀灭细菌芽孢。

本品主要用于畜舍、禽舍及环境消毒。

【应用注意】①本品对皮肤及黏膜有腐蚀性。②有机物可减弱其杀菌效能。pH 较低时，杀菌效果较好。③现用现配，稀释后不宜久贮。

【用法与用量】以本品计，喷洒消毒，配成 0.3%～1%溶液。

二、主要用于皮肤黏膜的防腐消毒药

(一)醇类

醇类广泛用作消毒剂，其中 70%～75%乙醇最常用。醇类的杀菌作用随分子质量的增加而增加，如乙醇的杀菌作用比甲醇强 2 倍，丙醇比乙醇强 2.5 倍。但醇分子质量越大其水溶性越差，水溶性差则难以使用，所以临床上广泛使用乙醇。本类药物在临床应用浓度时，主要对细菌芽孢状态之外的微生物有杀灭作用，只有碘制剂对细菌芽孢有杀灭作用。醇类对黏膜的刺激性不同，应用时应根据需求认真选择。

本类消毒剂可以杀灭细菌繁殖体，但不能杀灭细菌芽孢，属中性消毒剂，主要用于皮肤黏膜的消毒。近年来的研究发现，醇类消毒剂和戊二醛、碘伏等配伍可以增强其作用。

$$乙醇（Alhcool）$$

【基本概况】本品又称酒精，为无色透明液体，易挥发，易燃烧，味灼烈，能与水、醚、甘油、氯仿、挥发油等任意混合，是良好的有机溶媒。

【作用与用途】本品杀菌机制是使菌体蛋白迅速凝固并脱水。①本品能杀死繁殖型细菌，对结核分枝杆菌、囊膜病毒也有杀灭作用，但对细菌芽孢无效。②对组织有刺激作用，具有溶解皮脂与清洁皮肤的作用。当涂擦皮肤时能扩张局部血管，改善局部血液循环，如稀乙醇涂擦可预防动物褥疮的形成，浓乙醇涂擦可促进炎性产物吸收减轻疼痛，故可用于治疗急性关节炎、腱鞘炎和肌炎等。③无水乙醇纱布压迫手术出血创面 5 min，可立即止血。

本品常用于皮肤消毒、器械的浸泡消毒；也用于急性关节炎、腱鞘炎等和胃肠膨胀的治疗；也用于中药酊剂及碘酊等的配制。

【应用注意】①乙醇对黏膜的刺激性较大，不能用于黏膜和创面的抗感染。②内服 40%以上浓度的乙醇，可损伤胃肠黏膜。③橡胶制品和塑料制品长期与其接触会变硬。④乙醇可增强新洁尔灭、含碘消毒剂及戊二醛等的作用。⑤乙醇浓度为 20%～75%时，其杀菌作用随溶液浓度增高而增强。但浓度低于 20%时，杀菌作用微弱；而高浓度酒精使组织表面形成一层蛋白凝固膜，妨碍渗透，影响杀菌作用，故浓度高于 95%时杀菌作用微弱。

【用法与用量】皮肤消毒，75%溶液。器械浸泡消毒或在患部涂擦和热敷治疗急性关节炎等，70%～75%溶液，5～20 min。内服治疗胃肠臌胀的消化不良，40%以下溶液。

(二)表面活性剂类消毒剂

表面活性剂是一类能降低水溶液表面张力的物质。其含有疏水基和亲水基，亲水基有离子型和非离子型两类。其中离子型表面活性剂可通过改变细菌细胞膜通透性，破坏细菌的新陈代谢，以及使蛋白变性和灭活菌体内多种酶系统而具有抗菌活性，而且阳离子型比阴离子型抗菌作用强。阳离子型表面活性剂可杀灭大多数繁殖型细菌、真菌和部分病毒,但不能杀死芽孢、结核杆菌和绿脓杆菌,并且刺激性小,毒性低,不腐蚀金属和橡胶,对织物没有漂白作用,还具有清洁洗涤作用。但杀菌效果受有机物影响大,不宜用于厩舍及环境消毒,不能杀灭无囊膜病毒与芽孢杆菌,不能与肥皂、十二烷基苯磺酸钠等阴离子表面活性剂合用。

苯扎溴铵(Benzalkonium Bromide)

【基本概况】本品又称新洁尔灭,常温下为黄色胶状体,低温时可逐渐形成蜡状固体,味极苦。本品在水中易溶,水溶液呈碱性,振摇时产生大量泡沫。常制成有效成分含量为5%的溶液。

【作用与用途】①阳离子表面活性剂,只能杀灭一般细菌繁殖体,而不能杀灭细菌芽孢和分支杆菌,对化脓性病原菌、肠道菌有杀灭作用,对革兰氏阳性菌的效果优于革兰氏阴性菌。②对真菌的作用甚微。③对亲脂病毒如流感、牛痘、疱疹等病毒有一定杀灭作用,而对亲水病毒无作用。

本品主要用于手臂、手指、手术器械、玻璃、搪瓷、禽蛋、禽舍、皮肤黏膜的消毒及深部感染伤口的冲洗。

【应用注意】①本品对阴离子表面活性剂如肥皂、卵磷脂、洗衣粉、吐温-80等有拮抗作用,与碘、碘化钾、蛋白银、硝酸银、水杨酸、硫酸锌、硼酸(5%以上)、过氧化物、升汞、磺胺类药物以及钙、镁、铁、铝等金属离子都有拮抗作用。故术者用肥皂洗手后,务必用水冲净后再用本品。②浸泡金属器械时应加入0.5%亚硝酸钠,以防器械生锈。③本品可引起人的药物过敏。④本品不宜用于眼科器械和合成橡胶制品的消毒。⑤其水溶液不得贮存于聚乙烯制作的容器内,以避免与增塑剂起反应而使药液失效。

【用法与用量】以苯扎溴铵计:手臂、手指消毒,0.1%溶液,浸泡5 min;禽蛋消毒,0.1%溶液,药液温度为40~43℃,浸泡3 min;禽舍消毒,0.15%~2%溶液;黏膜、伤口消毒,0.01%~0.05%溶液。

癸甲溴铵溶液(Deciquan Solution)

【基本概况】本品又称百毒杀,为无色或微黄色黏稠性液体,振摇时有泡沫产生,是一种双链季铵盐类化合物,溶于水,常制成含量50%的溶液。

【作用与用途】①为双链季铵盐消毒剂,能迅速渗入细胞膜,改变其通透性,从而呈现较强的杀菌作用,能杀灭有囊膜的病毒、真菌、藻类和部分虫卵。②有除臭和清洁作用。

本品常用于厩舍、孵化室、用具、饮水槽和饮水的消毒。

【应用注意】①本品性质稳定,不受环境酸碱度、水质硬度、粪污、血液等有机物及光热影响。②忌与碘、碘化钾、过氧化物、普通肥皂等配伍应用。③原液对皮肤和眼睛有轻微刺激,避免与眼睛、皮肤和衣服直接接触,如溅及眼部和皮肤立即以大量清水冲洗至少15 min。④内服有毒性,如误服立即用大量清水或牛奶洗胃。

【用法与用量】以癸甲溴铵计:厩舍、器具消毒,0.015%~0.05%溶液;饮水消毒,0.0025%~0.005%溶液。

醋酸氯己定（Chlorhexidine Acetate）

【基本概况】本品又名洗必泰，为阳离子型双胍化合物。白色晶粉，无臭，味苦，在乙醇中溶解，在水中微溶，在酸性溶液中解离。

【作用与用途】抗菌作用强于苯扎溴铵，作用迅速且持久，毒性低。与苯扎溴铵联用对大肠杆菌有协同杀菌作用，两药混合液呈相加消毒效力。

醋酸洗必泰溶液常用于皮肤、术野、创面、器械、用具等的消毒，消毒效力与碘酊相当，但对皮肤无刺激，也不染色。

【注意事项】同苯扎溴铵。

【用法与用量】皮肤消毒，5％水溶液或醇（70％乙醇配制）溶液；黏膜及创面消毒，0.05％溶液；手臂消毒，0.02％溶液；器械消毒，0.1％溶液。

（三）碘与碘化物

本类药物属卤素类消毒剂，抗病毒、抗芽孢作用很强，常用于皮肤黏膜消毒。其应用历史悠久，在20世纪90年代发展很快。

碘酊（Iodine Tincture）

【基本概况】碘为灰黑色或蓝黑色、有金属光泽的片状结晶或块状物，有特臭，具挥发性。在水中几乎不溶，溶于碘化钾或碘化钠的水溶液中，易溶于乙醇。碘酊为棕褐色液体，在常温下能挥发。本品是碘与碘化钾、蒸馏水、乙醇按一定比例制成的酊剂。

【作用与用途】①可杀灭细菌芽孢、真菌、病毒、原虫。浓度越大，杀菌力越大，但对组织的刺激性越强。②可引起局部组织充血，促进病变组织炎性产物的吸收，如10％酊剂用于皮肤刺激药。③高浓度可破坏动物的睾丸组织，起到药物去势的作用。

本品用于术野及伤口周围皮肤、输液部位的消毒；也可作慢性肌腱炎、关节炎的局部涂敷应用和饮水消毒；也可用于马属动物的药物去势。

【应用注意】①碘对组织有较强的刺激性，其强度与浓度成正比，故不能应用于创伤面、黏膜面的消毒；皮肤消毒后，宜用75％乙醇脱碘，以免引起发泡、脱皮和皮炎；个别动物可发生全身性皮疹过敏反应。②在酸性条件下，游离碘增多，杀菌作用增强。③碘可着色，污染天然纤维织物不易除去，若本品污染衣物或操作台面时，一般可用1％氢氧化钠或氢氧化钾溶液除去。④在有碘化物存在时，碘在水中的溶解度可增加数百倍。因此，在配制碘酊时，先取适量的碘化钾（KI）或碘化钠（NaI）完全溶于水后，然后加入所需碘，搅拌形成碘与碘化物的络合物，加水至所需浓度；碘在水和乙醇中能产生碘化氢（HI），使游离碘含量减少，消毒力下降，刺激性增强。⑤碘与水、乙醇的化学反应受光线催化，使消毒力下降变快。因此，必须置棕色瓶中避光。⑥碘酊须涂于干的皮肤上，如涂于湿皮肤上不仅杀菌效力降低，且易引起发泡和皮炎。

【用法与用量】注射部位、术野及伤口周围皮肤消毒，2％～5％碘酊；饮水消毒，2％～5％碘酊，每升水加3～5滴；局部涂敷，5％～10％碘酊。

聚维酮碘（Povidone Iodine）

【基本概况】本品又称碘络酮（即聚乙烯吡咯烷酮-碘，简称 PVP-I），为黄棕色至红棕色无定形粉末，是 PVP 与碘的络合物，常制成溶液。

【作用与用途】①本品是一种高效低毒的消毒药物，对细菌、病毒和真菌均有良好的杀灭作用。其杀死细菌繁殖体的速度很快，但杀死芽孢一般需要较高浓度和较长时间。②本品克服了碘酊强刺激性和易挥发性，对金属腐蚀性和黏膜刺激性均很小，作用持久。

本品用于手术部位、皮肤、黏膜、创口的消毒和治疗；也用于手术器械、医疗用品、器具、蔬菜、环境的消毒；还用于水生动物的体表或鱼卵消毒、细菌病和病毒病的治疗。

【应用注意】①使用时稀释用水温度不宜超过 40℃。②溶液变为白色或淡黄色，即失去杀菌力。③药效会因有机物的存在而减弱，使用剂量要根据环境有机物的含量适当增减。④休药期 500 度日。

【用法与用量】以聚维酮碘计：皮肤消毒及治疗皮肤病，5% 溶液；奶牛乳头浸泡，0.5%～1% 溶液；黏膜及创面冲洗，0.1% 溶液；水产动物疾病防治，1% 溶液。

碘伏（Iodophor）

【基本概况】本品又称敌菌碘，由碘、碘化钾、硫酸、磷酸等配制而成的含有效碘 2.7%～3.3% 的水溶液。

【作用与用途】本品作用与碘酊相同。

本品主要用于手术部位和手术器械消毒。

【应用注意】参见碘酊。

【用法与用量】手术部位和手术器械消毒，配成 0.5%～1% 的溶液。

三、主要用于创伤皮肤黏膜的防腐消毒药

本类药物除高锰酸钾有较强的杀菌作用外，其他药物的杀菌效力均很弱，但刺激性小或无刺激性，主要用于创伤、黏膜面的防腐，临床应用应根据需求严格选用。

（一）酸类

酸类包括无机酸和有机酸，无机酸为原浆毒，盐酸和硫酸具有强大的杀菌和杀芽孢作用，但因具有强烈的刺激和腐蚀性，故应用受限。2 mol/L 硫酸可用于消毒排泄物。无机酸对细菌繁殖体和真菌具有杀灭和抑制作用，但作用不强，为用于创伤、黏膜面的防腐消毒药物，酸性弱，刺激性小，不影响创伤愈合，故临床常用。

硼酸（Boric Acid）

【基本概况】本品为无色微带珍珠光泽的结晶或白色疏松的粉末，无臭，溶于水，常制成软膏剂或临用前配成溶液。

【作用与用途】本品对细菌和真菌有微弱的抑制作用,刺激性极小。

本品外用于洗眼或冲洗黏膜,治疗眼、鼻、口腔、阴道等黏膜炎症;也用其软膏涂敷患处,治疗皮肤创伤和溃疡等。

【应用注意】外用一般毒性不大,但不适用于大面积创伤和新生肉芽组织,以避免吸收后蓄积中毒。

【用法与用量】外用,2%～4%溶液冲洗或用软膏涂敷患处。

醋酸(Acetic Acid)

【基本概况】本品又名乙酸,无色澄明液体,味极酸,特臭,可与水或乙醇任意混合。

【作用与用途】5%醋酸溶液有抗绿脓杆菌、嗜酸杆菌和假单胞菌属的作用,内服可治疗消化不良和瘤胃臌胀。冲洗口腔用2%～3%溶液,冲洗感染创面用0.5%～2%溶液。

(二)过氢化物类

本类药物是一类应用广泛的消毒剂,杀菌能力强且作用迅速,价格低廉,但不稳定、易分解,有的对消毒物品具有漂白和腐蚀作用。在药物未分解前对操作人员有一定的刺激性,应注意防护。

过氧化氢溶液(Hydrogen Peroxide Solution)

【基本概况】本品又称双氧水,为无色澄清液体,无臭或有类似臭氧的臭气。常制成浓度为26%～28%的水溶液。

【作用与用途】①遇组织、血液中过氧化氢酶迅速分解,释放出新生态氧,对细菌产生氧化作用,干扰其酶系统的功能而发挥抗菌作用,可杀灭细菌繁殖体、芽孢、真菌和病毒在内的各种微生物,但杀菌力较弱。②由于本品接触创面时可产生大量气泡,能机械地松动脓块、血块、坏死组织及与组织粘连的敷料,故有一定的清洁作用。

本品用于皮肤、黏膜、创面、瘘管的清洗。

【应用注意】①本品对皮肤、黏膜有强刺激性,避免用手直接接触高浓度过氧化氢溶液,以免发生灼伤。②禁与有机物、碱、碘化物及强氧化剂配伍。③不能注入胸腔、腹腔等密闭体腔或腔道、气体不易逸散的深部脓疮,以免产气过速,导致栓塞或扩大感染。④纯过氧化氢很不稳定,分解时发生爆炸并放出大量的热;浓度大于65%的过氧化氢和有机物接触时容易发生爆炸;稀溶液(30%)比较稳定,但受热、见光或有少量重金属离子存在或在碱性介质中,分解速度将大大加快,常制成浓度为26%～28%的水溶液,置入棕色玻璃瓶,避光,在阴凉处保存。⑤作用时间短,穿透力弱,且受有机物的影响。

【用法与用量】1%～3%溶液清洗化脓创面、痂皮,0.3%～1%溶液冲洗口腔黏膜。

高锰酸钾(Potassium Fermanganate)

【基本概况】本品为黑紫色、细长的菱形结晶或颗粒,带蓝色的金属光泽,无臭,溶于水,常制成粉剂。

【作用与用途】①高锰酸钾为强氧化剂,遇有机物或加热、加酸或碱等均可释放出新生氧(非游离态氧,不产生气泡),而呈现杀菌、除臭、氧化作用。杀菌作用比过氧化氢强而持久。②在低浓度时对组织有收敛作用,因其生成的棕色二氧化锰可与蛋白结合成蛋白盐类复合物所致;高浓度时有刺激和腐蚀作用。③解毒作用。如可使士的宁等生物碱、氯丙嗪、磷和氰化物等氧化而失去毒性。

本品主要用于皮肤创伤及腔道炎症的创面消毒;与福尔马林联合应用于厩舍、库房、孵化器等的熏蒸消毒;用于止血、收敛,也用于吗啡、士的宁、苯酚、水合氯醛氯丙嗪、氰化物中毒的解毒,以及鱼的水霉病及原虫、甲壳类等寄生虫病的防治。

【应用注意】①本品水溶液久置易还原成 MnO_2 而失效,故药液现用现配。②本品遇福尔马林或甘油发生剧烈燃烧,与活性炭共研会爆炸。③内服可引起胃肠道刺激症状,严重时出现呼吸和吞咽困难等。中毒时,应用温水或添加3%过氧化氢溶液洗胃,并内服牛奶、豆浆或氢氧化铝凝胶,以延缓吸收。④有刺激和腐蚀作用,应用于皮肤创伤、腔道炎症及有机毒物中毒时必须稀释为0.2%以下浓度。⑤有机物极易使高锰酸钾分解而使作用减弱;在酸性环境中杀菌作用增强,如2%~5%溶液能在24 h内杀死芽孢,而在1%溶液中加1.1%盐酸后,则能在30 s内杀死炭疽芽孢。

【用法与用量】动物腔道冲洗、洗胃及有机毒物中毒时的解救,0.05%~0.1%溶液;创伤冲洗,0.1%~0.2%溶液;水产动物疾病治疗,鱼塘泼洒,每升水加入 4~5 mg;消毒被病毒和细菌污染的蜂箱,0.1%~0.12%溶液。

(三)染料类

本类药是以其阳离子或阴离子分别与细菌蛋白质的羧基和氨基相结合,从而影响其代谢,呈抗菌作用。

乳酸依沙吖啶(Ethacridine Lactate)

【基本概况】本品又称利凡诺、雷佛奴尔,为黄色结晶性粉末,无臭,味苦。本品属吖啶类碱性染料,为染料中最有效的防腐药。略溶于水,易溶于热水,水溶液不稳定,遇光渐变色,置褐色瓶、密封、凉暗处保存。本品常制成溶液和膏剂。

【作用与用途】①本品对革兰氏阳性菌的抑菌作用较强,抗菌作用产生较慢,但药物可牢固地吸附在黏膜和创面上,作用可维持1 d之久。②对各种化脓菌均有较强的作用,而对魏氏梭状芽孢杆菌和酿脓链球菌最敏感。③对组织无刺激,毒性低;穿透力强,血液、蛋白质对其无影响。

本品用于感染创、小面积化脓创。

【应用注意】①长期使用可能延缓伤口愈合,不宜用于新鲜创及创伤愈合期。②在光照下可分解生成褐绿色的剧毒产物。③当溶液中氯化钠浓度高于0.5%时,本品可从溶液中析出。④有机物存在时活性增强。⑤与碱类和碘液混合易析出沉淀。

【用法与用量】0.1%溶液冲洗或湿敷感染创,1%软膏用于小面积化脓创。

┌───┐
甲紫(Methylrosanilinium Chloride)
└───┘

【基本概况】本品又名龙胆紫,为深绿紫色的颗粒性粉末或绿色有金属光泽的碎片,微臭。略溶于水,常制成溶液。

【作用与用途】①本品对革兰氏阳性菌有选择性抑制作用,对真菌也有作用。②有收敛作用,对组织无刺激性。

本品溶液用于治疗皮肤、黏膜的烧伤、创伤和溃疡;糊剂用于足癣继发感染。

【应用注意】本品对皮肤、黏膜有着色作用,宠物面部创伤慎用;应密封避光保存。

【用法与用量】外用,治疗创面感染和溃疡,配成 1%～2% 水溶液或醇溶液;治疗烧伤,配成 0.1%～1% 水溶液。

(四)其他

┌───┐
氧化锌(Zinc Oxide)
└───┘

【基本概况】本品为白色至极微黄白色的无砂性细微粉末,无臭。

【作用与用途】本品的锌离子可与组织蛋白及菌体蛋白相结合而呈收敛、杀菌作用。

本品用于治疗湿疹、皮炎、皮肤糜烂、溃疡、创伤等。

【应用注意】密封保存。

【用法与用量】外用,患处涂敷。

四、兽医诊疗中的消毒

(一)诊疗对象及操作者的消毒

手术部位消毒时,应从手术区中心向四周涂擦消毒液,但对感染或肛门等消毒时,则应从清洁的周围开始向内涂擦。术部消毒方法有碘酊消毒法及新洁尔灭消毒法等两种:①碘酊消毒,先用 75% 乙醇对术部脱脂,然后用 5% 碘酊涂擦,3～5 min 后用 75% 乙醇脱碘,脱碘后用 5% 碘酊再涂擦 1 次,最后用 75% 乙醇脱碘。②新洁尔灭消毒,首先用 0.5% 新洁尔灭溶液对术部清洗 3 次,每次 2 min,然后用浸有 0.5% 新洁尔灭的纱布覆盖术部 5 min。注射、穿刺部位消毒时,先用 75% 乙醇脱脂,然后用 5% 碘酊涂擦,再用 75% 乙醇脱碘,脱碘后即可进行注射或穿刺。

兽医及检疫工作者与病畜禽接触应更衣,根据需要穿戴已消毒的工作服、手术衣、帽、口罩、胶靴等,并应修剪指甲,清洗手臂,然后进行彻底消毒。手术时术者手臂应按一定顺序彻底无遗漏地洗刷 3 遍,共约 10 min,再进行消毒。手臂消毒的方法有下列几种:①乙醇浸泡法,双手及前臂伸入 70%～75% 乙醇桶中浸泡,同时用小毛巾轻轻擦洗皮肤 5 min。擦洗过程中,不可接触到桶口。浸泡结束后,用小毛巾擦去手臂上的乙醇,晾干。双手在胸前保持半伸位状态,进入手术室后穿上手术衣。②新洁尔灭(或洗必泰)浸泡法,将手臂分别在两桶 0.1% 新洁尔灭溶液桶中依次浸泡 5 min,水温为 40℃,同时用小毛巾擦洗,浸泡后擦干,再用 2% 碘酊涂擦指甲缝和手的皱纹处,最后用 75% 乙醇脱碘,在手术室内穿上手术衣。③氨水浸泡法,手臂分别在两桶 0.5% 氨水溶液中依次浸泡擦洗 5 min,水温 40℃,浸泡后擦干,再用 2% 碘酊涂擦指甲缝及皮肤皱纹处,最后用 75% 乙醇脱碘。经过消毒后的手臂,不可接触未消毒的物品。如误触未消毒物品时,应重新进行洗刷消毒。

(二)器械的消毒

诊疗使用的各种器械在使用前后都必须按要求进行严格的消毒。表 2-1 列出了几种诊疗器械的消毒方法。

表 2-1　诊疗器械及用品的消毒药物及消毒方法

消毒对象	消毒药物与方法步骤	备注
体温表	1% 过氧乙酸溶液浸泡 5 min 作第 1 道处理,然后放入另 1% 过氧乙酸溶液中浸泡 30 min 作第 2 道处理	
注射器	针筒用 0.2% 过氧乙酸溶液浸泡 30 min 后再清洗,经煮沸或高压消毒后备用	针头用肥皂水煮沸消毒 15 min 后,洗净,消毒后备用;煮沸时间从沸腾时算起,消毒物应全部浸入水中
镊子、钳子	放入 1% 的肥皂水中消毒 15 min,用清水将其冲净后,煮沸 15 min 或高压消毒备用	被脓、血污染的镊子、钳子或锐利器械应先用清水洗刷干净,再行消毒;洗刷下的脓、血按每 1 000 mL 加过氧乙酸原液 10 mL 计算,消毒 30 min 后才能倒弃;器械盒每周总消毒 1 次;器械在使用前用生理盐水淋洗
锐利器械	将器械浸泡在 1:1 000 新洁尔灭溶液中 1 h;用肥皂水将器械刷洗,清水冲净,揩干后浸泡于第 2 道 1:1 000 新洁尔灭溶液中 2 h;将过第 1 道和第 2 道消毒后的器械浸泡于第 3 道 1:1 000 新洁尔灭溶液消毒盒内备用	
开口器	将开口器浸入 1% 过氧乙酸溶液中,30 min 后用清水冲洗;用肥皂水刷洗,清水冲洗,擦干后煮沸消毒或高压消毒备用	浸泡时应全部浸入消毒液中

(三)疫源地的消毒

传染病疫源地内各种污染物的消毒方法及消毒剂参考剂量见表 2-2。

表 2-2　疫源地消毒方法及消毒参考剂量

污染物	细菌性传染病	病毒及真菌性传染病
空气	福尔马林熏蒸,12.5～25 mg/m³,12 h(加热法);2% 过氧乙酸熏蒸,1 g/m³,1 h(20℃);0.2%～0.5% 过氧乙酸或 3% 来苏儿喷雾,30～60 min	福尔马林熏蒸,12.5～25 mg/m³,12 h;过氧乙酸熏蒸,3 g/m³,90 min(20℃);0.5% 过氧乙酸或 5% 漂白粉液喷雾,1～2 h;乳酸熏蒸,10 mg/m³,加水 1～2 倍,30～90 min
排泄物(粪、尿、呕吐物)	成形粪便加 2 倍量的 5%～10% 漂白粉乳液,作用 2～4 h;对稀粪便,可直接加漂白粉,用量为粪便的 1/5,2～4 h	成形粪便加 2 倍量的 5%～10% 漂白粉乳液,充分搅拌,作用 6 h;对稀粪便,可直接加漂白粉,用量为粪便的 1/5,充分搅拌,2～4 h
鼻唾液、乳汁、浓汁分泌物	加等量的 10% 漂白粉或 1/5 量干粉,1 h;加等量的 0.5% 过氧乙酸,30～60 min;加等量的 3%～6% 的来苏儿,1 h	加等量的 10%～20% 漂白粉或 1/5 量干粉,作用 2～4 h;加等量的 0.5%～1% 过氧乙酸,30～60 min

续表 2-2

污染物	细菌性传染病	病毒及真菌性传染病
饲槽、水槽、饮水器	0.5%过氧乙酸浸泡 30～60 min;1%～2%漂白粉液浸泡 30～60 min;0.5%季铵盐类浸泡 30～60 min;1%～2%氢氧化钠浸泡 6～12 h	0.5%过氧乙酸浸泡 30～60 min;3%～6%漂白粉澄清液浸泡 30～60 min;2%～4%氢氧化钠热溶液浸泡 6～12 h
工作服和被单等织物	高压蒸汽灭菌,121℃ 15～20 min;煮沸 15 min;甲醛 25 mL/m³,12 h;环氧乙烷熏蒸,2 h;过氧乙酸熏蒸,1 g/m³,1 h;2%漂白粉液,0.3%过氧乙酸,3%来苏儿浸泡 30～60 min;0.02%碘伏浸泡 1 min	高压蒸汽灭菌,121℃ 30～60 min;煮沸 15～20 min(加 0.5%肥皂);甲醛 5 mL/m³,12 h;环氧乙烷熏蒸,2 h(20℃);过氧乙酸熏蒸,3 g/m³,90 min(20℃);2%漂白粉澄清液,1～2 h;0.03%碘伏浸泡 15 min
书籍、文件和纸张	环氧乙烷熏蒸,2.5 g/L,作用 2 h(20℃);甲醛熏蒸,福尔马林 25 mg/m³,12 h	
医疗器械、玻璃、金属	1%过氧乙酸浸泡 30 min;0.01%碘伏浸泡 30 min,纯化水冲洗	
用具	高压蒸汽灭菌;煮沸 15 min;环氧乙烷熏蒸,2.5 g/L,20℃ 2 h;甲醛熏蒸,福尔马林 50 mg/m³,1 h;1%～2%漂白粉液,0.2%～0.3%过氧乙酸,3%来苏儿,0.5%季铵盐类浸泡或擦拭,30～60 min;0.01%碘伏浸泡 5 min	高压蒸汽灭菌;煮沸 30 min;环氧乙烷熏蒸,2.5 g/L,20℃作用 2 h;甲醛熏蒸,福尔马林 125 mg/m³,作用 3 h(消毒间);5%漂白粉澄清液,0.5%过氧乙酸浸泡或擦拭,作用 30～60 min;0.05%碘伏浸泡 10 min
圈舍、运动场	圈舍四壁 2%漂白粉液喷雾,200 mL/m²,1～2 h;圈舍与野外地面,喷洒漂白粉 20～40 g/m²,30℃,2～4 h,1%～2%氢氧化钠,5%来苏儿溶液喷洒,1 000 mL/m²,6～12 h;熏蒸,福尔马林 12.5～25 mg/m³,12 h;2%过氧乙酸熏蒸,1 g/m³,1 h;0.2%～0.5%过氧乙酸,3%来苏儿喷雾或擦拭,1～2 h	畜圈四壁 5%～10%漂白粉液喷雾,200 mL/m²,1～2 h;圈舍与野外地面,喷洒漂白粉 20～40 g/m²,30℃ 2～4 h,2%～4%氢氧化钠溶液,5%来苏儿溶液喷洒 1 000 mL/m²,12 h;熏蒸,福尔马林 25 mg/m³,12 h(加热法);2%过氧乙酸熏蒸,3 g/m³,90 min(20℃);0.5%过氧乙酸,5%来苏儿喷雾或擦拭,2～4 h
运输工具	1%～2%漂白粉澄清液,0.2%～0.3%过氧乙酸喷雾或擦拭,30～60 min;3%来苏儿、0.5%季铵盐类消毒剂喷雾或擦拭,30～60 min;1%～2%氢氧化钠溶液喷洒或擦拭,1～2 h	5%～10%漂白粉澄清液,0.5%～1%过氧乙酸喷雾或擦拭,作用 30～60 min;5%来苏儿喷雾或擦拭,作用 1～2 h;2%～4%的氢氧化钠溶液喷洒或擦拭,2～4 h

　　进行疫源地消毒时,应注意防止疫情扩散及自身感染,工作人员应穿工作服,不得吸烟、饮食。消毒结束后,应及时脱下工作服,将脏的一面卷在里面,连同胶靴一并放入消毒桶内进行彻底消毒,消毒工具均需用消毒液浸泡或擦拭,然后清洗擦干,工作人员应洗手消毒。

(四)创口的消毒

　　皮肤新鲜创口,一般用 75%酒精或 2%碘溶液处理效果较好,但碘酊刺激性较强,使用后要用酒精抹去。对于陈旧创口,必须用 1%～3%双氧水冲洗或 0.1%高锰酸钾溶液冲洗,除去创口内脓汁和污物,然后用 1%～2%龙胆紫溶液处理,因收敛作用,效果良好。对霉菌感染引起的皮肤炎症,一般选用 3%～6%水杨酸类处理。

■ 复习思考题

一、选择题

1. 下列选项中属于氯制剂类消毒剂的是（   ）。
   A. 煤酚   B. 漂白粉
   C. 生石灰   D. 过氧化氢

2. 下列哪种药物对病毒有效？（   ）
   A. 环丙沙星   B. 氯霉素
   C. NaOH   D. 洗必泰

3. 下列哪种药物对真菌有效？（   ）
   A. 新洁尔灭   B. 红霉素
   C. 泰乐菌素   D. 链霉素

4. 下列哪种药物对结核杆菌有效？（   ）
   A. 庆大霉素   B. 乙醇
   C. 漂白粉   D. 度米芬

5. 下列哪种药物对芽孢有效？（   ）
   A. 阿莫西林   B. 福尔马林
   C. 生石灰   D. 二氟沙星

二、简答题

1. 防腐消毒药影响因素有哪些？
2. 对病毒和芽孢应选用什么消毒剂？
3. 如何利用高锰酸钾和甲醛对鸡舍熏蒸消毒？
4. 简述甲醛、戊二醛的作用机制、作用与用途。
5. 简述氢氧化钠、氧化钙的消毒特点与应用。
6. 简述硼酸、醋酸的消毒特点与应用。
7. 简述漂白粉、二氯异氰尿酸钠的消毒机制、作用与用途。
8. 简述高锰酸钾的特点与应用。
9. 简述乙醇、碘酊的作用、用途与应用注意事项。

学习情境 3
抗微生物药物

▶知识目标◀

熟练掌握抗菌药物的基本概念,理解抗菌药物的分类和作用机制。

熟练掌握各类抗微生物药物作用与用途、注意事项,达到合理使用抗菌药物的目的。

▶技能目标◀

能够应用纸片法和试管稀释法测定抗菌药物的敏感性与最小抑菌浓度。

抗微生物药物是指能在体内外选择性地抑制或杀灭细菌、支原体、衣原体、立克次体、螺旋体、病毒、真菌及原虫等病原微生物的药物。大部分抗微生物药物常用于防治微生物感染性疾病,因此也称作抗感染药物。病原微生物如细菌、病毒所引起的疾病是兽医临床的常见病和多发病,而这些疾病给畜牧业造成巨大损失,而且抗微生物药物在动物应用中产生的耐药性可能向人传播,从而直接或间接地危害人们的健康和公共卫生安全,因此抗微生物药物的合理应用对畜牧业经济和公共卫生都十分重要。

学习单元 1　抗菌药物基础知识

一、基本概念

1. 抗菌药物

抗菌药物是由微生物(如细菌、真菌、放线菌)所产生的抗生素以及化学合成或半合成的抗菌药物的总称,它们对病原菌具有抑制或杀灭作用,是防止感染性疾病的一类药物。如青霉素、土霉素、庆大霉素属于抗生素;阿莫西林、头孢氨苄为半合成抗菌药;氟喹诺酮类和磺胺类药物是化学合成抗菌药。

2. 抗菌谱

抗菌谱是指药物抑制或杀灭病原菌的范围,分为窄谱抗菌和广谱抗菌两类。其中,仅对单一菌种或单一菌属有抗菌作用称为窄谱抗菌,如青霉素属于窄谱抗生素,主要对革兰氏阳性菌有作用;而具有抑制或杀灭多种不同种类细菌作用的称为广谱抗菌药,如四环素、氟苯尼考等。抗菌谱是兽医临床选药的基础。

3.抗菌活性

抗菌活性是指药物抑制或杀灭细菌的能力。药物的抗菌活性可以通过体外抑菌试验和体内实验治疗方法测定。体外抑菌试验对临床用药具有重要的参考意义。实践中常用最低抑菌浓度(minimal inhibitory concentration,MIC)与最低杀菌浓度(minimal bactericidal concentration,MBC)两个指标进行评价。能够抑制培养基中细菌生长的最低浓度称为最低抑菌浓度;而能够杀灭培养基中细菌的最低浓度称为最低杀菌浓度。抗菌药物的抑菌作用和杀菌作用是相对的,有些抗菌药物在低浓度时呈抑菌作用,而高浓度时则呈杀菌作用,如青霉素在血药浓度为 0.03~0.05 IU/mL 时起抑菌作用,0.5 IU/mL 则能杀菌。

4.抗菌效价

抗菌药物的抗菌作用强度称为抗菌效价,常采用化学法或生物效价法测定。抗菌效价一般用重量单位(mg、μg)或效价单位(IU)表示。例如,1 IU 青霉素相当于其钠盐 0.6 μg,1 mg 青霉素钠盐等于 1 595 IU 的青霉素。

5.抗菌后抑制效应

抗菌后抑制效应(postantibiotic effect,PAE)是指细菌与抗菌药物短暂接触后,将抗菌药物完全去除,细菌的生长仍然受到持续抑制的效应。能产生抗菌后抑制效应的药物主要有 β-内酰胺类、氨基糖苷类、大环内酯类、林可胺类、四环素类、酰胺醇类和氟喹诺酮类等,如氟喹诺酮类药物的抗菌后抑制效应可达 2~6 h。

6.耐药性

又称抗药性,是病原微生物与抗菌药物长期反复接触过程中形成的对药物的敏感性逐渐降低甚至失效的现象。病原微生物一旦产生耐药性,抗菌药物的作用就会显著降低,甚至完全丧失。其中由细菌染色体基因决定而代代相传的耐药为天然耐药性,如绿脓杆菌对大多数抗生素不敏感;而由细菌与药物反复接触后对药物的敏感性降低或消失,大多由质粒介导其耐药性,称为获得耐药性,如金黄色葡萄球菌对青霉素的耐药。

二、抗菌药物作用机理

抗菌药物通过对细菌生长繁殖过程中的结构完整性破坏和正常代谢功能的干扰而产生作用,综合归纳起来有以下几个方面(图 3-1)。

1.抑制细菌细胞壁的合成

大多数细菌(如革兰氏阳性菌)细胞膜外是一层坚韧的细胞壁,主要由黏肽组成,能抗御菌体内强大的渗透压,具有保护和维持细菌正常形态的功能。而青霉素与头孢菌素类等抗生素能抑制细菌细胞壁的合成,导致细菌细胞壁缺损,由于菌体内的高渗透压,在等渗环境中水分不断渗入,致使细菌膨胀、变形,在自溶酶影响下,细菌破裂溶解而死亡。属于这种作用类型的抗生素有青霉素类、头孢菌素类、杆菌肽、磷霉素等。这类抗生素对革兰氏阳性菌的作用强,而对革兰氏阴性菌的作用弱,因为前者细胞壁的主要成分是黏肽,后者细胞壁的主要成分是磷脂,黏肽仅占 1%～10%。因为动物无细胞壁结构,细胞内也不含黏肽,因此这类抗生素对动物几乎无毒性。

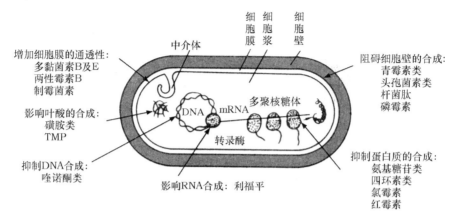

图 3-1　细菌的基本结构及抗菌药物作用原理示意图

(引自陈杖榴,《兽医药理学》,2009)

2.增加细菌细胞膜的通透性

细菌细胞膜主要是由类脂质和蛋白质分子构成的一种半透膜,具有渗透屏障和运输物质的功能。多黏菌素类抗生素具有表面活性物质,能选择性地与细菌细胞膜中的磷脂结合;而制霉菌素和两性霉素等多烯类抗生素则仅能与真菌细胞膜中固醇类物质结合。它们均能使细胞膜通透性增加,导致菌体内的蛋白质、核苷酸、氨基酸、糖和盐类等外漏,从而使细菌死亡。属于这种作用方式而呈现抗菌作用的抗生素主要有多肽类(如多黏菌素等)和多烯类(如两性霉素 B、制霉菌素等)。

3.抑制细菌菌体蛋白质的合成

细菌为原核细胞,其核蛋白体为 70 S,由 30 S 和 50 S 亚基组成,哺乳动物是真核细胞,其核蛋白体为 80 S,由 40 S 与 60 S 亚基构成,因而它们的生理、生化与功能不同,抑制细菌菌体蛋白质的合成的抗菌药物对细菌的核蛋白体有高度的选择性毒性,而不影响哺乳动物的核蛋白体和蛋白质合成。氯霉素类、氨基糖苷类、四环素类和大环内酯类等可在菌体蛋白合成的不同阶段与核蛋白体的不同部位结合,阻断蛋白质的合成从而产生抑菌或杀菌作用。

4.抑制细菌核酸的合成

核酸具有调控蛋白质合成的功能。新生霉素、灰黄霉素和抗肿瘤抗生素(如丝裂霉素 C、放线菌素)、利福平等可抑制或阻碍细菌细胞 DNA 或 RNA 的合成。磺胺类与甲氧苄啶(TMP)可妨碍叶酸代谢,最终影响核酸合成,从而抑制细菌的生长和繁殖。

三、化疗药物、机体、病原体的相互关系

在防治微生物感染性疾病中,必须注意机体、化疗药物、病原体之间的相互关系(图 3-2),被称为"化疗三角"。例如,化疗药物的抗病原体作用可以产生防治疾病的效果,又可能引起机

体产生不良反应;机体对药物的转运和转化都会影响药物作用的发挥,同时机体固有的免疫机能对病原体具有一定的抵抗力;病原体可致机体发病,又可能对化疗药产生耐药性。应用化疗药物的目的在于抑制或杀灭病原体,以直接或间接发挥防治作用。与此同时,还应重视机体防御机能的发挥。因为在化疗药物作用之后,最终消灭病原体并使机体康复,还要靠机体本身的调整功能。此外,应用化疗药防治疾病时,不能只顾消灭病原体,还应避免药物对机体可能发生的不良作用;并注意用药方式、方法,防止产生耐药性。

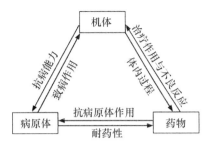

图 3-2　化疗药物、机体、病原体的相互作用关系

学习单元 2　主要作用于革兰氏阳性菌的抗生素

一、β-内酰胺类抗生素

β-内酰胺类抗生素是指化学结构中含有 β-内酰胺环的一类抗生素,属繁殖期杀菌药,主要包括青霉素类和头孢菌素类抗生素。它们的抗菌机理均系抑制细菌细胞壁的合成。

(一)青霉素类抗生素

青霉素类抗生素包括天然青霉素和半合成青霉素。其中,天然类以青霉素 G 为代表,具有杀菌力强、毒性低、使用方便、价格低廉等优点,但不耐酸和青霉素酶,抗菌谱较窄,易过敏。而半合成类以氨苄西林、海他西林、阿莫西林、苯唑西林、氯唑西林等为主,具有广谱、耐青霉素酶、长效等特点。

> **青霉素 G(Penicillin G)**

【基本概况】青霉素 G 由青霉菌培养液中分离获得,难溶于水。其钠盐或钾盐为白色结晶性粉末,无臭或微臭,易溶于水,常制成粉针剂,临用时以注射用水溶解。

【作用与用途】本品为窄谱型抗生素,对繁殖期细菌抗菌活性强,对多种革兰氏阳性菌和少数革兰氏阴性球菌敏感。其中,对由葡萄球菌、链球菌、猪丹毒杆菌、放线菌、化脓棒状杆菌、破伤风梭菌、炭疽杆菌和气单胞菌等所致感染最有效,但可被青霉素酶水解而失效;对放线菌、钩端螺旋体和密螺旋体等所致的感染也有效。

本品用于敏感病原体所致的各种感染,常作为破伤风、猪丹毒、炭疽病、气肿疽、各种呼吸道感染、化脓感染、尿道炎、乳腺炎、子宫炎、放线菌病及钩端螺旋体病的首选药,也用于中华鳖的细菌性败血病和皮肤创伤感染、鳗鲡赤鳍病、鱼类疖疮病等。

【应用注意】①青霉素的毒性较低,但局部刺激性强,可产生疼痛反应,其钾盐尤甚。青霉素的不良反应主要是产生各型过敏反应,犬、猪等动物可发生皮疹、水肿、流汗、不安、肌肉震颤、心率加快、呼吸困难和休克等过敏反应,可酌情应用地塞米松、氢化可的松、肾上腺素、葡萄糖酸钙和维生素 C 等药物救治。②本品内服易被胃酸破坏,而肌内注射后分布广泛,且脑炎时脑脊液中浓度增高;乳室内注入后,乳中抗菌浓度维持时间长。③青霉素钠盐或钾盐的水溶液均不稳定,应现用现配,必须保存时,应置 4℃冰箱中,以当天用完为宜。④大剂量或注射速度过快,可引起高钾性心跳骤停,对心、肾功能不全的患病动物慎用。⑤本品与氨基糖苷类合用呈现协同作用;与四环素类、氟苯尼考、红霉素等快效抑菌剂合用,抗菌活性降低;与含重金属离子药物、醇类、酸、碘、氧化剂、还原剂、羟基化合物、呈酸性的葡萄糖注射液或盐酸四环素注射液等合用可破坏其活性。⑥休药期:禽、畜 0 d,弃奶期 3 d;中华鳖、鳗鲡 21 d。

【用法与用量】肌内注射,一次量,每千克体重,马、牛 1 万～2 万 U,羊、猪、驹、犊 2 万～3 万 U,犬、猫 3 万～4 万 U,禽 5 万 U,每天 2～3 次,连用 2～3 d。中华鳖的细菌性疾病 4 万～5 万 U,体重为 180 g 的鳗鲡赤鳍病 0.2 万 U,连续 2～3 次。

氨苄西林(Ampicillin)

【基本概况】本品又称氨苄青霉素、安比西林,为白色结晶性粉末,味微苦。本品为半合成抗生素,微溶于水,其钠盐易溶,常制成可溶性粉、注射液、粉针、片剂、乳房注入剂。

【作用与用途】本品具有广谱抗菌作用,对金黄色葡萄球菌、溶血性链球菌和肺炎球菌等革兰氏阳性菌的抗菌活性稍弱于青霉素 G,对大肠杆菌、变形杆菌、沙门氏菌、嗜血杆菌、布鲁氏菌和巴氏杆菌等革兰氏阴性菌作用与四环素类相似或略强,但不及庆大霉素、卡那霉素和多黏菌素;对耐青霉素的金黄色葡萄球菌和绿脓杆菌无效。

本品用于对氨苄西林敏感的大肠杆菌、沙门氏菌、巴氏杆菌、葡萄球菌和链球菌所致的呼吸道和泌尿生殖道感染、乳腺炎、鸡白痢、禽霍乱等,常作为嗜血杆菌引起的肺炎和胸膜肺炎的首选药;局部应用于治疗奶牛乳腺炎。

【应用注意】①本品内服后耐酸,单胃动物吸收较好,反刍动物吸收差;肌内注射吸收生物利用度大于 80%,吸收后分布广泛,可透过胎盘屏障,但脑脊髓液和奶中含量低。半衰期短,主要经肾脏排泄。②可产生过敏反应,犬较易发生。③本品溶解后应立即使用。其稳定性随浓度和温度而异,即温度越高,稳定性越差。在 5℃时 1% 氨苄西林钠溶液的效价能保持 7 d。氨苄西林钠在生理盐水、复方氯化钠溶液中稳定性较好,在 5% 葡萄糖生理盐水中稳定性一般,在 10% 葡萄糖、5% 碳酸氢钠溶液中稳定性最差,输液时应注意选择。④氨苄西林钠盐与维生素 C、乳糖酸红霉素、盐酸庆大霉素、硫酸卡那霉素、盐酸林可霉素、盐酸土霉素、盐酸四环素、碳酸氢钠等药物有配伍禁忌。氨苄西林能刺激雌激素的代谢或减少其肝肠循环,从而降低了雌激素的效果。⑤休药期:鸡 7 d,蛋鸡产蛋期禁用;猪 15 d;牛 6 d,弃奶期 2 d。

【用法与用量】以氨苄西林计:混饮,每升水,家禽 60 mg。内服,一次量,每千克体重,鸡 20～50 mg,每天 1～2 次,连用 3～5 d。肌内、静脉注射,一次量,每千克体重,家畜 10～20 mg,每天 2～3 次,连用 2～3 d。乳导管注入,奶牛,每个乳室 150 mg。

海他西林（Hetacilin）

【基本概况】本品又称缩酮氨苄青霉素，为白色或类白色粉末或结晶。在水、乙醇和乙醚中不溶。其钾盐易溶于水和乙醇，常制成可溶性粉、片剂。1.1 g 海他西林钾相当于 1 g 海他西林或 0.9 g 氨苄西林。

【作用与用途】本身无抗菌活性，在体内外的稀释水溶液和中性 pH 液体中迅速水解为氨苄西林而发挥抗菌作用，内服的血药浓度比氨苄西林高，肌内注射则远低于氨苄西林，常与氨苄西林配制成复方制剂，用于对青霉素敏感的细菌感染。

临床用途与氨苄西林相似。

【应用注意】参见氨苄西林。

【用法与用量】以氨苄西林计：混饮，每升水，家禽 60 mg。内服，一次量，每千克体重，鸡 20～50 mg，每天 1～2 次，连用 3～5 d。

阿莫西林（Hetacillin）

【基本概况】本品又称羟氨苄青霉素，耐酸性比氨苄西林强，为白色或类白色结晶性粉末，味微苦。本品为半合成抗生素，微溶于水，其钠盐易溶于水，常制成可溶性粉、注射剂。

【作用与用途】本品的抗菌谱和抗菌活性与氨苄西林相似，但其穿透细胞壁的能力较强，能抑制细菌细胞壁的合成，使细菌迅速成为球形体而破裂溶解，故对多种细菌的杀菌作用较氨苄西林迅速而强。

本品主要用于巴氏杆菌、大肠杆菌、沙门氏菌、葡萄球菌、链球菌等敏感菌所致的动物呼吸系统、泌尿系统、乳腺炎、子宫炎、皮肤及软组织等感染。

【应用注意】①本品内服耐酸，单胃动物吸收良好，不受胃肠道内容物影响，可与饲料同服。血清浓度比氨苄西林高 1.5～3 倍。②本品与克拉维酸联用可增强其抗菌作用，对产酸耐药金黄色葡萄球菌及阴性杆菌有效；与大黄可生成鞣酸盐沉淀物，降低生物利用度。③休药期：鸡 7 d，产蛋期禁用；牛、猪 14 d，弃奶期 2.5 d。

【用法与用量】以阿莫西林计：混饮，每升水，鸡 60 mg，连用 3～5 d。肌内或皮下注射（100 mL 混悬液中含阿莫西林 14 g、克拉维酸 3.5 g），每 20 kg 体重，牛、猪、犬、猫 1 mL，每天 1 次，连用 3～5 d。

苯唑西林钠（Oxacillin Sodium）

【基本概况】本品又称苯唑青霉素钠，为白色粉末或结晶性粉末，无臭或微臭，易溶于水，常制成粉针。

【作用与用途】本品为耐青霉素酶的半合成抗生素，对革兰氏阳性菌的抗菌活性不如青霉素 G，对耐青霉素金黄色葡萄球菌敏感，对肠球菌不敏感。

本品主要用于耐青霉素的金黄色葡萄球菌感染，如乳腺炎、肺炎、烧伤创面感染等。

【应用注意】①本品内服耐酸，肌内注射后体内分布广泛，主要经肾脏排泄。②本品与氨苄西林或庆大霉素合用,可增强对肠球菌的抗菌活性。③休药期,牛、羊 14 d,猪 5 d,弃奶期 3 d。

【用法与用量】肌内注射,一次量,每千克体重,马、牛、羊、猪 10～15 mg,犬、猫 15～20 mg,每天 2～3 次,连用 2～3 d。

氯唑西林钠(Cloxacillin Sodium)

【基本概况】本品又称氯唑青霉素钠,为白色粉末或结晶性粉末,微臭,味苦,易溶于水,常制成粉针、乳房注入剂。

【作用与用途】本品为半合成抗生素,抗菌谱及抗菌活性与苯唑西林基本相似,对金黄色葡萄球菌作用不及苯唑西林。

本品主要用于耐青霉素葡萄球菌感染,常与氨苄西林钠制成乳剂,或制成有长效作用的苄星氯唑西林治疗奶牛乳腺炎等。

【应用注意】①本品内服耐酸,吸收快而不完全,胃中内容物可影响吸收。吸收后分布广泛,可透过胎盘屏障。②休药期,牛 10 d,弃奶期 2 d。

【用法与用量】乳导管注入,奶牛,每个乳室 200 mg,每天 1 次或隔天 1 次。

(二)头孢菌素类抗生素

头孢菌素类抗生素又称先锋霉素,是一类半合成的广谱抗生素,具有杀菌力强、抗菌谱广、对胃酸和 β-内酰胺酶较为稳定、毒性小、过敏反应少,对多数耐青霉素菌仍然敏感等优点;与青霉素类抗生素、氨基糖苷类抗生素合用有协同作用。由于头孢菌素类抗生素在人医的应用广泛以及价格原因,现兽医临床多用于贵重动物疾病、宠物疾病和局部感染的治疗。

头孢氨苄(Cephalexin)

【基本概况】本品又称先锋霉素Ⅳ,为白色或微黄色结晶性粉末,微臭,微溶于水,常制成乳剂、片剂、胶囊。

【作用与用途】本品抗菌谱广,对革兰氏阳性菌的抗菌活性较强,对大肠杆菌、变形杆菌、克雷伯氏杆菌、沙门氏菌等革兰氏阴性菌也有抗菌作用,对绿脓杆菌不敏感。

本品主要用于治疗大肠杆菌、链球菌、葡萄球菌等敏感菌引起的泌尿道、呼吸道感染和奶牛乳腺炎等。

【应用注意】①本品内服吸收迅速而完全,犬、猫生物利用度为 75%。②本品有过敏反应,犬尤易发生;对犬和猫能引起厌食、呕吐或腹泻等胃肠道反应。③有潜在肾毒性,对肾功能不全的动物应酌情减量。④弃奶期 2 d。

【用法与用量】内服,一次量,每千克体重,犬、猫 15 mg,每天 3 次,家禽 35～50 mg。乳管注入,奶牛,每个乳室 200 mg,每天 2 次,连用 2 d。

头孢噻呋(Ceftiofur)

【基本概况】本品为类白色或淡黄色粉末,不溶于水,其钠盐则易溶于水,常制成粉针、混悬型注射液。

【作用与用途】本品为第三代动物专用头孢菌素,具有广谱杀菌作用,对革兰氏阳性、革兰氏阴性包括产 β-内酰胺酶菌株均有效,对多杀性巴氏杆菌、溶血性巴氏杆菌、胸膜肺炎放线杆菌、沙门氏菌、大肠杆菌、链球菌和葡萄球菌等敏感,对链球菌的作用强于氟喹诺酮类药物;对绿脓杆菌、肠球菌不敏感。

本品主要用于动物的革兰氏阳性和革兰氏阴性菌感染,如猪放线杆菌性胸膜肺炎、牛的急性呼吸系统感染、雏鸡的大肠杆菌感染、牛乳腺炎等。

【应用注意】①内服不吸收,肌内和皮下注射吸收迅速且分布广泛,有效血药浓度维持时间较长。②对头孢菌素过敏动物禁用,对青霉素过敏动物慎用。③本品主要经肾排泄,对肾功能不全动物要注意调整剂量。④本品与氨基糖苷类联合用药有协同作用,但增强肾毒性;可与马立克疫苗混合用于 1 日龄雏鸡,不影响疫苗效力。⑤休药期,牛 3 d,猪 2 d。

【用法与用量】以头孢噻呋计:肌内注射,一次量,每千克体重,猪 3～5 mg,每天 1 次,连用 3 d。皮下注射,1 日龄雏鸡,每羽 0.1～0.2 mg。

(三) -内酰胺酶抑制剂

β-内酰胺酶抑制剂能抑制 β-内酰胺酶对青霉素、头孢菌素类抗生素的破坏,保护 β-内酰胺类抗生素,使许多产生 β-内酰胺酶的耐药菌变成敏感菌,而提高抗生素的疗效。单独应用仅有微弱的抗菌活性,必须与抗生素合用才能产生协同抗菌作用。

克拉维酸(Clavulanate)

【基本概况】本品又称棒酸,为白色或微黄色结晶性粉末,易溶于水,水溶液极不稳定。

【作用与用途】本品抗菌机理与青霉素等 β-内酰胺类抗生素相同,但抗菌活性微弱,本品可与多数 β-内酰胺酶结合成不可逆性结合物,从而对金黄色葡萄球菌和多种革兰氏阴性菌所产生的 β-内酰胺酶均有快速抑制作用。这种作用可使阿莫西林、氨苄西林等不耐酶抗生素的抗菌谱增广,抗菌活性增强,从而产生协同抗菌作用。

本品与青霉素、头孢菌素类抗生素联用治疗禽霍乱、鸡白痢、大肠杆菌病、葡萄球菌病等,家畜的巴氏杆菌病、肺炎、乳腺炎、子宫炎、大肠杆菌病、沙门氏菌病等。

【应用注意】①对青霉素类药物过敏的动物禁用。②本品性质极不稳定,易吸湿失效。原料药应严封在 −20℃ 以下干燥处保存。③使用复方阿莫西林粉,鸡休药期 7 d,蛋鸡产蛋期禁用;阿莫西林-克拉维酸注射液,牛、猪休药期 14 d,弃奶期 60 h。

【用法与用量】以阿莫西林计:内服,一次量,每千克体重,家畜 10～15 mg,鸡 20～30 mg,每天 2 次,连用 3～5 d。肌内或皮下注射,一次量,每千克体重,牛、猪、犬、猫 7 mg,每天 1 次,连用 3～5 d。

舒巴坦(Subactam)

【基本概况】本品又称青霉素烷砜,其钠盐为白色或类白色结晶性粉末,溶于水,在水溶液中有一定的稳定性。

【作用与用途】本品为不可逆竞争型 β-内酰胺酶抑制剂,抗菌作用略强于克拉维酸。与青霉素、氨苄西林、阿莫西林及头孢菌素联合应用均可明显起增效作用。与克拉维酸相比,虽对β-内酰胺酶的抑制谱稍差,但性质较稳定,半衰期较长。

本品与氨苄西林联用,在兽医临床用于葡萄球菌、嗜血杆菌、巴氏杆菌、大肠杆菌、克雷伯菌等所引起的呼吸道、消化道及泌尿道感染。可供静脉注射给药。

【应用注意】禁用于对青霉素类、头孢菌素类药物或β-内酰胺酶抑制剂过敏的动物。

【用法与用量】以氨苄西林计:内服,一次量,每千克体重,家畜 20～30 mg,每天 2 次,连用 3～5 d。肌内注射,一次量,每千克体重,家畜 10～15 mg,每天 1 次,连用 3～5 d。

二、大环内酯类抗生素

大环内酯类抗生素是一类均具有 14～16 元大环内酯基本化学结构的抗生素。本类药物为弱碱性的速效抑菌剂,主要对多数革兰氏阳性菌、部分革兰氏阴性球菌、厌氧菌、支原体、衣原体、立克次体和密螺旋体等有抑制作用,尤其对支原体作用强。大环内酯类抗生素的作用机理均相同,能与敏感菌的核蛋白体 50 S 亚基结合,通过对转肽作用和/或 mRNA 位移的阻断,从而抑制肽链的合成和延长,影响细菌蛋白质的合成。兽医临床主用应用的大环内酯类抗生素有红霉素、泰乐菌素、替米考星、吉他霉素和螺旋霉素等。

红霉素(Erythromycin)

【基本概况】本品为白色或类白色结晶或粉末,无臭,味苦。本品及其硫氰酸盐均极微溶于水,而其乳糖酸盐则易溶于水。本品常制成可溶性粉、注射用无菌粉末、片剂。

【作用与用途】本品一般起抑菌作用,高浓度对敏感菌有杀菌作用。红霉素的抗菌谱与青霉素相似,对金黄色葡萄球菌、肺炎球菌、链球菌、肺炎球菌、猪丹毒杆菌、炭疽杆菌、梭状芽孢杆菌等的革兰氏阳性菌敏感;对某些革兰氏阴性菌如巴氏杆菌、布鲁氏菌有较弱作用,但对大肠杆菌、克雷伯菌、沙门氏菌等肠杆菌属无作用。此外,对支原体、衣原体、立克次体及某些螺旋体有较好作用,对支原体作用尤强。

本品常用于治疗青霉素过敏动物和耐青霉素金黄色葡萄球菌及其他敏感菌所致的各种感染,如肺炎、子宫炎、乳腺炎、败血症等;对禽的支原体病和传染性鼻炎也有疗效;其眼膏或软膏也用于眼部或皮肤感染;也常用于防治鱼类和虾的革兰氏阳性菌和支原体感染,如烂鳃病、白皮病、链球菌病、对虾肠道细菌病等。

【应用注意】①本品毒性低,但刺激性强。肌内注射可发生局部炎症,宜采用深部肌内注射;静脉注射浓度过高或速度过快易发生血栓性静脉炎及静脉周围炎,故应缓慢注射和避免药液外漏。②本品可引起部分动物过敏反应与胃肠道功能紊乱,如牛可出现不安、流涎和呼吸困难,马属动物则表现为腹泻。③本品在 pH 5.5～8.5 时抗菌效能增强,当 pH 小于 4 时作用明显减弱。④在接种鸡新城疫、传染性法氏囊、传染性支气管炎等疫苗之前,给鸡饮用硫氰酸红霉素对支原体病的发生有一定预防作用。⑤细菌对本品易产生耐药,与其他大环内酯类及林可霉素有交叉耐药性。⑥休药期:乳糖酸红霉素,牛、鱼、虾 14 d,羊 3 d,猪 7 d,弃奶期 3 d。硫氰酸红霉素,鸡 3 d,蛋鸡产蛋期禁用。

【用法与用量】红霉素片,内服,一次量,每千克体重,犬、猫 10～20 mg,每天 2 次,连用 3～5 d。注射用乳糖酸红霉素,静脉注射,一次量,每千克体重,马、牛、羊、猪 3～5 mg,犬、猫

5～10 mg,每天 2 次,连用 2～3 d。硫氰酸红霉素可溶性粉,混饮,每升水,鸡 2.5 g,连用 3～5 d。拌料投喂,一次量,每千克体重,鱼类 1.25 mg,连用 5～7 d。

泰乐菌素(Tylosin)

【基本概况】本品为白色至浅黄色粉末,微溶于水,其酒石酸盐、磷酸盐易溶于水,常制成可溶性粉、预混剂、注射剂。

【作用与用途】本品是动物专用抗生素,抗菌谱与红霉素相似,但对革兰氏阳性菌的抗菌活性较红霉素弱,但对动物支原体病有特效,为大环内酯类中作用较强的药物。此外,本品对牛、猪、鸡还有促生长作用。

本品用于防治猪、禽的支原体及敏感革兰氏阳性菌引起的感染,如鸡的慢性呼吸道病、猪的支原体性肺炎和关节炎等;也可用于浸泡种蛋以预防鸡支原体传播;也可用作猪、鸡饲料添加剂。欧盟从 1999 年开始禁用磷酸泰乐菌素作为促生长添加药物使用。

【应用注意】①本品可引起人接触性皮炎。皮下注射,鸡可发生短暂的颜面肿胀,猪也偶见直肠水肿和皮肤红斑及瘙痒反应;牛静脉注射可引起震颤、呼吸困难及精神沉郁等;马属动物注射本品可引起死亡,故禁用。②肌内注射时可产生较强的局部刺激。③本品不能与聚醚类抗生素联用,因可导致后者的毒性增强;本品的水溶液不宜与铜、镁、铝、铁、锌、锰等多价金属离子一起使用。④休药期:注射液,猪 14 d;可溶性粉,鸡 1 d;注射用粉剂,猪 21 d;预混剂,鸡、猪 5 d。产蛋鸡和牛泌乳期禁用。

【用法与用量】以泰乐菌素计,肌内注射,一次量,每千克体重,猪 5～13 mg,每天 2 次,连用 7 d。以酒石酸泰乐菌素计:皮下或肌内注射,每千克体重,猪、禽 5～13 mg;混饮,每升水,禽 500 mg,连用 3～5 d。以磷酸泰乐菌素预混剂计,混饲,每 1 000 kg 饲料,猪 400～800 g,鸡 300～600 g。

替米考星(Tilmicosin)

【基本概况】本品为白色粉末,不溶于水,其磷酸盐在水中溶解,常制成溶液、预混剂、注射剂。

【作用与用途】本品是由泰乐菌素的一种水解产物半合成的动物专用抗生素,抗菌谱与泰乐菌素相似,对革兰氏阳性菌、少数革兰氏阴性菌、支原体、螺旋体等均有抑制作用。对胸膜肺炎放线杆菌、巴氏杆菌和畜禽支原体的抗菌活性比泰乐菌素更强。

本品用于防治家畜肺炎(由胸膜肺炎放线杆菌、巴氏杆菌和支原体感染引起)、禽支原体病及敏感菌所致的动物乳腺炎。

【应用注意】①本品肌内注射时可产生局部刺激。静脉注射可引起动物心动过速和收缩力减弱,严重者可引起动物死亡。本品对猪、灵长类和马也有致死性危险,故仅供内服和皮下注射。②本品与肾上腺素合用可增加猪死亡。③预混剂仅限于治疗使用。④休药期:预混剂,猪 14 d;溶液,鸡 10 d;注射液,牛 35 d。产蛋鸡、泌乳期奶牛和肉牛犊禁用。

【用法与用量】以替米考星计:混饲,每 1 000 kg 饲料,猪 200～400 g,连用 15 d。混饮,每升水,鸡 75 mg,连用 3 d。皮下注射,每千克体重,牛 10 mg,仅注射 1 次。以磷酸替米考星计，混饲，每 1 000 kg 饲料，猪 200～400 g，连用 15 d。

吉他霉素（Kitasamycin）

【基本概况】本品又称北里霉素、柱晶白霉素，为白色或类白色粉末，无臭，味苦，极微溶于水，其酒石酸盐易溶于水，常制成可溶性粉、片剂、预混剂。

【作用与用途】抗菌谱与红霉素相似，但对大多数革兰氏阳性菌的作用不及红霉素，对耐药金黄色葡萄球菌的作用优于红霉素、四环素，对某些革兰氏阴性菌有效；对支原体的作用与泰乐菌素作用相似，对立克次体、螺旋体也有效。本品可促进动物生长和提高饲料利用率。

本品主要用于治疗革兰氏阳性菌、支原体及钩端螺旋体等感染，如鸡的葡萄球菌病、链球菌病、支原体病及猪的弧菌性痢疾等；预混剂也用作猪、鸡的饲料添加剂。

【应用注意】①本品有较强的局部刺激性和耳毒性，治疗时连续使用不得超过 5～7 d。②用于治疗时常与链霉素合用。③休药期，猪、鸡 7 d，蛋鸡产蛋期禁用。

【用法与用量】以吉他霉素计：内服，一次量，每千克体重，猪 20～30 mg，禽 20～50 mg，每天 2 次，连用 3～5 d。混饲，每 1 000 kg 饲料，促生长，猪 5～50 g，鸡 5～10 g；治疗，猪 80～300 g，鸡 100～300 g，连用 5～7 d。以酒石酸吉他霉素计，混饮，每升水，鸡 250～500 mg，连用 3～5 d。

螺旋霉素（Spiramycin）

【基本概况】本品为白色至淡黄色粉末，味苦，微溶于水，易溶于多种有机溶剂。其乙酰化物性质较稳定，耐酸，抗菌活性较高。

【作用与用途】本品抗菌谱与红霉素相似，对肺炎球菌、链球菌及支原体效力作用较强。

本品主要用于防治敏感菌所致的感染性疾病，如慢性呼吸道病、肺炎、支原体病等，也可作为猪的饲料添加剂。欧盟从 1999 年开始禁用螺旋霉素作为饲料添加药物使用。

【用法与用量】内服，一次量，每千克体重，马、牛 8～20 mg，猪、羊 20～100 mg，家禽 50～100 mg，每天 1 次，连用 3～5 d。混饲，每 1 000 kg 饲料，雏鸡 5～20 g，哺乳仔猪 5～100 g。混饮，每升水，禽 400 mg，连用 3～5 d。皮下或肌内注射，一次量，马、牛 4～10 mg，羊、猪、犬 10～50 mg，家禽 25～50 mg，犬 25～50 mg，每天 1 次，连用 3～5 d。

三、林可胺类抗生素

林可胺类抗生素是一类具有高脂溶性的碱性化合物，能够从肠道很好吸收，在动物体内分布广泛。其对革兰氏阳性菌和支原体有较强抗菌活性，对厌氧菌也有一定作用，大多数需氧革兰氏阴性菌对其耐药。

林可霉素（Lincomycin）

【基本概况】本品又名洁霉素，常用其盐酸盐。盐酸林可霉素为白色结晶性粉末，有微臭或特殊臭，味苦，易溶于水，常制成可溶性粉、预混剂、片剂、注射液。

【作用与用途】本品的抗菌谱与大环内酯类抗生素相似,对革兰氏阳性菌如葡萄球菌、溶血性链球菌和肺炎球菌作用较强,对破伤风梭菌、产气荚膜梭菌等也有抑制作用,对需氧革兰氏阴性菌无效;对支原体作用与红霉素相似,而比其他大环内酯类抗生素稍弱;对猪痢疾密螺旋体和弓形虫也有一定作用。

本品主要用于治疗猪、鸡敏感革兰氏阳性菌和支原体感染,如猪喘气病和家禽慢性呼吸道病、猪密螺旋体性痢疾和鸡坏死性肠炎等;也用作饲料添加剂促进肉鸡和育肥猪生长,提高饲料利用率。

【应用注意】①本品能引起马、兔和其他草食动物严重的致死性腹泻;犬和猫的快速静脉注射,可引起血压升高和心肺功能减弱;猪用药后也可出现胃肠道功能紊乱,剂量过大可出现皮肤红斑及肛门、阴道水肿;大剂量可引起犬的伪膜性肠炎,故过敏或已感染白色念珠菌的动物禁用。②本品内服不易吸收,肌内注射吸收缓慢。吸收后分布广泛,乳、肾的浓度较高,可通过胎盘屏障。半衰期较长。③本品与大观霉素合用,可起协同作用;与红霉素合用有拮抗作用。④休药期,猪 6 d,禽 5 d,产蛋鸡禁用。

【用法与用量】以林可霉素计:内服,一次量,每千克体重,猪 10～15 mg,犬、猫 15～25 mg,每天 1～2 次,连用 3～5 d。混饮,每升水,猪 40～70 mg,连用 7 d;鸡 20～40 mg,连用 5～10 d。混饲,每 1 000 kg 饲料,猪 44～77 g,禽 2 g,连用 1～3 周。肌内注射,一次量,每千克体重,猪 10 mg,每天 1 次;犬、猫 10 mg,每天 2 次,连用 3～5 d。

克林霉素(Clindamycin)

【基本概况】本品又名氯洁霉素,常用其盐酸盐。盐酸克林霉素为白色结晶性粉末,易溶于水。本品的盐酸盐、棕榈酸酯盐酸盐供内服,磷酸酯供注射用。

【作用与用途】本品抗菌谱与盐酸林可霉素相同,内服吸收比林可霉素好,生物利用度高,且不受食物的影响。对大多数敏感菌的抗菌作用比盐酸林可霉素强 4～8 倍,对青霉素、盐酸林可霉素、四环素或红霉素有耐药性的细菌也有效。

临床应用与林可霉素相同。

【用法与用量】以克林霉素计:内服,一次量,每千克体重,犬、猫 5～10 mg,每天 1～2 次,连用 3～5 d。肌内注射,一次量,每千克体重,犬、猫 5～10 mg,每天 2 次,连用 3～5 d。

四、多肽类抗生素

多肽类抗生素是一类具有多肽结构的化学物质,兽医临床常用的药物有黏菌素、杆菌肽、维吉尼亚霉素和恩拉霉素等。细菌不易产生耐药性。本类药对肾脏和神经系统的损害较大。

杆菌肽(Bacitracin)

【基本概况】本品的锌盐为淡黄色或淡棕黄色粉末,有臭味,味苦,几乎不溶于水,常制成可溶性粉、预混剂。

【作用与用途】本品抗菌谱与青霉素相似,属促生长的专用饲料添加剂。对革兰氏阳性菌如金黄色葡萄球菌(包括耐青霉素的金黄色葡萄球菌)、链球菌、肺炎球菌、肠球菌等作用强,对脑膜炎双球菌、博氏杆菌和流感杆菌等少数革兰氏阴性菌及螺旋体和放线菌也有效。本品有促进动物生长和提高饲料转化率作用。细菌不易产生耐药性,与其他抗生素无交叉耐药性。

本品的锌盐用作饲料添加剂,促进牛、猪和禽的生长;局部应用治疗革兰氏阳性菌及耐青霉素葡萄球菌所引起的皮肤、创伤、眼部感染和乳腺炎。本品不适合用于全身治疗。欧盟从1999年开始禁用杆菌肽锌作为促生长添加剂使用。

【应用注意】①本品注射给药的肾毒性大,一般用于内服和外用。②与青霉素、链霉素、新霉素、多黏菌素及有机砷制剂等合用有协同作用;本品和多黏菌素组成的复方制剂,不宜与土霉素、金霉素、吉他霉素、恩拉霉素、维吉尼亚霉素、喹乙醇等合用。③休药期0 d,但蛋鸡产蛋期禁用。

【用法与用量】以杆菌肽计,混饲,每1 000 kg饲料,犊3月龄以下10～100 g,3～6月龄4～40 g;猪6月龄以下4～40 g;禽16周龄以下4～40 g。

维吉尼亚霉素(Virginiamycin)

【基本概况】本品又称弗吉尼亚霉素,为浅黄色粉末,有特臭,味苦,极微溶于水,常制成预混剂。

【作用与用途】本品对金黄色葡萄球菌、肠球菌等革兰氏阳性菌均有较强作用,对大多数革兰氏阴性菌无效,对支原体也有效。不易产生耐药性,与其他抗生素之间无交叉耐药性。

本品小剂量用作饲料添加剂,促进猪、禽的生长;中剂量则用于防治细菌性痢疾;高剂量用于防治鸡白痢、坏死性肠炎、猪痢疾。欧盟从1999年开始禁用本品作为促生长添加剂使用。

【应用注意】①本品内服不易吸收,主要由粪便排出。②休药期,猪、鸡1 d。

【用法与用量】以维吉尼亚霉素计,混饲,每1 000 kg饲料,猪10～25 g,鸡5～20 g。

恩拉霉素(Enramycin)

【基本概况】本品又称持久霉素,白色或微黄色结晶性粉末,溶于含水乙醇,常制成预混剂。

【作用与用途】本品是动物专用抗生素,对金黄色葡萄球菌、表皮葡萄球菌、化脓链球菌等革兰氏阳性菌有抗菌作用,对革兰氏阴性菌无效。低浓度可促进猪、禽生长。

本品用于预防革兰氏阳性菌感染,也用作畜、禽的饲料添加剂。本品专供内服以杀灭肠道内有害细菌,减少发病率,促进畜、禽的生长发育。

【应用注意】①对猪的增重效果以连用2个月为佳,再继续应用,效果则不佳。②本品可与黏杆菌素或喹乙醇联合应用;禁与四环素、吉他霉素、杆菌肽、维吉尼亚霉素等配伍应用。③休药期,猪、鸡7 d,蛋鸡产蛋期禁用。

【用法与用量】以恩拉霉素计,混饲,每1 000 kg饲料,猪2.5～20 g,鸡1～5 g。

学习单元3 主要作用于革兰氏阴性菌的抗生素

一、氨基糖苷类抗生素

本类抗生素的化学结构是含有氨基糖分子和非糖部分的糖原结合而成的苷,因此被称为氨基糖苷类抗生素。氨基糖苷类抗生素属静止期杀菌药,抗菌谱较广,对需氧革兰氏阴性菌的作用强,对革兰氏阳性菌的作用较弱,但对金黄色葡萄球菌包括耐药菌株较敏感;对厌氧菌无效。本类抗生素均为有机碱,能与酸生成盐。常用制剂为硫酸盐,易溶于水,性质稳定。在碱性环境中抗菌作用增强。内服不易吸收,注射给药吸收迅速而完全。半衰期较短,主要以原形从尿中排出。不良反应主要是具有不同程度的肾毒性、耳毒性、神经毒性和二重感染等。兽医临床常用的氨基糖苷类抗生素有链霉素、庆大霉素、卡那霉素、阿米卡星、新霉素、大观霉素及安普霉素等。

链霉素(Streptomycin)

【基本概况】本品药用其硫酸盐,为白色或类白色粉末,无臭或几乎无臭,味微苦,易溶于水,常制成粉针。

【作用与用途】本品抗菌谱较广,对大多数革兰氏阴性杆菌有效,抗分枝杆菌作用在氨基糖苷类中最强,对金黄色葡萄球菌等多数革兰氏阳性球菌的作用差,对链球菌、绿脓杆菌和厌氧菌等不敏感;对钩端螺旋体、放线菌也有效。细菌极易产生耐药性,产生速度比青霉素快。

本品主要用于治疗动物各种敏感病原体引起的急性感染,如各种细菌性胃肠炎、乳腺炎、泌尿生殖道感染、呼吸道感染、放线菌病、钩端螺旋体病等,常作为结核病、鼠疫、大肠杆菌病、巴氏杆菌病和钩端螺旋体病的首选药;也用于治疗鱼类的打印病、竖鳞病、疖疮病、弧菌病,中华鳖的穿孔病、红斑病等细菌性疾病等。

【应用注意】①本品应用偶有过敏反应,以发热、皮疹、嗜酸性白细胞增多、血管神经性水肿等为症状,并与其他氨基糖苷类有交叉过敏现象。②本品长期应用可引起肾脏损害,动物肾功能不全,慎用。③有剂量依赖性耳毒性,可引起前庭功能和第8对脑神经损害,导致运动失调和耳聋,如与头孢菌素、强效利尿药和红霉素等合用耳毒性增强。④有神经肌肉阻滞作用,在剂量过大或与骨骼肌松弛药、麻醉药合用时,动物会出现肌肉无力,四肢瘫痪,甚至呼吸麻痹而死亡。⑤与β-内酰胺类抗生素或碱性药物(如碳酸氢钠、氨茶碱等)合用,可增强抗菌效力,用于治疗泌尿道感染;与含 Ca^{2+}、Mg^{2+}、Na^+、NH_4^+、K^+ 等阳离子药物合用则可抑制药物的抗菌活性。⑥休药期:牛、羊、猪18 d,弃奶期3 d;鱼类14 d。

【用法与用量】肌内注射,一次量,每千克体重,家畜10~15 mg,每天2次,连用2~3 d。鱼类,每千克体重200 mg,中华鳖40~50 mg。

庆大霉素（Gentamycin）

【基本概况】本品又称正泰霉素，药用其硫酸盐，为白色或类白色的粉末，无臭，易溶于水，常制成片剂、粉剂、注射液。

【作用与用途】本品在氨基糖苷类中抗菌谱较广，抗菌活性最强。对大肠杆菌、克雷伯氏菌、变形杆菌、绿脓杆菌、巴氏杆菌、沙门氏菌等多种革兰氏阴性菌和金黄色葡萄球菌均有抗菌作用，对革兰氏阳性菌中耐金黄色葡萄球菌也有作用；对支原体亦有一定作用。细菌耐药不如链霉素、卡那霉素耐药菌株普遍，与链霉素单向交叉耐药，对链霉素耐药菌有效。

本品主要用于大肠杆菌、变形杆菌和耐金黄色葡萄球菌等敏感菌引起的败血症、泌尿生殖道感染、呼吸道感染、胃肠道感染、胆道感染、乳腺炎、皮肤和软组织感染等。

【应用注意】①不良反应与链霉素相似，易造成前庭功能损害，对听觉的损害相对较少；偶见过敏反应；对肾脏有较严重的损害作用，与头孢菌素合用肾毒性增强；静脉推注时，神经肌肉传导阻滞作用明显，可引起呼吸抑制作用。②与小诺霉素（小诺霉素抗菌谱、抗菌活性近似庆大霉素，但对氨基糖苷乙酰转移酶稳定）制成混合物硫酸庆大小诺霉素，用于对卡那霉素、阿米卡星、庆大霉素等耐药的病原菌感染；与 β-内酰胺类抗生素有协同作用；与甲氧苄啶-磺胺合用对大肠杆菌及肺炎克雷伯氏菌也有协同作用；与四环素、红霉素等可能出现拮抗作用。③休药期，猪 40 d。

【用法与用量】肌内注射，一次量，每千克体重，家畜 2～4 mg，犬、猫 3～5 mg，每天 2 次，连用 2～3 d。内服，一次量，每千克体重，仔猪、犊牛、羔羊 10～15 mg，每天 2 次。混饮，每升水，家禽 20～40 mg，连用 3 d。

卡那霉素（Kanamycin）

【基本概况】本品为白色或类白色粉末，易溶于水，常制成粉针、注射液。

【作用与用途】本品抗菌谱与链霉素相似，而抗菌活性略强。对克雷伯氏菌、大肠杆菌、变形杆菌、沙门氏菌、巴氏杆菌等大多数革兰氏阴性杆菌敏感，对耐青霉素金黄色葡萄球菌和结核杆菌也较敏感，但对铜绿假单胞菌无效。细菌耐药比链霉素慢，与新霉素交叉耐药，与链霉素单向交叉耐药。

本品内服用于治疗敏感菌所致的肠道感染如禽霍乱、雏鸡白痢等；肌内注射用于治疗敏感菌所致的各种严重感染，如泌尿生殖道感染、猪气喘病、萎缩性鼻炎、败血症、皮肤和软组织感染等。

【应用注意】①本品不良反应与链霉素类似，耳毒性比链霉素和庆大霉素强，比新霉素小；肾毒性大于链霉素，与多黏菌素合用可加强毒性；常发生神经肌肉阻滞作用。②休药期 28 d，弃奶期 7 d。

【用法与用量】肌内注射，一次量，每千克体重，家畜 10～15 mg，每天 2 次，连用 3～5 d。

阿米卡星（Amikacin）

【基本概况】本品又称丁胺卡那霉素，药用其硫酸盐，为白色结晶性粉末，几乎无臭、无味，易溶于水，常制成粉针、注射液。

【作用与用途】本品为半合成的氨基糖苷类抗生素，抗菌谱在该类药物中最广，对庆大霉素、卡那霉素耐药的铜绿假单胞菌、大肠杆菌、变形杆菌、克雷伯氏菌仍有效，对金黄色葡萄球菌也有效。

本品用于治疗耐药菌引起的菌血症、败血症、呼吸道感染、腹膜炎及敏感菌引起的各种感染等。

【应用注意】不良反应与链霉素相似。不可直接静脉推注，以免引起神经肌肉阻滞和呼吸抑制；用药期间应给予动物足够的水分，以减少肾小管损害。

【用法与用量】肌内注射，一次量，每千克体重，家畜 5～7.5 mg，每天 2 次，连用 3～5 d。

新霉素（Neomycin）

【基本概况】本品药用其硫酸盐，为白色或类白色粉末，无臭，极易溶于水，常制成可溶性粉、溶液、预混剂、片剂、滴眼液。

【作用与用途】本品的抗菌谱和链霉素相近，对绿脓杆菌作用最强。本品在氨基糖苷类中毒性最大，一般禁用于注射给药。内服给药后很少吸收，在肠道中有抗菌作用。

本品内服用于葡萄球菌、痢疾杆菌、大肠杆菌、变形杆菌等引起的畜禽肠炎，局部用于葡萄球菌和革兰氏阴性杆菌引起的皮肤感染、眼的结膜炎和角膜炎及子宫内膜炎等。

【应用注意】①本品在氨基糖苷类中毒性最大，临床一般只供内服或局部应用。②对于猫、犬、牛注射易引起肾毒性和耳毒性，猪注射出现短暂性后躯麻痹及呼吸骤停的神经肌肉阻滞症状。③与大环内酯类抗生素合用，可治疗革兰氏阳性菌所致的乳腺炎；与甲溴东莨菪碱配伍制成硫酸新霉素、甲溴东莨菪碱溶液，用于治疗革兰氏阴性菌引起的仔猪腹泻；内服影响洋地黄类药物、维生素 A 或维生素 B_{12} 的吸收，维生素 C 可抑制新霉素的抗菌活性。④休药期，猪 0 d，鸡 5 d，火鸡 14 d，产蛋鸡禁用。

【用法与用量】以硫酸新霉素计：内服，一次量，每千克体重，犬、猫 10～20 mg，每天 2 次，连用 3～5 d。混饮，每升水，禽 50～75 mg，连用 3～5 d。混饲，每 1 000 kg 饲料，猪、鸡 77～154 g。

大观霉素（Spectinomycin）

【基本概况】本品又称壮观霉素。其盐酸盐、硫酸盐均为白色或类白色结晶性粉末，易溶于水，常制成可溶性粉、预混剂。

【作用与用途】本品对革兰氏阴性菌如大肠杆菌、沙门氏菌、志贺氏菌、变形杆菌等多有中度抑制作用，对化脓链球菌、肺炎球菌、表皮葡萄球菌敏感，对绿脓杆菌不敏感，对支原体也有一定作用，有促进鸡的生长和改善饲料利用率的作用。本品易产生耐药性，与链霉素无交叉耐药性。

本品临床用于控制大肠杆菌、沙门氏菌、巴氏杆菌等引起的感染,与林可霉素合用防治仔猪腹泻、猪的支原体肺炎、败血支原体引起的鸡慢性呼吸道病和火鸡支原体感染。

【应用注意】①本品的肾毒性和耳毒性较轻,而神经肌肉传导阻滞作用明显,不得静脉给药。②与林可霉素联用比单独使用效果好,与四环素合用呈拮抗作用。③休药期,鸡5 d,产蛋鸡禁用。

【用法与用量】以大观霉素计,混饮,每升水,鸡0.5~1 g,连用3~5 d。

安普霉素(Apramycin)

【基本概况】本品为微黄色至黄褐色粉末,易溶于水,常制成可溶性粉、预混剂。

【作用与用途】本品抗菌谱广,对大肠杆菌、沙门氏菌、假单胞菌、克雷伯氏菌、变形杆菌、巴氏杆菌、支气管炎博代氏菌等多种革兰氏阴性菌和葡萄球菌均有抑制作用,对猪痢疾密螺旋体和支原体也有抑制作用。细菌不易耐药,与其他氨基糖苷类药物无交叉耐药。

本品用于治疗畜禽革兰氏阴性菌引起的肠道感染,如猪大肠杆菌病、犊牛肠杆菌和沙门氏菌引起的腹泻,鸡大肠杆菌、沙门氏菌、支原体引起的感染;常作为治疗大肠杆菌病的首选药。

【应用注意】①猫对本品较敏感,易产生毒性。②盐酸吡哆醛能加强本品的抗菌活性;不宜与微量元素制剂联合使用;饮水给药必须当日配制,饮水器具应注意防锈。③本品长期或大量应用可引起肾毒性。④休药期,猪21 d,鸡7 d;蛋鸡产蛋期禁用,泌乳牛禁用。

【用法与用量】以硫酸安普霉素计:混饮,每升水,鸡250~500 mg,连用5 d;每千克体重,猪12.5 mg,连用7 d。混饲,每1 000 kg饲料,猪80~100 g,连用7 d;鸡5 g,连用7 d。

二、多肽类抗生素

多肽类抗生素是一类具有多肽结构的化学物质,兽医临床常用的药物有黏菌素、杆菌肽、维吉尼亚霉素和恩拉霉素等。其中,黏菌素仅对革兰氏阴性杆菌产生抗菌作用,其他则均抗革兰氏阳性菌。细菌不易产生耐药性。本类药对肾脏和神经系统的损害较大。

黏菌素(Colistin)

【基本概况】本品又称黏杆菌素、多黏菌素E、抗敌素,其硫酸盐为白色或类白色粉末,无臭,易溶于水,常制成可溶性粉、预混剂。

【作用与用途】本品属窄谱型杀菌抗生素。对革兰氏阴性杆菌作用强,尤以绿脓杆菌最为敏感,对大肠杆菌、沙门氏菌、巴氏杆菌、痢疾杆菌、博氏杆菌、布鲁氏菌和弧菌等的作用较强,对变形杆菌属、厌氧杆菌属、革兰氏阴性球菌和革兰氏阳性菌等不敏感。本品有促进雏鸡、犊牛和仔猪生长作用。细菌不易产生耐药,与多黏菌素B有完全交叉耐药性,与其他抗菌药物无交叉耐药性。

本品主用于治疗畜禽革兰氏阴性杆菌(大肠杆菌等)引起的肠道感染,对绿脓杆菌感染(败血症、尿路感染、烧伤或外伤创面感染)也有效;也用作饲料药物添加剂,可促进畜禽生长。

【应用注意】①本品不用于全身感染,内服很少吸收,注射给药刺激性强,局部疼痛显著,并可引起肾毒性和神经毒性,故多用于内服或局部用药。②与杆菌肽锌、磺胺药和甲氧苄啶合用对大肠杆菌、肺炎杆菌和绿脓杆菌等有协同作用；与螯合剂(EDTA)和阳离子清洁剂合用，用于治疗绿脓杆菌所致的局部感染效果好；不宜与麻醉药和镁制剂等骨骼肌松弛药、庆大霉素与链霉素等氨基糖苷类药合用，因能引起蛋白尿、血尿、管型尿、肌无力和呼吸暂停。③休药期，猪、鸡 7 d；蛋鸡产蛋期禁用。

【用法与用量】以黏菌素计：混饮，每升水，猪 40～200 mg，鸡 20～60 mg。混饲，每 1 000 kg 饲料，犊牛(哺乳期)5～40 g，乳猪(哺乳期)2～40 g，仔猪 2～20 g，鸡 2～20 g。乳管注入，奶牛每乳室 5～10 mg。子宫内注入，一次量，牛 10 mg，每天 1～2 次。

学习单元 4　广谱抗生素

一、四环素类抗生素

四环素类抗生素是一类具有共同多环并四苯羧基酰胺母核的衍生物，对多数革兰氏阳性菌和部分革兰氏阴性菌、立克次体、衣原体、支原体、螺旋体和原虫等均可产生抑制作用，故称为广谱抗生素。其作用机理是干扰细菌蛋白质的合成，从而使细菌的生长繁殖迅速受到抑制，属速效抑菌剂。四环素可分为天然品和半合成品两类，天然品有四环素、土霉素、金霉素和去甲金霉素，半合成品有多西环素、美他环素和米诺环素等。兽医临床上常用药的抗菌活性强弱依次为多西环素＞金霉素＞四环素＞土霉素。天然的四环素类药物存在交叉耐药性，而与半合成四环素类药物交叉耐药性不明显。

土霉素(Oxytetracycline)

【基本概况】本品又称氧四环素，为淡黄色或暗黄色的结晶性或无定形粉末，无臭，极微溶于水，其盐酸盐在水中易溶，常制成粉针、片剂、注射液。

【作用与用途】本品为广谱抗生素，起抑菌作用，对革兰氏阳性菌和革兰氏阴性菌均有抑制作用，但对革兰氏阳性菌作用不如 β-内酰胺类抗生素，对革兰氏阴性菌不如氨基糖苷类和酰胺醇类抗生素。对支原体、衣原体、立克次体、螺旋体、放线菌和某些原虫也有抑制作用。可显著促进幼龄动物生长。细菌可产生耐药，与金霉素及四环素之间有交叉耐药性。

本品用于治疗大肠杆菌或沙门氏菌引起的下痢，如犊牛白痢、羔羊痢疾、仔猪黄痢和白痢、雏鸡白痢等；巴氏杆菌引起的牛血性败血症、猪肺疫、禽霍乱等；支原体引起的牛肺炎、猪气喘病、鸡慢性呼吸道病等；对禽衣原体病、家畜放线菌病和钩端螺旋体病等也有一定疗效；常作为猪气喘病和马鼻疽的首选药及饲料添加剂；局部应用治疗子宫内膜炎和坏死杆菌所致组织坏死；也用于治疗鱼类、虾的细菌性肠炎病、弧菌病。

【应用注意】①本品盐酸盐水溶液局部刺激性强，注射剂一般用于静脉注射，但浓度为 20% 的长效土霉素注射液则可分点深部肌内注射。②杂食动物、肉食动物和新生草食动物可内服给药，但长期使用可导致 B 族维生素和维生素 K 缺乏；而牛、马和兔等成年草食动物不宜内服给药，因易引起肠道菌群失调而诱发二重感染。③作为饲料中添加剂，在低钙(0.18%～0.55%)日粮中，连续饲喂鸡不得超过 5 d；常与竹桃霉素和新霉素等联合使用；治疗布鲁氏菌病和鼠疫时,最好与氨基糖苷类抗生素联合使用。④肝、肾功能严重不良的患病动物或使用呋塞米强效利尿药时,禁用本品。⑤休药期:土霉素内服,牛、羊、猪 7 d,禽 5 d,鳗鲡 30 d,鲇鱼 21 d,弃蛋期 2 d,弃奶期 3 d。土霉素注射液肌内注射,牛、羊、猪 28 d,弃奶期 7 d。注射用盐酸土霉素静脉注射,牛、羊、猪 8 d,弃奶期 2 d。

【用法与用量】内服,一次量,每千克体重,猪、驹、犊、羔 10～25 mg,犬 15～50 mg;禽 25～50 mg,每天 2～3 次,连用 3～5 d。肌内注射,一次量,每千克体重,家畜 10～20 mg(效价)。静脉注射,一次量,每千克体重,家畜 5～10 mg,每天 2 次,连用 2～3 d。拌饵投料,每千克体重,鱼类、虾 50～80 mg,连用 4～6 d。

四环素（Tetracycline）

【基本概况】本品为淡黄色结晶粉末,无臭,极微溶于水,其盐酸盐溶于水。

【作用与用途】本品的作用与土霉素相似,对大肠杆菌、变形杆菌等革兰氏阴性杆菌作用较好,但对葡萄球菌等革兰氏阳性球菌的作用不如金霉素。

本品用于治疗某些革兰氏阳性和阴性菌、支原体、立克次体、螺旋体、衣原体等引起的感染,常作为布鲁氏菌病、嗜血杆菌性肺炎、大肠杆菌病和李氏杆菌病的首选药。

【应用注意】①本品盐酸盐水溶液刺激性大,不宜肌内注射和局部应用,静脉注射时切勿漏出血管外。②静脉注射速度过快,与钙结合引起心血管抑制,可出现急性心衰竭的心血管效应;大剂量或长期应用,可引起肝脏损害和肠道菌群紊乱,如出现维生素缺乏症和二重感染。本品进入机体后与钙结合,沉积于牙齿和骨骼中,对胎儿骨骼发育有影响。③休药期:四环素片,牛 12 d,猪 10 d,鸡 4 d。注射用盐酸四环素,牛、羊、猪 8 d,弃奶期 2 d。畜禽产蛋期和泌乳期禁用。

【用法与用量】内服,一次量,每千克体重,家畜 10～20 mg,每天 2～3 次。静脉注射,一次量,每千克体重,家畜 5～10 mg,每天 2 次,连用 2～3 d。

金霉素（Chlortetracycline）

【基本概况】本品又称氯四环素,其盐酸盐为金黄色或黄色结晶,无臭,味苦,微溶于水,常制成粉针、片剂、注射液。

【作用与用途】本品的作用与土霉素相似,但抗菌作用和局部刺激性较四环素、土霉素强。低剂量有促进畜禽生长和改善饲料利用率作用。

本品低剂量作饲料添加剂;中、高剂量用于防治敏感病原体所致疾病,如鸡慢性呼吸道病、火鸡传染性鼻窦炎、猪细菌性肠炎、犊牛细菌性痢疾、钩端螺旋体病滑膜炎、鸭巴氏杆菌病等;局部应用治疗牛子宫内膜炎和乳腺炎。

【应用注意】①本品在四环素类中刺激性最强,仅用于静脉注射;内服吸收较土霉素少,被吸收药物主要经肾脏排泄。②休药期 0 d。

【用法与用量】内服,一次量,每千克体重,家畜 10～25 mg,每天 2 次。混饲,每 1 000 kg 饲料,猪 300～500 g,家禽 200～600 g,一般连用不超过 5 d。静脉注射,一次量,每千克体重,家畜 5～10 mg,临用时,须用甘氨酸钠作专用溶媒稀释。

多西环素（Doxycycline）

【基本概况】本品又称脱氧土霉素、强力霉素，其盐酸盐为淡黄色或黄色结晶性粉末，无臭，味苦，易溶于水，常制成片剂。

【作用与用途】本品为四环素类中稳定性最好和抗菌力较强的半合成抗生素，抗菌活性为四环素的 2～8 倍；抗菌谱与其他四环素类相似，对革兰氏阳性菌作用优于革兰氏阴性菌，但肠球菌耐药。与土霉素和四环素等有交叉耐药性。

本品用于治疗畜禽的大肠杆菌病、沙门氏菌病、巴氏杆菌病、支原体病、螺旋体病和鹦鹉热等。

【应用注意】①本品在四环素类抗生素中毒性最小，但给马属动物静脉注射后，会出现心律不齐、虚脱和死亡，故禁用。②本品内服易吸收，生物利用度高，受食物影响较小；可用于有肾功能损害的动物，当肾功能损害时药物自肠道的排泄量增加，可成为主要排泄途径。③休药期 28 d，产蛋鸡与泌乳期奶牛禁用。

【用法与用量】内服，一次量，每千克体重，猪、驹、犊、羔 3～5 mg，犬、猫 5～10 mg，禽 15～25 mg，每天 1 次，连用 3～5 d。

二、酰胺醇类抗生素

酰胺醇类抗生素包括氯霉素、甲砜霉素、氟苯尼考等。由于氯霉素可引起人和动物的粒细胞及血小板生成减少，导致不可逆性再生障碍性贫血，该药物已禁用于所有的食品动物。而甲砜霉素、氟苯尼考等结构上的对位硝基被甲磺酸基取代后，只存在剂量相关的可逆性骨髓造血功能抑制作用，为目前常用品种。本类药物属广谱抗生素，对革兰氏阴性菌的作用强于革兰氏阳性菌，尤对伤寒、副伤寒杆菌作用明显。细菌产生耐药缓慢，同类药物之间有完全交叉耐药。

甲砜霉素（Thiamphenicol）

【基本概况】本品又称甲砜氯霉素，为白色结晶性粉末，无臭，微溶于水，在二甲基甲酰胺中易溶，常制成粉剂、片剂。

【作用与用途】本品抗菌谱广，对革兰氏阴性菌作用强于革兰氏阳性菌。对大肠杆菌、沙门氏菌、伤寒杆菌、副伤寒杆菌、巴氏杆菌、布鲁氏菌等高度敏感，对炭疽杆菌、链球菌、化脓棒状杆菌、肺炎球菌、葡萄球菌等敏感，对破伤风梭菌、放线菌等厌氧菌也有作用，对衣原体、钩端螺旋体、立克次体亦有一定作用，但对结核杆菌、绿脓杆菌不敏感。

本品用于治疗畜禽肠道、呼吸道等敏感菌所致的感染，如幼畜副伤寒、白痢、肺炎、大肠杆菌病等；也用于防治嗜水气单胞菌、肠炎菌等引起的鱼类细菌性败血症、链球菌病、肠炎及赤皮病等；也可用于河蟹、鳖、虾、蛙等特种水生动物的细菌性疾病。

【应用注意】①本品不产生再生障碍性贫血，但可抑制红细胞、白细胞和血小板的生成，程度比氯霉素轻。②有较强的免疫抑制作用，对疫苗接种期或免疫功能严重缺损的动物禁用。③长期内服可引起消化机能紊乱，出现维生素缺乏或二重感染症状。④有胚胎毒性，妊娠期及哺乳期动物慎用。⑤与大环内酯类、β-内酰胺类和林可胺类药物合用存在拮抗作用。⑥休药期:畜、禽 28 d,弃奶期 7 d;鱼类 15 d。

【用法与用量】以甲砜霉素计:内服,一次量,每千克体重,畜、禽 5～10 mg,每天 2 次,连用 2～3 d。拌料投喂,一次量,每千克体重,鱼类 2.5 mg,连用 3～4 d。

氟苯尼考(Florfenicol)

【基本概况】本品又称氟甲砜霉素,为白色或类白色的结晶性粉末,无臭,极微溶于水,常制成粉剂、溶液、预混剂、注射液。

【作用与用途】本品是动物专用的广谱抗生素,抗菌谱与甲砜霉素相似,但抗菌活性优于甲砜霉素。对溶血性巴氏杆菌、多杀性巴氏杆菌、猪胸膜肺炎放线杆菌高度敏感,对链球菌、耐甲砜霉素的痢疾志贺氏菌、伤寒沙门氏菌、克雷伯氏菌、大肠杆菌及耐氨苄西林流感嗜血杆菌敏感。细菌可产生耐药,与甲砜霉素有交叉耐药。

本品用于治疗猪、鸡、牛、鱼类敏感菌所致的感染,如猪的放线菌性胸膜肺炎、巴氏杆菌病、伤寒、副伤寒等;鸡的白痢、禽霍乱、大肠杆菌病等;牛的巴氏杆菌、嗜血杆菌呼吸道感染,奶牛乳腺炎;鱼类的细菌性败血症、鱼疖病、肠炎及赤皮病等。

【应用注意】①本品毒副作用小,安全范围大,使用推荐剂量不引起骨髓抑制或再生障碍性贫血,但有胚胎毒性,妊娠动物禁用。②与甲氧苄啶合用产生协同作用。③肌内注射有一定刺激性,应作深层分点注射。④休药期:粉剂和溶液,猪 20 d,鸡 5 d,鱼类 28 d;预混剂,猪 14 d;注射液,猪 14 d,鸡 28 d。产蛋鸡禁用。

【用法与用量】以氟苯尼考计:内服,每千克体重,猪、鸡 20～30 mg,每天 2 次,连用 3～5 d。混饮,每升水,鸡 100 mg,连用 3～5 d。肌内注射,一次量,每千克体重,猪、鸡 20 mg,每隔 48 h 1 次,连用 2 次。拌料,一次量,每千克体重,鱼类 10～15 mg,每天 1 次,连用 3～5 d。以氟苯尼考预混剂计,混饲,每 1 000 kg 饲料,猪 1 000～2 000 g,连用 7 d。

学习单元 5   人工合成抗菌药

抗菌药物除了上述抗生素之外,还有许多人工方法合成的抗菌药,主要包括磺胺类、喹诺酮类和喹噁啉类等药物。

一、磺胺类药物及其增效剂

磺胺类药物是最早人工合成的抗菌药物,具有抗菌谱较广、性质稳定、使用方便、有多种制剂可供选择等优点,但同时也有抗菌作用较弱、细菌易产生耐药性、用药量大、疗程偏长等不足。磺胺类药物与其增效剂联合使用后,抗菌效力大大增强,使得磺胺药治疗感染性疾病仍具有良好的疗效,目前在兽医临床上仍广泛应用。

磺胺类药物与对氨基苯甲酸(PABA)竞争二氢叶酸合成酶,妨碍敏感菌叶酸合成,影响核酸合成,从而抑制细菌的生长和繁殖,因此属于广谱慢效抑菌剂。磺胺类药物抗菌作用范围广,对大多数革兰氏阳性菌和阴性菌都有抑制作用,对某些放线菌、衣原体和某些原虫如球虫、疟原虫、卡氏住白细胞虫、弓形虫也有较好的抑制作用。磺胺类药物对螺旋体、结核杆菌、立克次体、病毒等完全无效。细菌易对本类药物产生耐药性,与同类药物之间有交叉耐药,但与其他抗菌药物之间无交叉耐药。

磺胺类药物通常分为肠道易吸收、肠道难吸收和外用磺胺药,这三类分别用于全身感染、消化道感染和外用局部感染。如磺胺嘧啶(SD)、磺胺噻唑(ST)、磺胺喹噁啉(SQ)、磺胺二甲嘧啶(SM$_2$)、磺胺异噁唑(SIZ)、磺胺甲噁唑(SMZ)、磺胺间甲氧嘧啶(SMM)、磺胺对甲氧嘧啶(SMD)等肠道易吸收的磺胺药,适用于全身感染;磺胺脒(SG)、琥磺噻唑(SST)、酞磺噻唑(PST)等肠道难吸收的磺胺药,适用于肠道感染;磺胺醋酰钠(SA-Na)、磺胺嘧啶银(烧伤宁,SD-Ag)等外用磺胺药,适用于局部创伤和烧伤感染。磺胺类药物的剂型多样,给药方式多种。除外用和肠道难吸收的磺胺药外,全身使用的剂型有片剂、散剂、可溶性粉、溶液剂、混悬剂、注射剂等。本类药物不宜与局麻药普鲁卡因、苯唑卡因、丁卡因等合用,以免降低疗效。磺胺药钠盐注射液使用时,宜深层肌内注射或缓慢静脉注射,忌与酸性药物如维生素 C、氯化钙、青霉素等配伍。

磺胺类药物在体内经肝脏代谢的产物乙酰磺胺溶解度低,易在泌尿道中析出结晶,出现结晶尿、血尿和蛋白尿等,使用时最好同时给予碳酸氢钠以碱化尿液,增加磺胺药的溶解度。本类药物还可使产蛋鸡产蛋下降、蛋破损率和软壳率增高。长期大剂量应用可引起肠道菌群失调,影响 B 族维生素和维生素 K 的合成和吸收,也可影响叶酸的代谢和利用。在临床使用中应注意以下几点:①合理制定给药疗程,连续使用时间不要超过 5 d,同时尽量选用含有增效剂的磺胺类药物;②在治疗肠道疾病时,应选用肠内吸收率较低的磺胺类药物,使肠内浓度高而增进疗效,同时血液中浓度低,毒性较小;③细菌的酶系统与对氨基苯甲酸的亲和力远比与磺胺的亲和力强,使用磺胺类药物首次倍量;④为减少或预防不良反应的发生,使用时宜增加饮水量,必要时配合使用碳酸氢钠,并注意补充维生素。当不良反应严重时,除停止用药外,也应立即内服或静注碳酸氢钠、生理盐水或葡萄糖注射液等,以加快药物的排泄。

磺胺嘧啶(Sulfadiazine,SD)

【基本概况】本品为白色或类白色的结晶粉末,无臭、无味,几乎不溶于水,其钠盐易溶于水,常制成片剂、预混剂、注射液。

【作用与用途】本品抗菌力较强,对各种感染的疗效较高,副作用小,是磺胺类药物中抗菌作用较强的品种之一,对溶血性链球菌、肺炎双球菌、脑膜炎双球菌、沙门氏菌、大肠杆菌等大多数革兰氏阳性菌和部分革兰氏阴性菌作用强,对衣原体和某些原虫也有效,但对金黄色葡萄球菌作用较差。

本品适用于各种动物敏感病原体所致的全身感染,如马腺疫、坏死杆菌病、牛传染性腐蹄病、猪萎缩性鼻炎、链球菌病、仔猪水肿病、弓形虫病、羔羊多发性关节炎、兔葡萄球菌病、鸡传染性鼻炎、副伤寒、球虫病、鸡卡氏住白细胞虫病,也常作为治疗脑部细菌感染的首选药物;还可用于治疗鲤科鱼类的赤皮病、肠炎病,海水鱼链球菌病。

【应用注意】①本品内服易吸收,体内代谢的乙酰化物在尿中溶解度较低,易引起血尿、结晶尿等。②磺胺嘧啶钠注射液遇酸类可析出结晶,故不可与四环素、卡那霉素、林可霉素等配伍应用,也不宜用 5% 葡萄糖液稀释;普鲁卡因等某些含对氨基苯甲酰基的药物在体内可生成PABA 及酵母片中含有细菌代谢所需要的 PABA,可降低抗菌作用,均不宜合用;肾毒性较大,与呋塞米等利尿剂合用可增加肾毒性。③常与甲氧苄啶制成复方磺胺嘧啶预混剂、混悬液、注射液,可增强抗菌作用,用于家畜敏感菌及猪弓形虫感染。④休药期:片剂,牛 28 d;复方预混剂,猪 5 d,鸡 1 d;复方混悬液,鸡 1 d;钠盐注射液,牛 10 d,羊 18 d,猪 10 d,弃奶期 3 d;复方注射液,牛、羊 12 d,猪 20 d,弃奶期 2 d。

【用法与用量】以磺胺嘧啶计:内服,一次量,每千克体重,家畜首次量 0.14～0.2 g,维持量 0.07～0.1 g,每天 2 次,连用 3～5 d。混饲,一天量,每千克体重,猪 15～30 mg,连用 5 d;鸡 25～30 mg,连用 10 d。混饮,每升水,鸡 80～160 mg,连用 5～7 d。肌内注射,一次量,每千克体重,家畜 20～30 mg,每天 1～2 次,连用 2～3 d。拌饵投料,每千克体重,鱼类 100 mg,连用 5 d。以磺胺嘧啶钠计,静脉注射,一次量,每千克体重,家畜 50～100 mg,每天 1～2 次,连用 2～3 d。

磺胺二甲嘧啶(Sulfadimidine,SM₂)

【基本概况】本品为白色或微黄色的结晶或粉末,无臭,味微苦,几乎不溶于水,在稀酸或稀碱溶液中易溶,其钠盐易溶于水,常制成片剂、注射剂。

【作用与用途】本品抗菌谱与磺胺嘧啶相似,抗菌作用稍弱于磺胺嘧啶,对球虫和弓形虫也有抑制作用。

本品主要用于敏感病原体引起的感染,如巴氏杆菌病、乳腺炎、子宫内膜炎、兔和禽球虫病、猪弓形虫病;也用于水产动物的竖鳞病、赤皮病、弧菌病、烂鳃病、白头白嘴病、白皮病、疖疮病和鳗鲡的赤鳍病等的防治,以及孢子虫等感染。

【应用注意】①因其乙酰化率较低,乙酰化物的溶解度高,不易造成肾脏损害。②本品治疗水产动物细菌性肠炎、赤皮病、烂鳃病时,最好全池遍洒漂白粉或强氯精等消毒剂。③休药期:片剂,牛 10 d,猪 15 d,禽 10 d;注射液,28 d。片剂,水产动物 14 d。

【用法与用量】内服,一次量,每千克体重,家畜,首次量 0.14～0.2 g,维持量 0.07～0.1 g,每天 1～2 次,连用 3～5 d。静脉注射,一次量,每千克体重,家畜 50～100 mg,每天 1～2 次,连用 2～3 d。拌饵投料,一次量,每千克体重,鱼类细菌病 100～300 mg,连用 4～6 d;鱼孢子虫、鞭毛虫等原虫病 1 000～1 500 mg,连用 4 d;龟、鳖类 400～600 mg,连用 5～7 d。

磺胺间甲氧嘧啶(Sulfamonomethoxine,SMM)

【基本概况】本品又称磺胺-6-甲氧嘧啶、制菌磺、长效磺胺 C,为白色或类白色的结晶性粉末,无臭,无味,不溶于水,其钠盐易溶于水,常制成片剂、注射液。

【作用与用途】本品为体内、外抗菌作用最强的磺胺药,与甲氧苄啶合用抗菌增强明显,对金黄色葡萄球菌、化脓性链球菌和肺炎链球菌等大多数革兰氏阳性菌和大肠杆菌、沙门氏菌、流感嗜血杆菌、克雷伯氏杆菌等革兰氏阴性菌均有较强抑制作用,对球虫、弓形虫、卡氏住白细胞原虫等也有显著作用。

本品用于敏感病原体引起的感染,如呼吸道、消化道、泌尿道感染及球虫病、猪弓形虫病、鸡卡氏住白细胞虫病、禽和兔球虫病等。局部灌注用于治疗乳腺炎和子宫内膜炎。也用于水产动物竖鳞病、赤皮病、弧菌病、烂鳃病、白头白嘴病、白皮病、疖疮病和鳗鲡的赤鳍病等的防治,以及孢子虫等感染。

【应用注意】①本品不良反应较小,体内的乙酰化率低,乙酰化物在尿中溶解度较大,不易引起泌尿道损害。②细菌产生耐药性较慢。③休药期 28 d,水产动物 14 d。

【用法与用量】内服,一次量,每千克体重,家畜,首次量 50～100 mg,维持量 25～50 mg,每天 2 次,连用 3～5 d。静脉注射,一次量,每千克体重,家畜 50 mg,每天 1～2 次,连用 2～3 d。拌饵投料,一次量,每千克体重,鱼类细菌病 50～200 mg,连用 4～6 d;鱼孢子虫、鞭毛虫等原虫病 800～1 000 mg,连用 4 d;龟、鳖类 300～500 mg,连用 5～7 d。

磺胺对甲氧嘧啶 (Sulfamethoxydiazine,SMD)

【基本概况】本品又称磺胺-5-甲氧嘧啶,为白色或微黄色的结晶或粉末,无臭,味微苦,几乎不溶于水,在氢氧化钠试液中易溶,微溶于稀盐酸、乙醇。其钠盐易溶于水,常制成片剂、预混剂、注射剂。

【作用与用途】本品抗菌范围广,对化脓性链球菌、沙门氏菌和肺炎杆菌等革兰氏阳性菌和阴性菌均有良好的抗菌作用,抗菌作用弱于磺胺间甲氧嘧啶。对球虫也有抑制作用。

本品主要用于敏感病原体引起的泌尿道、呼吸道、消化道、皮肤、生殖道感染和球虫病;也用于水产动物竖鳞病、赤皮病、弧菌病、烂鳃病、白头白嘴病、白皮病、疖疮病和鳗鲡的赤鳍病等的防治,以及孢子虫等感染。

【应用注意】①本品不良反应较小,乙酰化率较低,乙酰化物在尿中的溶解度较高。②常与甲氧苄啶或二甲氧苄啶制成复方的片剂、预混剂使用。③休药期:28 d,弃奶期 7 d;水产动物 14 d。

【用法与用量】以磺胺对甲氧嘧啶计:内服,一次量,每千克体重,家畜,首次量 50～100 mg,维持量 25～50 mg,每天 1～2 次,连用 3～5 d。混饲,每 1 000 kg 饲料,猪、禽 1 000 g。肌内注射,一次量,每千克体重,家畜 15～20 mg,每天 1～2 次,连用 2～3 d。拌饵投料,一次量,每千克体重,鱼类细菌病 50～200 mg,连用 4～6 d;鱼孢子虫、鞭毛虫等原虫病 800～1 000 mg,连用 4 d;龟、鳖类 300～500 mg,连用 5～7 d。

磺胺喹噁啉(Sulfaquinoxaline,SQ)

【基本概况】本品为淡黄色或黄色粉末,无臭,在乙醇中极微溶解,在水或乙醚中几乎不溶,在氢氧化钠试液中易溶。其钠盐易溶于水,常制成粉剂、预混剂。

【作用与用途】本品是抗球虫的专用磺胺药,对鸡各种球虫均有抑制作用,对火鸡、鸭球虫也有效。本品不影响宿主对球虫产生免疫力,其作用峰期在球虫感染后第 4 天,主要抑制第 2 代裂殖体的发育。与氨丙啉或二氢嘧啶类合用效果更好。

本品广泛用于畜禽球虫感染。

【应用注意】①本品对雏鸡有一定的毒性,高浓度(0.1%)药料连喂 5 d 以上,则引起与维生素 K 缺乏有关的出血和组织坏死现象,即使应用推荐药料浓度(125 mg/kg)8～10 d,亦可使鸡红细胞和淋巴细胞减少,因此,连续喂饲不得超过 5 d。②本品能使产蛋率下降,蛋壳变薄,因此,产蛋鸡禁用。③休药期,肉鸡 7 d,火鸡 10 d,牛、羊 10 d。

【用法与用量】以磺胺喹噁啉钠计,混饮,每升水,鸡 300～500 mg,连用 3～5 d。

磺胺氯哒嗪钠(Sulfachlorpyridiazine Sodium)

【基本概况】本品为白色或淡黄色粉末,易溶于水,常制成粉剂。

【作用与用途】本品抗菌谱与磺胺间甲氧嘧啶相似,但抗菌活性弱于磺胺间甲氧嘧啶,对球虫有较强的抑制作用。

本品主要用于猪、鸡大肠杆菌和巴氏杆菌感染等,鸡、兔球虫病的治疗。

【应用注意】①蛋鸡产蛋期禁用,反刍动物禁用。本品不得作为饲料添加剂长期使用,以防中毒和引起维生素缺乏。②休药期,猪 4 d,鸡 2 d。

【用法与用量】以磺胺氯哒嗪钠计,内服,一次量,每千克体重,猪 20～30 mg,连用 5～10 d;鸡 20～30 mg,连用 3～6 d;兔 50 mg,连用 10 d。

磺胺异噁唑(Sulfafurazole,SIZ)

【基本概况】本品又称菌得清,为白色至微黄色结晶性粉末,无臭,味微苦,不溶于水,常制成粉剂。

【作用与用途】本品抗菌活性强于磺胺嘧啶,对葡萄球菌和大肠杆菌的作用明显。

本品主要用于敏感菌引起的泌尿道感染以及禽霍乱、大肠杆菌病等。

【应用注意】①本品乙酰化率低,不易形成结晶尿。②休药期 28 d,弃奶期 7 d。

【用法与用量】以磺胺异噁唑计,内服,一次量,每千克体重,家畜,首次量 200 mg,维持量 100 mg,每天 3 次,连用 3～5 d。

磺胺甲噁唑(Sulfamethoxazole,SMZ)

【基本概况】本品为白色结晶性粉末,无臭,味微苦,不溶于水,常制成片剂。

【作用与用途】本品抗菌谱与磺胺嘧啶相近,但抗菌活性强于磺胺嘧啶。

本品主要用于敏感菌引起的呼吸道、消化道、泌尿道等感染,也用于鲤科鱼类的肠炎病。

【应用注意】①本品乙酰化率高且溶解度低,易出现结晶尿和血尿等。②休药期 28 d,弃奶期 7 d。

【用法与用量】以磺胺甲噁唑计:内服,一次量,每千克体重,家畜,首次量 50～100 mg,维持量 25～50 mg,每天 2 次,连用 3～5 d。拌饵投料,每千克体重,鱼类 100 mg,连用 5～7 d。

磺胺脒(Sulfaguanidine,SG)

【基本概况】本品为白色针状结晶性粉末,无味,微溶于水,溶于沸水,常制成片剂。

【作用与用途】本品是最早用于肠道感染的磺胺药,内服后在肠道中浓度较高,虽有一定量从肠道吸收,但不足以达到有效血浓度,故不用于全身性感染。

本品主要用于消化道细菌性肠炎或菌痢。

【应用注意】①本品不易吸收,但新生仔畜的肠内吸收率高于幼畜。②成年反刍动物少用,因瘤胃内容物可使之稀释而降低药效。③休药期 28 d。

【用法与用量】内服,一次量,每千克体重,家畜 0.1～0.2 g,每天 2 次,连用 3～5 d。

磺胺嘧啶银(Sulfadiazine Silver,SD-Ag)

【基本概况】本品为白色或类白色的结晶性粉末,不溶于水,常制成粉剂。

【作用与用途】本品抗菌谱与磺胺嘧啶相同,对绿脓杆菌抗菌作用强,并具有收敛作用和刺激性小等特点,可使创面干燥、结痂和早期愈合。

本品用于预防烧伤后感染,对已发生的感染则疗效较差。

【应用注意】①本品局部应用治疗创伤时,须将创口中的坏死组织和脓汁清除干净,以免因其含大量对氨基苯甲酸而影响磺胺的疗效。②遇光或遇热易变质,应避光、密封在阴凉处保存。

【用法与用量】外用,撒布于创面或配成 2% 混悬液湿敷。

甲氧苄啶(Trimethoprim,TMP)

【基本概况】本品又称三甲氧苄氨嘧啶、磺胺增效剂,为白色或类白色结晶性粉末,无臭,味苦,几乎不溶于水,易溶于冰醋酸,常制成粉剂、预混剂、片剂、注射液。

【作用与用途】本品抗菌谱与磺胺类药相似,抗菌活性较强,对多种革兰氏阳性菌及阴性菌均有抗菌作用,对磺胺耐药的大肠杆菌、变形杆菌、化脓链球菌等亦有抑制作用,对绿脓杆菌、结核杆菌、猪丹毒杆菌等不敏感,对钩端螺旋体也不敏感。

本品一般不单独作抗菌药使用,常与磺胺药组成复方制剂用于链球菌、葡萄球菌和革兰氏阴性杆菌引起的呼吸道、泌尿道感染及蜂窝织炎、腹膜炎、乳腺炎、创伤感染等。本品可增强磺胺药的作用达数倍至数十倍,甚至出现杀菌作用,而且可减少耐药菌株的产生,对磺胺药有耐药性的菌株也可被抑制,也用于与其他抗菌药物配伍以达到增效作用。

【应用注意】①本品易产生耐药性,不宜单独应用。②毒性虽小,但大剂量长期应用会引起骨髓造血机能抑制,孕畜和初生仔畜的叶酸摄取障碍,应慎用。③与磺胺类药制成的复方注射剂中常含有丙二醇溶媒或较强碱性而刺激性较强,应作深部肌内注射。

【用法与用量】常以 1:5 比例与磺胺药(如 SMD、SMM、SMZ、SD 等)及某些抗菌剂联合应用,按组成的具体复方制剂的计算使用剂量。

二甲氧苄啶(Diaveridine,DVD)

【基本概况】本品又称敌菌净,为白色或微黄色结晶性粉末,几乎无臭,不溶于水,常制成片剂、预混剂。

【作用与用途】本品为动物专用抗菌剂,抗菌机理同 TMP,但抗菌作用稍弱;与磺胺药和抗生素合用,可增强抗菌与抗球虫的作用,且抗球虫作用比 TMP 强。

本品主要用于防治禽、兔球虫病及畜禽肠道感染等,单用也具有防治球虫的作用。

【应用注意】①本品内服吸收较少,常作肠道抗菌增效剂。②毒性比 TMP 低,但大剂量长期应用会引起骨髓造血机能抑制,一般连用不超过 10 d。怀孕初期动物最好不用,蛋鸡产蛋期禁用。

【用法与用量】常按组成的具体复方制剂的计算使用剂量。

二、喹诺酮类药物

喹诺酮类药物是一类化学合成的具有 4-喹诺酮基本结构的杀菌性抗菌药物。本类药物广泛用于禽类、家畜及水生动物的消化、呼吸、泌尿、生殖等系统和皮肤软组织的感染性疾病。

喹诺酮类通过抑制 DNA 螺旋酶作用,阻碍 DNA 合成而导致细菌死亡。

喹诺酮类属静止期杀菌药,尤对大多数革兰氏阴性菌和霉形体高度敏感。氟喹诺酮类药物在应用中应注意以下几方面:①本品对幼龄动物关节软骨有一定损害,使四肢荷重关节出现水疱甚至糜烂,且呈剂量依赖性。②在尿中可形成结晶,损伤尿道,尤其是使用剂量过大或动物饮水不足时更易发生。③剂量过大时可出现胃肠道反应,导致动物食欲下降或废绝,饮欲增加、腹泻等。④可引起过敏反应,如皮肤出现红斑、瘙痒、荨麻疹及光敏反应等。⑤对中枢神经系统引起不安、惊厥等反应。⑥利福平和氟苯尼考可使本类药物的抗菌作用降低,有的甚至完全消失(如萘啶酸、诺氟沙星),所以不宜合用;含阳离子的药物或饲料添加剂可与本类药物结合而影响吸收,应避免合用。⑦应用中要有足够疗程,切忌停药过早而导致疾病复发;长期应用可使大肠杆菌和金黄色葡萄球菌等产生耐药。

恩诺沙星(Enrofloxacin)

【基本概况】本品又称乙基环丙沙星、恩氟沙星,为微黄色或淡橙黄色结晶性粉末,极微溶于水,易溶于氢氧化钠溶液;其盐酸盐、烟酸盐及乳酸盐均易溶于水,且乳酸盐溶解性好于盐酸盐,常制成溶液、可溶性粉、注射液和片剂。

【作用与用途】本品为动物专用的广谱抗菌药,对大肠杆菌、沙门氏菌、嗜血杆菌、多杀性巴氏杆菌、溶血性巴氏杆菌、变形杆菌、葡萄球菌、链球菌、丹毒杆菌、化脓棒状杆菌、嗜水气单胞菌、荧光极毛杆菌、鳗弧菌有良好作用,对绿脓杆菌、厌氧菌作用较弱;对某些细菌的体外抗菌作用弱于环丙沙星;对支原体、衣原体有良好作用,尤其对支原体病有特效,比泰乐菌素和泰妙菌素的作用强。本品的作用有明显的浓度依赖性,血药浓度大于 8 倍 MIC 时可发挥最佳效果,且有明显抗菌后效应。

本品广泛用于猪、禽类、犊牛、羔羊、犬、猫和水产动物的敏感细菌、支原体引起的消化、呼吸、泌尿、生殖等系统和皮肤软组织的感染性疾病。

【应用注意】①本品临床使用安全性好,但可影响幼龄动物关节软骨发育,且成年牛不宜内服,马肌内注射有一过性刺激性。②可偶发结晶尿和诱导癫痫发作,肝肾受损的水产动物、癫痫犬和肉食动物应慎用;还可引起呕吐、腹痛、腹胀,皮肤出现红斑、瘙痒、荨麻疹及光敏反应等。③与氨基糖苷类、广谱青霉素有协同作用,与利福平、氟苯尼考有拮抗作用;不宜与含钙、镁、铁等多价金属离子药物或饲料合用,以防影响吸收。④休药期,牛、羊、兔 14 d,猪 10 d,鸡8 d,产蛋鸡禁用。

【用法与用量】以恩诺沙星计:混饮,每升水,鸡 50～75 mg,连用 3～5 d。内服,一次量,每千克体重,犬、猫 2.5～5 mg,禽 5～7.5 mg,每天 2 次,连用 3～5 d。肌内注射,一次量,每千克体重,牛、羊、猪 2.5 mg,犬、猫、兔 2.5～5 mg,每天 1～2 次,连用 2～3 d。拌饵投料,每千克体重,淡水鱼类 10～50 mg,连用 3～5 d;海水鱼类 20～50 mg,连用 3～5 d。

环丙沙星（Ciprofloxacin）

【基本概况】本品盐酸盐和乳酸盐为白色或微黄色结晶性粉末,均易溶于水,常制成可溶性粉、注射液、预混剂。

【作用与用途】本品为氟喹诺酮类中抗菌作用较强者,抗菌谱、抗菌活性和耐药性等与恩诺沙星相似,对某些细菌的体外抗菌作用略强于恩诺沙星。

本品用于畜禽细菌性疾病和支原体感染,如鸡的慢性呼吸道病、大肠杆菌病、传染性鼻炎、禽巴氏杆菌病、禽伤寒、葡萄球菌病、仔猪黄痢、仔猪白痢等;也用于治疗鳗鱼顽固性细菌性疾病和预防鳖细菌性疾病感染。

【应用注意】①本品内服吸收不如恩诺沙星,如犬内服生物利用度约为恩诺沙星的 50％;肌内注射吸收迅速与完全,与恩诺沙星相似。②与氨基糖苷类抗生素、磺胺类药合用对大肠杆菌或葡萄球菌有协同作用,但会增加肾毒性作用(如出现结晶尿、血尿),仅限于重症及耐药时应用。③盐酸环丙沙星与小檗碱预混剂或维生素 C 磷酸酯酶制成的预混剂,常用于防治鳗鱼和鳖的细菌性疾病感染。④犬、猫高剂量使用可出现中枢神经反应,雏鸡大剂量则出现强直和痉挛。⑤休药期:乳酸环丙沙星注射液,牛 14 d,猪 10 d,禽 28 d,弃奶期 84 h;盐酸环丙沙星注射液,畜、禽 28 d;乳酸环丙沙星可溶性粉,禽 8 d。产蛋鸡禁用。

【用法与用量】以环丙沙星计:混饮,每升水,禽 40～80 mg,每天 2 次,连用 3 d。肌内注射,一次量,每千克体重,家畜 2.5 mg,禽 5 mg。静脉注射,家畜 2 mg,每天 2 次,连用 2～3 d。混饲,每千克饲料,鳗鱼 1.5 g,鳖 0.05 g,连用 3～5 d。

诺氟沙星（Norfloxacin）

【基本概况】本品又称氟哌酸,为类白色或淡黄色结晶性粉末,无臭,味微苦,极微溶于水,略溶于二甲基甲酰胺,其烟酸和乳酸盐溶于水,常制成粉剂、溶液、片剂、注射液。

【作用与用途】本品抗菌谱与恩诺沙星相似,而抗菌活性弱于后者。对大肠杆菌、变形杆菌、沙门氏杆菌、肺炎杆菌、流感杆菌等作用较强,对葡萄球菌、肺炎球菌、溶血链球菌、绿脓杆菌作用差。

本品用于猪和禽类的敏感菌及支原体所致的感染性疾病,如鸡的大肠杆菌病、鸡白痢、禽巴氏杆菌病、鸡慢性呼吸道病,仔猪黄痢、仔猪白痢等;也用于水产养殖中的细菌性感染疾病,如鳗鲡的赤腮病、烂腮病,鳖的红脖子病、烂皮病等。外用可治疗皮肤、创伤及眼部的敏感菌感染。

【应用注意】①烟酸诺氟沙星注射液肌内注射有一过性刺激。②细菌对本品的耐药现象明显。③休药期:烟酸诺氟沙星,猪、鸡 28 d;乳酸诺氟沙星,鸡 8 d。鸡产蛋期禁用。

【用法与用量】以诺氟沙星计:混饮,每升水,鸡 50～100 mg,连用 3～5 d。肌内注射,一次量,每千克体重,仔猪 10 mg,每天 2 次,连用 3～5 d。

达氟沙星（Danofloxacin）

【基本概况】本品又称单诺沙星,其甲磺酸盐为白色至淡黄色结晶性粉末,无臭,味苦,易溶于水,常制成粉剂、溶液、注射液。

【作用与用途】本品为动物专用广谱抗菌药,抗菌谱与恩诺沙星相似,尤其对畜禽的呼吸道致病菌有很好的抗菌活性,对溶血性巴氏杆菌、多杀性巴氏杆菌、胸膜肺炎放线杆菌和支原体等作用较强。

本品是治疗畜禽呼吸系统感染的理想药物,主要用于敏感病原体引起的猪、鸡和牛呼吸系统感染,如猪放线杆菌性胸膜炎、猪肺疫、鸡慢性呼吸道病和禽霍乱等。

【应用注意】休药期,猪 25 d,鸡 5 d,蛋鸡产蛋期禁用。

【用法与用量】以达氟沙星计:内服,每千克体重,鸡 2.5～5 mg,每天 1 次,连用 3 d。混饮,每升水,鸡 25～50 mg,每天 1 次,连用 3 d。肌内注射,一次量,每千克体重,猪 1.25～2.5 mg,每天 1 次,连用 3 d。

二氟沙星（Difloxacin）

【基本概况】本品又称双氟沙星,其盐酸盐为类白色或淡黄色结晶性粉末,无臭,味微苦,微溶于水,常制成粉剂、溶液、片剂、注射液。

【作用与用途】本品为动物专用广谱抗菌药,抗菌谱与恩诺沙星相似,抗菌活性略低。对畜禽呼吸道致病菌有良好的活性,尤其对葡萄球菌的活性较强;对多种厌氧菌也有抑制作用。

本品用于猪和禽类消化系统、呼吸系统、泌尿系统的敏感细菌感染及霉形体感染,如猪放线杆菌性胸膜肺炎、猪肺疫、仔猪白痢、鸡的慢性呼吸道病、鸡大肠杆菌病等。

【应用注意】①本品内服、肌内注射吸收均好,猪比鸡吸收完全。②休药期,猪 45 d,鸡 1 d。

【用法与用量】以二氟沙星计:内服,一次量,每千克体重,鸡 5～10 mg,每天 2 次,连用 3～5 d。肌内注射,一次量,每千克体重,猪 5 mg,每天 1 次,连用 3 d。

沙拉沙星（Sarafloxacin）

【基本概况】本品盐酸盐为类白色至淡黄色结晶性粉末,无臭,味微苦,不溶于水,在氢氧化钠溶液中溶解,常制成可溶性粉、溶液、注射液和片剂。

【作用与用途】本品为动物专用广谱抗菌药,抗菌谱与恩诺沙星相似,而抗菌活性比恩诺沙星和环丙沙星稍低,强于二氟沙星。在猪体内对链球菌、大肠杆菌有较长抗菌后效应。对鱼的杀鲑产气单胞菌、杀鲑弧菌、鳗弧菌等也有效。

本品用于猪、鸡敏感菌及支原体等所致的感染性疾病,如常用于猪和鸡的大肠杆菌病、沙门氏菌病、支原体病、链球菌病和葡萄球菌感染等;也用于鱼的敏感菌感染性疾病,如鱼的烂鳃病、肠炎等。

【应用注意】①本品内服和肌内注射吸收较好,组织中药物浓度常超过血药浓度,无残留。

②本品不得与碱性物质或碱性药物混用。③休药期,猪、鸡 0 d,蛋鸡产蛋期禁用。

【用法与用量】以沙拉沙星计:混饮,每升水,鸡 50～100 mg,连用 3～5 d。内服,一次量,每千克体重,鸡 5～10 mg,每天 1～2 次,连用 3～5 d。肌内注射,一次量,每千克体重,猪、鸡 2.5～5 mg,每天 2 次,连用 3～5 d。

氟甲喹(Flumequine)

【基本概况】本品为白色或类白色粉末,常制成粉剂。

【作用与用途】本品为动物专用抗菌药,对大肠杆菌、沙门氏菌、巴氏杆菌、变形杆菌、克雷伯氏菌、假单胞菌、鲑单胞菌、鳗弧菌等敏感,对支原体也有抑制作用。

本品主要用于革兰氏阴性菌所引起的畜禽消化道和呼吸道感染。

【应用注意】①低毒,对水生动物及畜禽安全。②休药期 0 d,产蛋鸡禁用。

【用法与用量】以氟甲喹计,内服,一次量,每千克体重,马、牛 1.5～3 mg,羊 3～6 mg,猪 5～10 mg,禽 3～6 mg,首次量加倍,每天 2 次,连用 3～4 d。

三、喹噁啉类药物

本类药物均属喹噁啉-N-1,4-二氧化物的衍生物,主要有卡巴氧、乙酰甲喹、喹乙醇和喹烯酮等。在使用本类药物时,注意禁止同抗生素合用,并严格按规定剂量使用,尤其是雏鸡、鸭,超量使用易中毒。

乙酰甲喹(Mequindox)

【基本概况】本品又称痢菌净,黄色结晶或黄色粉末,无臭,味微苦,微溶于水。

【作用与用途】本品为动物专用抗菌药,属于我国一类兽药,抗菌谱广,对革兰氏阴性菌的作用强于革兰氏阳性菌,对密螺旋体也有较强作用,为治疗猪密螺旋体痢疾的首选药。

本品主要用于猪的密螺旋体痢疾、仔猪黄痢、白痢,也可用于犊牛腹泻、副伤寒、鸡白痢、禽大肠杆菌病。

【应用注意】①本品治疗量对鸡、猪无不良影响,但使用剂量高于临床治疗量 3～5 倍,或长期应用可引起毒性反应,甚至死亡,家禽尤为敏感。②休药期,牛、猪 35 d。

【用法与用量】内服,一次量,每千克体重,牛、猪 5～10 mg。肌内注射,一次量,每千克体重,猪、牛 2.5～5 mg,鸡 2.5 mg。每天 2 次,连用 3 d。

喹乙醇(Olaquindox)

【基本概况】本品又称奥喹多司,为浅黄色结晶性粉末,无臭,味苦,微溶于冷水,在热水中溶解,常制成预混剂。

【作用与用途】本品为抗菌促生长剂,对革兰氏阴性菌如巴氏杆菌、鸡白痢、沙门氏菌、大肠杆菌及变形杆菌等作用较强,对革兰氏阳性菌如金黄色葡萄球菌、链球菌、密螺旋体有抑制作用,对革兰氏阳性菌的作用优于金霉素,且对四环素、氨苄西林等耐药菌株仍有效;还可促进蛋白质同化,提高饲料转化率与瘦肉率,促进动物生长。

本品主要用于猪的促生长,也可用于防治仔猪黄痢、白痢,猪沙门氏菌感染和密螺旋体性痢疾等。

【应用注意】①鱼、禽禁用本品;猪比禽耐药性好,但仔猪超量易中毒,体重超过 35 kg 的猪禁用。②人接触本品后可引起光敏反应,因此使用时手和皮肤不得接触药物。③据报道,本品可能有致癌和致突变作用。④本品加热时易溶于水,但水温降低时放置一定时间可析出结晶,故不宜通过加热助溶的办法混饮给药,最好通过饲料或内服给药。⑤休药期,猪 35 d。

【用法与用量】以喹乙醇计,混饲,每 1 000 kg 饲料,猪 50～100 g。

四、其他人工合成抗菌药

甲硝唑(Metronidazole)

【基本概况】本品又称甲硝咪唑、灭滴灵,为白色或微黄色的结晶或结晶性粉末,有微臭,味苦而略咸,微溶于水,常制成片剂和注射液。

【作用与用途】对大多数专性厌氧菌,包括拟杆菌属、梭状杆菌属、产气荚膜梭菌、粪链球菌等有良好抗菌作用,还具有抗滴虫及阿米巴原虫的作用,对需氧菌或兼性厌氧菌无效。

本品主要用于治疗厌氧菌引起的系统或局部感染,如腹腔、口腔、消化道、下呼吸道、皮肤及软组织等部位的厌氧菌感染,对鸡的弧菌性肝炎、坏死性肠炎有较好的疗效;也用于治疗牛的毛滴虫病、动物的贾第鞭毛虫病、火鸡组织滴虫病、禽的毛滴虫病等。

【应用注意】①本品可能对啮齿动物有致癌作用,孕畜和哺乳期母畜慎用。②本品仅作治疗药物使用,禁用于所有食品动物的促生长作用。

【用法与用量】内服,一次量,每千克体重,牛 60 mg,犬 25 mg,每天 2 次,连用 3～5 d。混饮,每升水,禽 500 mg,连用 7 d。静脉滴注,每千克体重,牛 75 mg,马 20 mg,每天 1 次,连用 3 d。

小檗碱(Berberine)

【基本概况】本品又称黄连素,其盐酸或硫酸盐为黄色结晶性粉末,无臭,味极苦,溶于水,常制成片剂、注射液。

【作用与用途】本品抗菌谱广,对溶血性链球菌、金黄色葡萄球菌、霍乱弧菌、脑膜炎球菌、志贺菌属、伤寒杆菌、白喉杆菌等作用较强,对流感病毒、阿米巴原虫、钩端螺旋体、某些皮肤真菌也有一定抑制作用。细菌易产生耐药性,与青霉素、链霉素等无交叉耐药性。

本品盐酸盐用于敏感菌所致的胃肠炎、细菌性痢疾等肠道感染,其硫酸盐则用于敏感菌所致的全身感染。

【应用注意】①本品的盐酸小檗碱静脉注射或滴注可引起血管扩张、血压下降等反应,只内服应用,但内服可引起呕吐、溶血性出血症状。②硫酸小檗碱用于肌内注射,若注射液遇冷析出结晶,可浸入热水中溶解后使用。③休药期,硫酸小檗碱注射液,猪 28 d。

【用法与用量】盐酸小檗碱片,内服,一次量,马 2～4 g,牛 3～5 g,羊、猪 0.5～1 g。硫酸小檗碱注射液,肌内注射,一次量,马、牛 0.15～0.4 g,羊、猪 0.05～0.1 g。

乌洛托品(Methenamine)

【基本概况】本品又称六亚基四胺,为无色或有光泽的结晶或白色结晶性粉末,几乎无臭,易溶于水,常制成注射液。

【作用与用途】本品本身无抗菌作用,在酸性尿液中缓慢水解成氨和甲醛,甲醛能使蛋白质变性而发挥非特异抗菌作用。本品还可增大血脑屏障的通透性作用。

本品主要用于尿道感染。常配合抗生素或其他药物治疗脑炎、破伤风等。

【应用注意】①使用本品时宜加服氯化铵,使尿液酸化;含镁或钙的制酸药,碳酸酐酶抑制剂,枸橼酸盐、碳酸氢钠以及噻唑类利尿药可使尿液变成碱性,影响本品疗效;与磺胺类药物并用时,会增加结晶尿的危险。②对胃肠道有刺激作用,长期应用可出现排尿困难。③休药期 0 d。

【用法与用量】静脉注射,一次量,马、牛 15～30 g,羊、猪 5～10 g,犬 0.5～2 g。

学习单元 6 抗支原体抗生素

支原体又称霉形体,主要侵害畜禽类呼吸道和生殖系统,还能引起关节炎、眼部感染等。畜禽霉形体感染在世界范围内流行,我国畜禽的霉形体感染也同样构成越来越严重的威胁。如何有效地防治这类微生物感染,已成为不容忽视的问题。目前尚无有效疫苗,国内外常以抗支原体药物防治畜禽霉形体感染。兽医临床常用的抗支原体药物包括大环内酯类药物(泰乐菌素、吉他霉素等)、四环素类药物(土霉素、四环素、多西环素等)、氟喹诺酮类药物(环丙沙星、恩诺沙星、达氟沙星、二氟沙星和沙拉沙星等),除了这些在前面已经介绍的药物,泰妙菌素等抗支原体药物在临床上也较为常用。

泰妙菌素(Tiamulin)

【基本概况】本品又称支原净、泰妙灵,为白色或淡黄色结晶粉,轻微臭味,易溶于水、干燥品稳定,常制成粉剂。

【作用与用途】本品抗菌谱与大环内酯类抗生素相似,对支原体的作用强于大环内酯类。主要抗革兰氏阳性菌,对金黄色葡萄球菌、链球菌、支原体、猪胸膜肺炎放线杆菌、猪痢疾密螺旋体等均有较强的抑制作用,但对革兰氏阴性菌尤其是肠道菌作用较弱。泰妙菌素为抑菌性抗生素,高浓度对敏感菌有杀菌作用。

本品常用于预防和治疗鸡、火鸡的支原体病、慢性呼吸系统疾病,猪喘气病、传染性胸膜肺炎,猪密螺旋体病等;也用作动物促生长饲料添加剂。

【应用注意】①本品禁止与莫能菌素等聚醚离子载体类抗生素抗球虫药联合使用。②本品有刺激性,避免与皮肤或黏膜接触。③休药期,猪、鸡5 d,蛋鸡产蛋期禁用。

【用法与用量】以泰妙菌素计:混饮,每升水,鸡125～250 mg,连用3 d;猪45～60 mg,连用5 d。混饲,每1 000 kg饲料,猪40～100 g,连用5～10 d。

学习单元7 抗真菌药

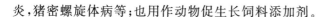

真菌是真核类微生物,种类繁多,分布广泛,感染后可引起动物不同的临床症状。根据感染部位可分为浅表部和深部感染。浅表部真菌感染主要侵害皮肤、羽毛、趾甲、鸡冠、肉髯,引起各种癣病,多发生于马、牛、羊、猪、犬、兔和禽亦有发生,有些病在人、畜之间还可相互传染。深部真菌感染主要侵害深部组织及内脏器官,如念珠菌病、犊牛霉菌性肺炎、牛真菌性子宫炎、雏鸡和雏火鸡的曲霉菌性肺炎等。浅表部真菌感染的发病率要高于深部真菌感染,浅表部真菌感染的治疗多采用抗真菌药局部应用,如咪唑类中的酮康唑、克霉唑等,抗深部真菌感染药物如两性霉素B,但其毒性大,限制了它的应用。目前,我国批准在兽医临床上应用的只有水杨酸及其软膏制剂。

两性霉素 B(Amphotericin B)

【基本概况】本品为黄色或橙黄色粉末,无臭或几乎无臭,无味,有引湿性,在日光下易破坏失效,在水和无水乙醇中不溶,常制成粉针。

【作用与用途】本品为广谱抗真菌药,对荚膜组织胞浆菌、新隐球菌、白色念珠菌、球孢子菌、皮炎芽生菌、黑曲霉菌等真菌都有抑制作用,是治疗全身性深部真菌感染首选药。

本品主要用于治疗真菌引起的全身性深部感染,也可用于预防白色念珠菌感染及各种真菌的局部炎症,如雏鸡嗉囊真菌感染、其他动物的爪和甲的真菌感染。

【应用注意】①本品毒性较大,不良反应较多。静脉注射中可能出现震颤、高热和呕吐等,治疗过程中可引起肝、肾损害,贫血和白细胞减少等,肝、肾功能不良的动物禁用。②治疗时应先用低剂量,若无不良反应再逐渐增大剂量。③本品与多种药物有配伍禁忌,最好单独使用,不要与其他药物随意配伍合用。④本品对光、热不稳定,应于15℃以下避光存放。

【用法与用量】静脉注射,一次量,每千克体重,犬、猫0.15～0.5 mg,隔天1次或每周3次,总剂量为4～11 mg。外用,0.5%溶液,涂敷或注入局部皮下,或用其3%软膏。

制霉菌素(Nystatin)

【基本概况】本品为淡黄色微细结晶性粉末,有引湿性,在水中微溶,常制成片剂。

【作用与用途】本品抗真菌作用与两性霉素B基本相同,对多种真菌有抑制作用,也能抑

制或杀死酵母菌。其毒性较两性霉素 B 更大,不宜用于全身感染

本品用于治疗胃肠道和局部真菌感染,也用于皮肤黏膜的白色念珠菌病,如对烟曲霉菌所致的雏鸡肺炎和酵母菌、分枝孢子菌属、二曲霉菌属等所引起的乳腺炎、子宫炎等有显著疗效。

【应用注意】①本品静脉注射和肌内注射毒性较大。②制霉菌素在正常使用下不宜与其他药物配伍联用。

【用法与用量】内服,一次量,马、牛 250 万～500 万 U,羊、猪 50 万～100 万 U,犬 5 万～15 万 U,每天 2 次。混饲,治疗家禽白色念珠菌病,每千克饲料,50 万～100 万 U,连续饲喂 1～3 周;治疗雏鸡曲霉菌病,每 100 羽 50 万 U,每天 2 次,连用 2～4 d。乳管内注入,一次量,每个乳室,牛 10 万 U。子宫内灌入,马、牛 150 万～200 万 U。

酮康唑(Ketoconazole)

【基本概况】本品为白色结晶性粉末,不溶于水,常制成片剂和软膏。

【作用与用途】本品具有高效、广谱的特点,其作用机理主要是通过抑制真菌麦角甾醇的生物合成,影响细胞膜的通透性而抑制其生长。对皮肤霉菌、酵母菌、类球孢子菌等均有较好作用。

本品可用于治疗犬、猫等动物的球孢子菌病、组织胞浆菌病、隐球菌病、芽生菌病,也可用于防治皮肤真菌感染。

【应用注意】①本品在酸性条件下较易吸收,对胃酸不足的动物应同服稀盐酸;抗酸药如氢氧化铝、氢氧化镁可降低酮康唑的血药浓度,使酮康唑的溶解减少,在胃肠道的吸收可减少 60%。②两性霉素 B 与酮康唑联用能增强体外抗新生隐球菌和荚膜组织胞浆菌的作用,两者联用治疗隐球菌病的疗效优于两者单用。③病毒性感染如疱疹、痘等禁用。

【用法与用量】内服,一次量,每千克体重,马 3～6 mg,犬、猫 5～10 mg,每天 1 次,连用 1～6 个月。

水杨酸(Salicylic Acid)

【基本概况】本品又称柳酸,为白色细微的针状结晶或白色结晶性粉末,无臭或几乎无臭,味微甜,微溶于水,溶于沸水,常制成溶液、软膏。

【作用与用途】本品有抗真菌和细菌作用,但抗真菌作用较强。在 1%～2% 浓度时有角质增生作用,能促进表皮的生长;10%～20% 浓度时可溶解角质,对局部有刺激性。在体表真菌感染时,可使软化的皮肤角质层脱落,并将菌丝随之脱出,而有一定程度的治疗作用。与其他抗真菌药合用则更有效。

本品用于霉菌性皮肤感染和肉芽创的治疗。苯甲酸与水杨酸按 2∶1 比例配伍联用,用于角质溶解及浅表真菌感染。

【应用注意】①本品重复涂敷可引起刺激,所以不可大面积涂敷,以免吸收中毒;皮肤破损处禁用。②本品内服对胃黏膜刺激性强,仅外用。

【用法与用量】外用,配成 1‰的醇溶液或软膏,涂敷患处。

学习单元 8　抗病毒药

在畜牧养殖业中,病毒感染的发病率与传播速度要远远大于其他病原体所引起的疾病,严重危害畜禽健康,影响畜牧业发展,甚至危害到了人们的健康。目前尚未有对病毒作用可靠、疗效确实的药物,对于病毒性疾病主要靠疫苗预防。兽医临床不主张对食品动物使用抗病毒药,因为食品动物大量使用可能导致病毒产生耐药性,使人类的病毒病治疗失去药物资源。在动物病毒性疾病治疗中目前逐步试用的抗病毒药主要有金刚烷胺、吗啉胍、利巴韦林和干扰素等。我国目前也试用中草药,如黄芪、板蓝根、大青叶、金银花等对一些病毒感染性疾病进行防治。

金刚烷胺(Amantadine)

【基本概况】本品盐酸盐为白色结晶或结晶性粉末,易溶于水和乙醇。

【药理作用】本品的抗病毒谱较窄,主要对某些 RNA 病毒(黏病毒、副黏病毒、流感病毒)有抑制作用。本品能特异性地抑制甲型流感病毒,对其敏感株有明显的化学预防效应,大剂量时也可抑制 B 型流感病毒。本品的抗病毒作用无宿主特异性。

【应用注意】①体外和临床应用期间均可诱导耐药毒株的产生。②有报道本品在动物试验中有致畸作用。

【试用】内服,一次量,每千克体重,马 20 mg,连用 11 d,发现减少了试验性攻毒的流感病毒的脱壳,未见明显毒性反应。

吗啉胍(Moroxydine,ABOB)

【基本概况】本品又称病毒灵,其盐酸盐为白色结晶性粉末,易溶于水。

【药理作用】本品为一种广谱抗病毒药,其作用机理主要是抑制 RNA 聚合酶的活性及蛋白质的合成。对流感病毒、副流感病毒、呼吸道合胞体病毒等 RNA 病毒有作用,对 DNA 型的某些腺病毒也有一定的抑制作用。

【试用】兽医临床试用于犬瘟热和犬细小病毒的防治。内服,一次量,每千克体重,犬 20 mg,每天 2 次。混饮,每升水,犬 100～200 mg,连用 3～5 d。

利巴韦林(Ribavirin)

【基本概况】本品又称病毒唑、三氮唑核苷,为白色结晶性粉末,易溶于水。

【药理作用】本品是广谱抗病毒药,对 RNA 病毒及 DNA 病毒均有抑制作用,作用机理是其进入被病毒感染的细胞后迅速磷酸化,竞争性抑制病毒合成酶,损害病毒 RNA 和蛋白质的合成,抑制病毒的复制。体外对流感病毒、副流感病毒、环状病毒(如蓝舌病毒)、疱疹病毒(如牛鼻气管炎病病毒)、新城疫病毒、水泡性口炎病毒、轮状病毒和猫嵌杯样病毒有抑制作用。

【试用】可试用于犬、猫的一些病毒性感染。肌内注射,一次量,每千克体重,犬、猫 5 mg,每天 2 次,连用 3～5 d。

黄芪多糖(Astragalus Polysacharin, APS)

【基本概况】本品是黄芪的干燥根经浓缩提取而成的干燥粉末,为棕黄色粉末,味微甜,具引湿性,常制成注射液。

【药理作用】黄芪是中药益气药,黄芪多糖是黄芪发挥作用的主要成分。本品能诱导机体产生干扰素,调节机体免疫功能,促进抗体形成。动物试验可见白细胞及多核白细胞明显增加。试验研究表明,对小鼠 I 型副流感病毒感染有轻度的保护作用。

【试用】可试用于鸡传染性法氏囊病等病毒病。黄芪多糖注射液每支 100 mL,含黄芪多糖 1 g。肌内或皮下注射,一次量,每千克体重,鸡 2 mL,每天 1 次,连用 2 d,有一定疗效。

学习单元 9　抗微生物药物的合理使用

一、正确诊断,严格掌握药物适应证

抗菌药的使用是对疾病的对因治疗,正确诊断是合理选择抗菌药物的前提,如果对动物的病因没有确切的诊断结果,使用抗菌药就显得无的放矢。应避免在无指征或指征不强的前提下使用抗菌药物。而正确的诊断可以找出致病菌,并选择对病原菌有效的药物。在诊断疾病过程中,细菌学的诊断针对性更强,细菌的药物敏感性试验及联合药敏试验与临床疗效的符合率为 70%～80%。在临床应尽可能地作细菌学的分离鉴定和药敏试验。每种抗菌药物都有其各自的抗菌谱和相应的适应症,在疾病确诊后必须按适应症选择抗菌作用强、临床疗效好、不良反应少的抗菌药物。确定病原微生物后,根据药物的抗菌谱、活性、药动学特征、不良反应、药源、价格等情况,选择合适的药物。

二、制定合理的给药方案

1.掌握药物药动学和药效学特征

抗菌药在机体内发挥抗病原体作用的前提是在靶组织或器官内达到有效的药物浓度,并能维持一定的时间,衡量剂量是否适宜的指标通常是有效血药浓度。血中有效浓度的维持时间受药物在体内吸收、分布、代谢和排泄的影响,因而应在考虑各种药物的药动学以及药效学特征的基础上制定合理的给药方案。对于一些毒性较大、用药时间较长的药物,最好通过血药浓度检测,作为用药的参考,从而保证药物的疗效并减少不良反应的发生。

2.选择合适的给药途径

合适的给药途径是药物取得疗效的保证,也是治疗危急病畜成功的关键因素。给药途径应根据药物本身的特性、剂型和病情的需要而定。注射剂常用于急性严重病例或内服吸收缓慢的药物;内服剂型常用于慢性疾患,特别是消化道感染或驱虫;局部给药多用于子宫、乳管内注入或眼、耳内滴入等。各种给药方式也可以结合起来使用,例如在治疗严重的消化道感染并发败血症、菌血症时,除了内服抗菌药物,往往还要配合注射治疗。

3.控制合适的剂量

抗菌药物的剂量,应根据病原体对选用药物的敏感程度,病情的缓急、轻重和患畜体质的强弱而定。剂量过小,不易控制感染,易产生耐药菌株;剂量过大往往出现毒性反应,而疗效不能相应增加,还造成浪费。

4.要有足够的疗程

药物在体内不断代谢,足够的疗程才能保证有效血药浓度的时间,达到彻底消除病因的效果。疗程的长短应根据病情的长短而定。一般传染病和感染症应连续用药 3～5 d,直至症状消失后再用 1～2 d,切忌停药过早而导致疾病复发。对某些慢性病或特殊病如结核病,则应根据病情需要而延长疗程。

三、防止耐药性的产生

随着抗菌药物的广泛应用,细菌的耐药性问题也日益严重,为防止抗菌药耐药菌株的产生,应做到以下几点:①严格掌握用药指征,不滥用抗菌药。所用药物用量充足,疗程适当。②单一抗菌药物有效时就不采用联合用药。③尽可能避免局部用药和滥作预防用药。④病因不明者,切勿轻易使用抗菌药。⑤尽量减少长期用药。⑥确定为耐药菌株感染,应改用对病原菌敏感的药物或采取联合用药。

四、防止药物的不良反应

应用抗菌药物治疗动物疾病的过程中,既要密切注意药效,也要注意可能出现的不良反应。肝、肾功能不全的患病动物在使用易引起肝脏代谢或肾脏消除的药物时,应调整给药剂量或延长给药时间间隔,尽量避免药物的蓄积中毒;体质差的、老龄和幼龄动物的用药剂量应适当减少;处于妊娠期动物的用药,应考虑药物是否会影响到幼龄动物的发育。此外,随着畜牧业的高度集约化,应注意大量使用抗菌药造成的动物源性食品中药物的残留问题,各种饲养场排泄物中药物的残留给生态环境造成的污染问题。

五、抗菌药物的联合应用

抗菌药物的联合应用,目的在于提高疗效,减少用量,降低或避免毒性反应,防止或延缓耐药菌株的产生等。

为了获得联合用药的协同作用,必须根据抗菌药的作用特性和机理进行选择。目前一般将抗菌药分为 4 大类:第一类为繁殖期或速效杀菌剂,如青霉素、头孢菌素类等;第二类为静止期或慢效杀菌剂,如氨基糖苷类、多黏菌素类等;第三类为速效抑菌剂,如四环素类、大环内酯类、酰胺醇类等;第四类为慢效抑菌剂,如磺胺类等。第一类和第二类合用一般可获得增强作用,如青霉素和链霉素合用,前者使细菌细胞壁的完整性破坏,使后者更易进入菌体内发挥作用。第一类与第三类合用则可出现拮抗作用,如青霉素与四环素合用,由于后者使细菌蛋白质合成受到抑制,细菌进入静止状态,因此青霉素便不能发挥抑制细胞壁合成的作用。第一类与第四类合用,可能无明显影响。第二类与第三类合用常表现为相加作用或协同作用。表 3-1 列出了抗菌药物可能有效的组合。

表 3-1　抗菌药物可能有效的组合(仅供参考)

病原菌	抗菌药物的联合应用
革兰氏阳性菌和革兰氏阴性菌	青霉素 G+链霉素,SMZ+TMP 或 DVD,卡那霉素或庆大霉素+氨苄西林或四环素
金黄色葡萄球菌	苯唑西林+庆大霉素,头孢菌素+庆大霉素,大环内酯类+庆大霉素或阿米卡星,杆菌肽+β-内酰胺类
肠球菌属	青霉素 G+庆大霉素
大肠杆菌	庆大霉素+四环素、氨苄西林或头孢菌素,多黏菌素+四环素类、庆大霉素、氨苄西林或头孢菌素类,β-内酰胺类+酶抑制剂
变形杆菌属	四环素类+卡那霉素或庆大霉素、氨苄西林或羧苄西林,SMZ+TMP 或 DVD
绿脓杆菌	多黏菌素 B 或多黏菌素 E+四环素类、庆大霉素或氨苄西林,庆大霉素+羧苄西林,氟喹诺酮类+庆大霉素
其他革兰氏阴性杆菌(肠杆菌科)	氨基糖苷类+β-内酰胺类
厌氧菌	甲硝唑+青霉素 G、林可霉素

▣ 复习思考题

一、选择题

1. 下列药物中属于头孢菌素类药物的是(　　　)。
   A. 青霉素钠　　　　　　　　　B. 氨苄西林
   C. 头孢氨苄　　　　　　　　　D. 阿莫西林
2. 下列哪种药物不作增效剂?(　　　)
   A. 喹烯酮　　　　　　　　　　B. TMP
   C. 乙氧酰胺苯甲酯　　　　　　D. 克拉维酸钾
3. 下列哪种药物对动物有促生长作用?(　　　)
   A. 青霉素　　　　　　　　　　B. 四环素
   C. 喹乙醇　　　　　　　　　　D. 呋喃唑酮
4. 下列哪种药物对球虫病有作用?(　　　)
   A. 盐霉素　　　　　　　　　　B. 甲砜霉素
   C. 青霉素　　　　　　　　　　D. 恩诺沙星

5.下列选项中不属于氨基糖苷类药物的是(   )。

    A.庆大霉素　　　　　　　　B.丁胺卡那霉素

    C.新霉素　　　　　　　　　D.土霉素

6.下列药物中属于临床治疗暴发型流行性脑脊髓膜炎首选药的是(   )。

    A.头孢氨苄　　　　　　　　B.磺胺嘧啶

    C.头孢拉定　　　　　　　　D.青霉素 G

7.下列药物中属于抑制细菌细胞壁合成的药物是(   )。

    A.四环素　　　　　　　　　B.多黏菌素

    C.青霉素　　　　　　　　　D.磺胺嘧啶

8.下列药物中属于抑制细菌脱氧核糖核酸合成的药物是(   )。

    A.青霉素 G　　　　　　　　B.磺胺甲噁唑

    C.头孢他啶　　　　　　　　D.环丙沙星

9.下列药物中属于影响细菌蛋白质合成的药物是(   )。

    A.阿莫西林　　　　　　　　B.红霉素

    C.多黏霉素　　　　　　　　D.氨苄西林

10.下列哪种药物为动物专用药?(   )

    A.红霉素　　　　　　　　　B.青霉素

    C.泰乐菌素　　　　　　　　D.庆大霉素

二、简答题

1.简述抗菌药物的作用机制。

2.简述细菌对抗菌药物产生耐药性的机理。

3.简述"化疗三角"之间的关系。

4.根据抗菌谱及化学结构,抗生素的分类有哪些? 每类分别列举出两种药物。

5.β-内酰胺类抗生素主要包括哪两类药物? 简述其作用与临床应用。

6.人工合成抗菌药主要有哪几类? 每类分别列举出两种药物。

7.磺胺类药物可以分为哪些类? 在临床使用磺胺药时应注意哪些方面?

8.请列举出几种试用于防治病毒感染的药物,简述其主要作用。

9.简述畜禽细菌感染的选药原则。

10.如何合理联合应用抗微生物药物?

学习情境 4
抗寄生虫药物

▶知识目标◀

　　理解抗寄生虫药物的临床意义、宿主-虫体-药物三者之间的关系。
　　掌握抗寄生虫药物的分类、应用注意事项及使用原则。
　　掌握抗蠕虫药、抗原虫药和杀虫药物的作用特点、临床应用。
　　在实践生产中能够合理应用抗寄生虫药物。

▶技能目标◀

　　学会药物对离体猪蛔虫的抗虫作用观察。

学习单元 1　概　述

　　抗寄生虫药是指用来驱除或杀灭畜禽体内、外寄生虫的药物。畜禽患有寄生虫病是一种普遍存在的现象。有些寄生虫病一旦流行可引起大批畜禽死亡;慢性者可使幼畜生长发育受阻,役畜使役能力下降,肉的质量、乳和蛋的产量、皮毛的质量降低。此外,某些寄生虫病属人畜共患病,能直接危害人体的健康甚至生命安全。寄生虫病多为群发性疾病,合理选用抗寄生虫药是防治畜禽寄生虫病综合措施中的一个重要环节,对发展牧畜业和保护人类健康具有重要意义。

一、药物分类

　　抗寄生虫药根据其主要作用特点和寄生虫的分类不同,可分为抗蠕虫药、抗原虫药和杀虫药。抗蠕虫药(驱虫药)分为驱线虫药、驱绦虫药和驱吸虫药;抗原虫药分为抗球虫药、抗锥虫药、抗焦虫药(抗梨形虫药)和抗滴虫药;杀虫药又称杀昆虫药和杀蜱螨药。

二、作用机理

1. 抑制虫体内的某些酶

某些抗蠕虫药能抑制虫体内酶的活性,使虫体的代谢发生障碍。如左旋咪唑、硫双二氯酚、硝硫氰胺和硝氯酚等能抑制虫体内的琥珀酸脱氢酶(延胡索酸还原酶)的活性,阻碍延胡索酸还原为琥珀酸,阻断 ATP 的产生,导致虫体缺乏能量而致死;有机磷与胆碱酯酶结合,使之丧失水解乙酰胆碱的能力,使虫体内乙酰胆碱蓄积,引起虫体兴奋、痉挛,最后麻痹死亡。

2. 干扰虫体的代谢

某些抗寄生虫药能直接干扰虫体内的物质代谢过程。如三氮脒等能抑制 DNA 的合成,从而影响原虫的生长繁殖;氯硝柳胺能干扰虫体氧化磷酸化过程,影响 ATP 的合成,使绦虫缺乏能量,头节脱离肠壁而排出体外;苯并咪唑类药物抑制虫体微管蛋白的合成,影响酶的分泌,抑制虫体对葡萄糖的利用,引起虫体死亡。

3. 作用于虫体内的受体

某些抗寄生虫药作用于虫体内的受体,影响虫体内递质与受体的正常结合。如噻嘧啶等能与虫体的胆碱受体结合,产生与乙酰胆碱相似的作用,且其作用较乙酰胆碱强而持久,引起虫体肌肉剧烈收缩,导致痉挛性麻痹;哌嗪有箭毒样作用,使虫体肌细胞膜超极化,引起弛缓性麻痹;阿维菌素类则能促进 γ-氨基丁酸的释放,使神经肌肉传递受阻,导致虫体产生弛缓性麻痹,最终可引起虫体死亡或排出体外。

4. 干扰虫体内离子的平衡或转运

如聚醚类抗球虫药能与 Na^+、K^+、Ca^{2+} 等金属阳离子形成亲脂性复合物,使其自由穿过细胞膜,使子孢子和裂殖子中的阳离子大量蓄积,导致水分过多地进入细胞,使细胞膨胀变形,细胞膜破裂,引起虫体死亡。

三、应用注意事项

为了保证抗寄生虫药在使用过程中安全有效,应正确认识药物、寄生虫和宿主的相互关系,遵守抗寄生虫药的使用原则。

1. 宿主

畜禽的种属、年龄不同,对药物的反应也不同。如禽对敌百虫敏感,马对噻咪唑较敏感等。畜禽的个体差异、性别也会影响到抗寄生虫药的药效或产生不良反应。体质强弱,遭受寄生虫侵袭程度与用药后的反应也有关。同时,地区不同,寄生虫病种类不一,流行病学季节动态规律也不一致。

2. 寄生虫

虫种很多,对不同宿主危害程度不一,且对药物的敏感性反应亦有差异,就广谱驱虫药来讲,也不是对所有寄生虫都有效。因此,对混合感染,为了扩大驱虫范围,在选用广谱驱虫药的基础上,根据感染范围,几种药物配伍应用,很有必要。寄生虫的不同发育阶段对药物的敏感性有差异,为了达到防止传播,彻底驱虫的目的,必须间隔一定的时间进行二次或多次驱虫。

另外,轮换使用抗寄生虫药是避免产生耐药性的有效措施之一。

3.药物

药物的种类、剂型、给药途径、剂量等不同,产生的抗虫作用也不一样。另外,剂量大小、用药时间长短,与寄生虫产生耐药性也有关。

四、使用原则

(1)尽量选择广谱、高效、低毒、便于投药、价格便宜、无残留或少残留、不易产生耐药性的药物。

(2)必要时联合用药。

(3)准确掌握剂量和给药时间。

(4)混饮投药前应禁饮,混饲前应禁食,药浴前应多饮水等。

(5)大规模用药时必须作安全试验,以确保安全。

(6)应用抗寄生虫药后,必须经过一定的休药期,以防止在畜禽组织中残留某种药物过多而威胁人体的健康和影响公共卫生。如内服左旋咪唑的休药期,牛为 $2\sim3$ d,猪为 3 d。

五、理想抗寄生虫药的条件

(1)高效性。用量小而疗效高,一次用药驱净率至少超过 70%,二次或以上用药驱净率应在 95% 以上,抗寄生虫药应对成虫、幼虫、虫卵都有抑杀作用。

(2)广谱。多数动物的蠕虫病均属混合感染,尽量选用对数种蠕虫都有效的抗蠕虫药,如吡喹酮(血吸虫、绦虫)、硫双二氯酚(片形吸虫、绦虫)、甲苯唑咪(多数线虫、绦虫)、左咪唑(几乎所有线虫)。

(3)安全性大。常用治疗指数(LD_{50}/ED_{50})>3 者可用。

(4)无残留或很快排出、无蓄积性、虫不易产生耐药性。

(5)给药途径方便。可以通过饮水、混饲、喷雾、浇泼等途径给药。

(6)适口性好,无特臭。

(7)药价低廉。

学习单元 2　抗蠕虫药

抗蠕虫药是指能驱除或杀灭畜禽体内寄生蠕虫的药物,又称驱虫药。

一、驱线虫药

目前我国已合成许多广谱、高效和安全的新型驱线虫药,大致分为 6 类。

(1)抗生素类:如伊维菌素、阿维菌素、多拉菌素、依立菌素、莫西菌素、越霉素 A 和潮霉素 B。

(2)苯并咪唑类:塞苯咪唑、丙硫苯咪唑、甲苯咪唑、硫苯咪唑、丁苯咪唑、苯双硫脲、丙氧苯咪唑、丙噻苯咪唑等。

(3)咪唑并塞咪唑类:左咪唑、四咪唑。

(4)四氢嘧啶类:噻嘧啶、甲噻嘧啶、羟嘧啶。

(5)有机磷化合物:敌百虫、敌敌畏、哈罗松。

(6)其他:乙胺嗪、碘噻氰胺和硫砷胺钠等。

(一)有机磷酸酯类

敌百虫(Dipterex)

【基本概况】本品为白色结晶粉或小粒,氯仿味,易溶于水,水溶液呈酸性反应,性质不稳定,使用前宜新鲜配制。敌百虫在碱性水溶液中易转化成敌敌畏而使毒性增强。兽用敌百虫为敌百虫精制品。

【作用与用途】敌百虫驱虫范围广,内服或肌内注射对消化道内的大多数线虫及少数吸虫有良好的效果,如蛔虫、血矛线虫、毛首线虫、食道口线虫、仰口线虫、圆形线虫、姜片吸虫等。也可用于马胃蝇蛆、羊鼻蝇蛆等。敌百虫杀灭体表及环境中外寄生虫的作用也很强。外用可杀死疥螨,对蚊、蝇、蚤、虱等昆虫有胃毒和接触毒作用,对钉螺、血吸虫卵和尾蚴也有显著的杀灭效果。敌百虫驱虫的机理是通过与虫体内胆碱酯酶结合,使酶失去活性,乙酰胆碱在虫体内蓄积,使虫体肌肉先兴奋、痉挛,随后麻痹死亡。

【毒性作用】敌百虫对哺乳动物的毒性较低,但由于安全范围小,应用过量容易引起中毒。家畜中毒是由于大量胆碱酯酶被抑制,使体内乙酰胆碱蓄积而出现胆碱能神经兴奋性增高症状。各种动物对敌百虫的敏感性不同,以猪、马较能耐受,羊次之,牛较敏感,宜慎用;家禽最敏感,不宜应用;幼畜较成年家畜感受性高。奶牛不宜使用,食用动物屠宰前休药期 7 d。

【应用注意】禽、羊较敏感,牛对其反应较大,一般不用,2 周龄犊牛禁用。皮下、肌内注射较内服反应大。粗制品比精品毒性稍大。春季比秋季反应大。碱性大的水可使之分解为敌敌畏,毒性增强。须防止肉食品中药物残留,乳牛不宜使用,各种动物休药期为 7 d。

【用法与用量】敌百虫片,0.3 g,0.5 g。内服,一次量,每千克体重,牛 20～40 mg,极量 15 g/头;马 30～50 mg,极量 20 g/匹;绵羊、猪 80～100 mg,极量 5 g/只(头);山羊 50～70 mg,极量 5 g/只;犬 75 mg。

敌敌畏

【作用与用途】广谱杀虫、驱虫药。①杀虫:对外寄生虫及三蝇(马胃蝇、牛皮蝇、羊鼻蝇)具有胃毒(经消化道吸收、中毒死亡)、接触毒(虫体体表接触或封闭气门、中毒死亡)和熏杀(气门吸入中毒)作用。杀虫力较敌百虫强 8～10 倍,但对人畜毒性也较大,且易被皮肤吸收而中毒,使用时应注意。杀灭体表蚊蝇,以 0.5％溶液 1 L/100 m² 喷于地面和墙壁,在药液中加糖效果更佳(即含糖 1.2％药液)。②驱虫:对猪蛔虫、食道口线虫、毛首线虫和红色猪圆线虫,马的副蛔虫、圆形线虫,牛羊胃肠道主要寄生线虫均有效。

国内市售的为 80％敌敌畏乳油,用水稀释后使用。国外已研制敌敌畏聚氯乙烯树脂颗粒剂,内服后逐渐释放出敌敌畏而在胃肠道内发挥驱虫作用。宿主吸收少而慢,安全范围增大,可保证驱虫药效和提高对家畜的安全范围。其主要用于猪、马、犬。

哈罗松（海罗松）

本品主要驱除牛、羊胃肠线虫，对大肠线虫驱虫效果较弱，除对鹅外，对多数畜禽较安全。

（二）咪唑并噻唑类

左旋咪唑（Levamisole）

【基本概况】本品又名左咪唑、左噻咪唑，其盐酸盐或磷酸盐为白色结晶，易溶于水，在酸性溶液中稳定，碱性溶液中易水解失效。

【作用与用途】本品属广谱驱线虫药。可抑制虫体延胡索酸还原酶的活性，阻断延胡索酸还原为琥珀酸，干扰虫体糖代谢过程，致虫体内 ATP 生成减少，导致虫体麻痹。用药后，宿主最初排出尚有活动性虫体，晚期排出的虫体则死去甚至腐败。

左咪唑可驱除各种动物体内的线虫，对成虫和某些线虫的幼虫均有效。

本品具有明显的免疫增强作用，通过刺激淋巴组织的 T 细胞系统，增强淋巴细胞对有丝分裂原的反应，提高淋巴细胞活性物质的产生，增加淋巴细胞数量，并增强巨噬细胞和嗜中性粒细胞的吞噬作用，从而对宿主具有明显的免疫兴奋作用。用于调节免疫的剂量约为治疗量的 1/3。

【不良反应】本品对牛、羊、猪、禽安全范围较大，马较敏感，对骆驼十分敏感，绝对禁止使用。左旋咪唑中毒时，表现胆碱酯酶抑制剂过量而产生的 M-样症状与 N-样症状，可用阿托品解救。注射时有较强刺激作用，尤以盐酸左咪唑为甚，磷酸左咪唑刺激性稍弱。

【用法与用量】盐酸左咪唑片，25 mg、50 mg。内服，一次量，每千克体重，牛、羊、猪 7.5 mg，犬、猫 10 mg，禽 25 mg。休药期，牛 2 d，猪、羊 3 d，泌乳期禁用。

盐酸左咪唑注射液，2 mL：0.1 g；5 mL：0.25 g；10 mL：0.5 g。皮下、肌内注射，用量同左咪唑片。休药期，牛 14 d，羊 28 d，泌乳期禁用。

（三）苯并咪唑类

本类药物是广谱、高效、低毒的抗蠕虫药，主要对线虫具有较强的驱杀作用，有的对成虫、幼虫均有作用，有些还具有杀虫卵作用。治疗剂量对幼龄、患病或体弱家畜都不会产生副作用。苯并咪唑类药物对人类也可引起与动物同样的潜在危害，应引起人们的注意。

阿苯达唑（Albendazole）

【基本概况】本品又名丙硫苯咪唑、抗蠕敏，为白色或类白色粉末，无臭，无味，水中不溶，冰醋酸中溶解。

【作用与用途】本品为广谱、高效、低毒的新型驱虫药，对动物肠道线虫、绦虫、多数吸虫等均有效，可同时驱除混合感染的多种寄生虫。其驱虫机理是能抑制虫体内延胡索酸还原酶的活性，影响虫体对葡萄糖的摄取和利用，ATP 产生减少，使虫体内贮存的糖原耗竭，导致虫体肌肉麻痹而死亡。

【不良反应】本品的毒性非常小,治疗量无任何不良反应,但因马较敏感,不能大剂量连续应用。对动物长期毒性试验观察,本品有胚胎毒和致畸胎作用,但无致突变和致癌作用。因此,妊娠家畜慎用,牛、羊妊娠前期禁用,产奶期禁用。肉用动物屠宰前休药期 14 d。

【用法与用量】丙硫苯咪唑片,25 mg,50 mg,200 mg,500 mg。内服,一次量,每千克体重,马 5~10 mg,牛、羊 10~15 mg,猪 5~10 mg,犬 25~50 mg,禽 10~20 mg。

芬苯达唑(苯硫苯咪唑或硫苯咪唑)

【基本概况】本品不溶于水,可溶于二甲基亚砜和冰醋酸。

【作用与用途】本品对胃肠道线虫、网尾线虫(肺线虫)、肝片吸虫和绦虫具有良好的杀虫作用。用于猪,对蛔虫、红色猪圆线虫、食道口线虫具有良好驱虫效果;用于犬,对钩虫、毛首线虫、蛔虫作用明显;用于猫,对蛔虫、钩虫、绦虫均有高效作用;用于牛、羊,对食道口线虫、毛首线虫等多种线虫均有高效作用,对扩展莫尼茨绦虫、贝氏莫尼茨绦虫具有良好驱除效果,对吸虫需用较高剂量。

噻苯唑(噻苯达唑)

本品对多数胃肠道线虫均有高效,对未成熟虫体也有较强作用,还能杀灭排泄物中虫卵及抑制虫卵发育。本品主要用于家畜胃肠道线虫病,对反刍动物和马安全范围大,妊娠母羊对本品耐受性较差。休药期,牛 3 d,羊、猪 30 d。

奥芬达唑(砜苯咪唑)

本品是芬苯达唑在体内发挥驱虫作用的有效产物,驱虫谱与芬苯达唑相同。内服易吸收,但适口性差,混饲时应注意防止因摄入量少而影响驱虫效果。禁用于妊娠早期的羊和产奶期牛、羊。休药期,牛 11 d,羊 21 d。

(四)阿维菌素类

本类药物是由阿维链霉菌产生的一组新型大环内酯类抗生素,是目前应用最广泛的广谱、高效、安全和用量小的理想抗体内寄生虫药,包括阿维菌素、伊维菌素、多拉菌素和依立菌素。

伊维菌素(Ivermectin)

【基本概况】本品又名艾佛菌素、灭虫丁,为白色或淡黄色结晶性粉末,难溶于水,易溶于多数有机溶剂,性质稳定,但易受光线的影响而降解。

【作用与用途】本品具有广谱、高效、低毒等优点,为新型大环内酯类驱虫药。对马、牛、羊、猪、犬胃肠道主要线虫(包括蛔虫)和肺丝虫成虫及其幼虫有效,对马胃蝇和牛皮蝇蛆以及疥螨、痒螨、毛虱、血虱等外寄生虫亦有良效。本品内服、皮下注射均能吸收完全。进入体内的伊维菌素能分布包括皮肤的大多数组织。所以,给药后可驱除体内线虫和体表寄生虫。对左旋咪唑和甲苯咪唑等耐药虫株也有良好的效果。

【应用注意】伊维菌素注射给药时,通常一次即可,对患有严重螨病的家畜每隔 7～9 d,再用药 2～3 次。休药期,牛 35 d,羊 21 d,猪 28 d;牛、羊泌乳期禁用。

【用法与用量】伊维菌素注射液,1 mL:10 mg;5 mL:50 mg。皮下注射,一次量,每千克体重,牛、羊 0.2 mg,猪 0.3 mg。

伊维菌素口服剂,含 0.6% 伊维菌素。混饲,每天每千克体重,猪 0.1 mg,连用 7 d。

二、驱绦虫药

氯硝柳胺(Niclosamide)

【基本概况】本品又名灭绦灵,为黄白色结晶性粉末,无味,不溶于水,稍溶于乙醇,置空气中易呈黄色。

【作用与用途】本品内服后难吸收,毒性小,在肠道内保持较高浓度。抑制绦虫对葡萄糖的吸收,并抑制虫体细胞内氧化磷酸化反应,使三羧酸循环受阻,导致乳酸蓄积而产生杀虫作用。与药物接触 1 h,虫体便萎缩,继而杀灭绦虫的头节及其近段,使绦虫从肠壁脱落而随粪便排出体外。由于虫体常被肠道蛋白酶分解,难以检出完整的虫体。

本品对马的裸头绦虫,牛、羊莫尼茨绦虫、无卵黄腺绦虫、曲子宫绦虫,牛、羊、鹿隧状绦虫,犬的多头绦虫、带属绦虫,鸡的赖利绦虫,鲤鱼的裂头绦虫均有良效,而对犬复孔绦虫不稳定,对牛、羊的前后盘吸虫也有效。本品还可杀灭血吸虫的中间宿主钉螺。

【用法与用量】氯硝柳胺片,0.5 g。内服,一次量,每千克体重,牛 40～60 mg,羊 60～70 mg,犬、猫 80～100 mg,禽 50～60 mg。

硫双二氯酚(Bithionole)

【基本概况】本品又名别丁,为白色或黄色结晶性粉末,难溶于水,易溶于乙醇或稀碱溶液。本品宜密封保存。

【作用与用途】本品降低虫体内葡萄糖分解和氧化代谢过程,特别是抑制琥珀酸的氧化,导致虫体能量不足而死亡。本品对畜禽多种吸虫和绦虫有驱除作用,对牛、羊肝片形吸虫,鹿、牛、羊前后盘吸虫,猪姜片吸虫有效。对反刍动物莫尼茨绦虫、曲子宫绦虫,马裸头绦虫,犬、猫带属绦虫,鸡赖利绦虫,鹅绦虫等也有效。对肝片形吸虫成虫效力高,对童虫效果差,需增加剂量。

内服后,仅少量由消化道迅速吸收,并由胆汁排泄,大部分未吸收的药物由粪便排泄。因此,能够较好地驱除胆道吸虫和胃肠道绦虫。

【应用注意】本品对动物有类似 M-胆碱样作用,可使肠蠕动增强,剂量增大时动物表现食欲减退、短暂性腹泻、乳牛的产奶量和鸡的产蛋率下降,一般不经处理,数日内可自行恢复。马较敏感,家禽中鸭比鸡敏感,用药时宜注意。

【用法与用量】硫双二氯酚片,0.25 g,0.5 g。内服,一次量,每千克体重,牛 40～60 mg,马 10～20 mg,猪、羊 80～100 mg,犬、猫 200 mg,鸡 100～200 mg,鸭 30～50 mg。

氢溴酸槟榔碱（Arecoline Hydrobromide）

【基本概况】本品为白色或淡黄色结晶性粉末，味苦，性质较稳定，应置避光容器中保存。

【作用与用途】氢溴酸槟榔碱对绦虫肌肉有较强的麻痹作用，使虫体失去吸附于肠壁的能力，同时可增强宿主肠蠕动，且有利于麻痹虫体迅速排出。

本品主要用于驱除犬细粒棘球绦虫和带属绦虫，也可用于驱除家禽绦虫。

【应用注意】治疗剂量能使犬产生呕吐或腹泻症状，多可自愈。马属动物敏感，猫最敏感，不宜使用，中毒可用阿托品解救。

【用法与用量】氢溴酸槟榔碱片，5 mg，10 mg。内服，一次量，每千克体重，犬 1.5～2 mg，鸡 3 mg，鸭、鹅 1～2 mg。

吡喹酮（Praziquantel）

【基本概况】本品又名环吡异喹酮，为白色或类白色结晶性粉末，水中不溶，易溶于氯仿，能溶于乙醇。本品应遮光密闭保存。

【作用与用途】本品为新型广谱的抗血吸虫药、驱吸虫药和驱绦虫药，主要用于动物的吸虫病、血吸虫病、绦虫病和囊尾蚴病。①吸虫病：能驱杀牛、羊的胰阔盘吸虫和矛形歧腔吸虫，肉食动物的华枝睾吸虫、后睾吸虫、扁体吸虫和并殖吸虫，水禽的棘口吸虫等。②血吸虫病：杀虫作用强而迅速，对童虫作用弱。能很快使虫体失去活性，并使病牛体内血吸虫向肝脏移动，被消灭于肝脏组织中。本品主要用于耕牛血吸虫病，既可内服，也可肌内注射和静脉注射给药，高剂量的杀虫率均在 90% 以上。③绦虫病：能驱杀牛和猪的莫尼茨绦虫、无卵黄腺绦虫、带属绦虫，犬细粒棘球绦虫、复孔绦虫、中线绦虫，家禽和兔的各种绦虫；对牛囊尾蚴、猪囊尾蚴、豆状囊尾蚴、细颈囊尾蚴有显著的疗效。

【不良反应】病猪用药后数天内，体温升高、沉郁、乏力，重者卧地不起、肌肉震颤、减食或停食、呕吐、尿多而频、口流白沫、眼结膜和肛门黏膜肿胀等，可静脉注射碳酸氢钠注射液、高渗葡萄糖溶液以减轻反应。肌内注射局部刺激性大，病牛极度不安，个别牛倒地不起。

【用法与用量】吡喹酮片，0.2 g，0.5 g。内服，一次量，每千克体重，牛、羊、猪 10～35 mg，犬、猫 2.5～5 mg，禽 10～20 mg。

三、驱吸虫药

硝氯酚（Niclofolan）

【基本概况】本品又名拜耳 9015，为深黄色结晶性粉末，无臭，无味，不溶于水，其钠盐易溶于水。本品应遮光密封保存。

【作用与用途】本品可抑制琥珀酸脱氢酶的活性，影响虫体的能量代谢过程而产生驱虫作用。对牛、羊肝片形吸虫成虫有很好的驱杀作用，具有高效、低毒、用量小的特点，是反刍动物肝片形吸虫较理想的驱虫药。对肝片形吸虫的幼虫虽然有效，但需要较高剂量，且不安全。

【不良反应】本品治疗量时无显著毒性，剂量过大可能出现中毒症状，如体温升高、心率加快、呼吸增数、精神沉郁、停食、步态不稳、口流白沫等。可用强心药、葡萄糖及其他保肝药物解救，不可用钙剂，以免增加心脏负担。黄牛对本品较耐受，而羊则较敏感。

【用法与用量】硝氯酚片，0.1 g。内服，一次量，每千克体重，黄牛 3～7 mg，水牛 1～3 mg，乳牛 5～8 mg，牦牛 3～5 mg，羊 3～4 mg，猪 3～6 mg。

硝氯酚注射液，10 mL:0.4 g;2 mL：0.08 g。深层肌内注射，一次量，每千克体重，牛、羊 0.5～1 mg。

硝硫氰胺（Nitrocyanamide）

【基本概况】本品为黄色晶粉，无味，无臭，极难溶于水，可溶于聚乙二醇、二甲基亚砜等，脂溶性很高。

【作用与用途】本品为广谱驱虫药，内服易吸收，分布于全身各个组织器官，胆汁中含量较高。经肝肠循环重新吸收进入血液，因而在血液中维持时间较长。对耕牛各种血吸虫病疗效很好，不良反应轻，优于其他药物。一般给药后 2 周虫体开始死亡，1 个月以后几乎全部死亡。

【不良反应】大部分动物静脉注射给药后，可出现不同程度的呼吸加深加快、咳嗽、步态不稳、失明、身体向一侧倾斜以及消化机能障碍等不良反应。以上反应多能自行耐过，一般经 6～20 h 恢复正常。

【用法与用量】内服，一次量，每千克体重，牛 60 mg。

四、抗蠕虫药的合理选用

本类药物很多，根据蠕虫对药物的敏感性、药物对虫体的作用特点、地区情况，提出首选和次选药物，供临床选用药物参考（表 4-1）。

表 4-1　抗蠕虫药的合理选用

药物	畜别	虫名	首选药	次选药
驱线虫药	马	副蛔虫	枸橼酸哌嗪、双羟萘酸噻嘧啶	敌百虫、甲噻嘧啶、阿苯达唑
		大圆形线虫	噻苯咪唑	双羟萘酸噻嘧啶、甲噻嘧啶
		小圆形线虫	阿苯达唑、枸橼酸哌嗪	
		尖尾线虫	阿苯达唑	敌百虫、甲噻嘧啶
	牛、羊	胃肠道主要线虫	伊维菌素、左旋咪唑、阿苯达唑	敌百虫等
		毛首线虫	盐酸羟嘧啶	
		网尾线虫	左旋咪唑、阿苯达唑	
	猪	蛔虫	左旋咪唑、阿苯达唑	枸橼酸哌嗪、敌百虫
		食道口线虫	噻苯咪唑	枸橼酸哌嗪、敌百虫
		毛首线虫	敌百虫、左旋咪唑、阿苯达唑	枸橼酸哌嗪
		后圆线虫	左旋咪唑	阿苯达唑
		冠尾线虫	左旋咪唑、阿苯达唑	敌百虫
	鸡	蛔虫	左旋咪唑	阿苯达唑、枸橼酸哌嗪
		异刺线虫		

续表 4-1

药物	畜别	虫名	首选药	次选药
驱吸虫药	牛、羊	肝片形吸虫	硝氯酚(治疗)、双酰胺氧醚(预防)	阿苯达唑、硫双二氯酚
		矛形歧腔吸虫	阿苯达唑	吡喹酮
		前后盘吸虫	硫双二氯酚	氯硝柳胺
	猪	姜片吸虫	敌百虫、硫双二氯酚	吡喹酮
驱绦虫药	马	裸头科绦虫	氯硝柳胺	
	牛、羊	莫尼茨绦虫	氯硝柳胺	阿苯达唑、硫双二氯酚

学习单元 3　抗原虫药

抗原虫药可分为抗球虫药、抗锥虫药和抗梨形虫药。

一、抗球虫药

据统计,抗球虫药有 100 多种,目前应用于防治禽类球虫病的药物(国内应用)主要有磺胺类药物和呋喃类药物。临床上主要以预防为主,将抗球虫药混饲定期饲喂,可收到良好的效果。此外,还要进行预防免疫接种,达到防病目的。球虫对大多数抗球虫药都可产生耐药性,其中,对喹啉类药物产生耐药性最快,氯羟吡啶较快,磺胺类、呋喃类、胍类药物居中,氨丙啉、球痢灵较慢;尼卡巴嗪最慢。到目前为止,球虫对莫能菌素仍未产生明显的抗药性。

在使用抗球虫药时,除了选用高效、低毒药,并按规定浓度使用外,还应注意抗球虫药物的作用峰期(指药物主要作用于球虫发育的某个周期)。

> **氨丙啉(Amprolium)**

【基本概况】本品又名氨宝乐,为白色结晶性粉末,易溶于水,可溶于乙醇。

【作用与用途】本品结构与硫胺相似,是硫胺拮抗剂,能抑制球虫硫胺代谢而发挥抗球虫作用。对柔嫩、堆型艾美耳球虫作用最强,对毒害、布氏、巨型、变位艾美耳球虫作用稍差。临床常将氨丙啉与乙氧酰胺苯甲酯、磺胺喹噁啉合用,增强其抗球虫效力。其作用峰期在感染后的第 3 天,即第 1 代裂殖体。

本品具有高效、安全、球虫不易对其产生耐药性等特点,也不影响宿主对球虫产生免疫力,是产蛋鸡的主要抗球虫药。

【应用注意】本品用量过大会使鸡患维生素 B_1(硫胺素)缺乏症,所以禁止与维生素 B_1 同时使用,或在使用本品期间,每千克饲料维生素 B_1 添加量应控制在 10 mg 以下;产蛋期禁用。

【用法与用量】治疗鸡球虫病,以每千克饲料 125~250 mg 混饲,连喂 3~5 d;接着以每千克饲料 60 mg 混饲,再喂 1~2 周。混饮,每升水 60~240 mg。预防鸡球虫病,常使用本品与其他抗球虫药制成的预混剂。

　　盐酸氨丙啉、乙氧酰胺苯甲酯预混剂,500 g:盐酸氨丙啉125 g与乙氧酰胺苯甲酯8 g。混饲,每1 000 kg饲料,鸡500 g。休药期3 d。

　　盐酸氨丙啉、乙氧酰胺苯甲酯、磺胺喹噁啉预混剂,500 g:盐酸氨丙啉100 g、乙氧酰胺苯甲酯5 g与磺胺喹噁啉60 g。混饲,每1 000 kg饲料,鸡500 g。休药期7 d。

二硝托胺(Dinitolmide)

　　【基本概况】本品又名二硝苯甲酰胺、球痢灵,为白色结晶,无味,难溶于水,能溶于乙醇、丙酮,性质稳定。

　　【作用与用途】本品为良好的新型抗球虫药,有预防和治疗作用。尤其对鸡危害最大的毒害艾美耳球虫效果最佳。对火鸡球虫病、家兔球虫病也有效。其作用峰期在球虫第2个无性周期的裂殖体增殖阶段(即感染第3天)。治疗量毒性小,较安全,球虫一般不易产生耐药性。适用于蛋鸡和肉用种鸡,产蛋期禁用,休药期3 d。

　　【用法与用量】二硝托胺预混剂,100 g:25 g;500 g:125 g。混饲,每1 000 kg饲料,鸡500 g。

　　二硝托胺,兔球虫病,内服,每千克体重50 mg,每天2次,连用5 d。

尼卡巴嗪(Nicarbazin)

　　【基本概况】本品为淡黄色粉末,几乎无味,微溶于水、乙醚及氯仿,性质稳定。

　　【作用与用途】本品对鸡柔嫩艾美耳球虫(盲肠球虫)、堆型、巨型、毒害、布氏艾美耳球虫(小肠球虫)均有良好预防效果。其作用峰期在第2代裂殖体(即感染第4天),于感染后48 h用药,能完全抑制球虫发育,若在72 h后给药,则效果降低。据现场试验,高浓度(每1 000 kg饲料超过125 mg)饲喂,其杀灭球虫比抑制球虫的效应更明显,但能影响增重。此外,对其他抗球虫药有耐药性的球虫,本品仍有效。

　　【应用注意】在预防用药过程中,若因大量接触感染性卵囊而暴发球虫病时,应迅速改用磺胺药治疗;盛夏鸡舍应通风降温,若室温达40℃时,用尼卡巴嗪能增加雏鸡死亡率。蛋鸡产蛋期禁用。

　　【用法与用量】尼卡巴嗪,混饲,每1 000 kg饲料,禽125 g。休药期4 d。

　　尼卡巴嗪、乙氧酰胺苯甲酯预混剂,混饲,每1 000 kg饲料,鸡500 g。休药期9 d。

氯羟吡啶(Clopidol)

　　【基本概况】本品又名克球粉、可爱丹,为白色粉末,无臭,不溶于水,性质稳定。

　　【作用与用途】本品对鸡的各种球虫均有效,尤其对柔嫩艾美耳球虫作用最强。其作用峰期是子孢子期(即感染第1天),故作预防药或早期治疗药较为适合。抗虫效果比氨丙啉、球痢灵、尼卡巴嗪好,且无明显毒副作用。缺点是能抑制鸡对球虫的免疫力,球虫对本品易产生耐药性,必须按计划轮换使用其他抗球虫药。氯羟吡啶与甲苄氧喹啉合用,可产生协同效应。本品对兔球虫也有一定的防治效果。蛋鸡产蛋期禁用。

【用法与用量】本品为氯羟吡啶预混剂,100 g:25 g;500 g:125 g。混饲,每 1 000 kg 饲料,鸡 500 g,兔 800 g。休药期,鸡、兔 5 d。

常山酮(Halofuginone)

【基本概况】本品又名速丹,是中药常山中提取的一种生物碱,现已人工合成,为白色或灰白色结晶性粉末,性质稳定。

【作用与用途】本品用量较小,抗球虫谱较广,对鸡多种球虫有效。对刚从卵囊内释出的子孢子,以及第 1、2 代裂殖体均有明显的抑制作用。抗球虫的活性甚至超过聚醚类抗球虫药,与其他抗球虫药物无交叉耐药性。

【应用注意】本品治疗量对鸡、兔较安全,但抑制鸭、鹅生长,应禁用。每千克饲料含常山酮 3 mg 效果良好,6 mg 即影响适口性,部分鸡采食减少,9 mg 则大部分鸡拒食。因此,混料一定要均匀,并严格控制其使用剂量。蛋鸡产蛋期禁用。

【用法与用量】氢溴酸常山酮预混剂,0.6%。混饲,每 1 000 kg 饲料,鸡 500 g。休药期,肉鸡 4 d。

莫能菌素(Monensin)

【基本概况】本品又名瘤胃素、莫能素,其钠盐为白色结晶性粉末,性质稳定,难溶于水。

【作用与用途】本品属聚醚类离子载体抗生素。对子孢子和第 1 代裂殖体都有抑制作用,作用峰期为感染后第 2 天。对鸡柔嫩、毒害、堆型、巨型、布氏、变位艾美耳球虫等 6 种鸡常见球虫均有高效杀灭作用。另外,对革兰氏阳性菌和猪痢蛇形螺旋体也有抑制作用,并可促进动物生长发育,增加体重,提高饲料利用率。临床用于防治鸡、犊牛、羔羊和兔的球虫病。

【应用注意】本品对马属动物毒性较大,禁用;禁止与泰乐菌素、泰妙菌素、竹桃霉素等合用,对饲喂富含硝酸盐饲料的牛、羊不宜用本品,以免发生中毒;产蛋期禁用。

【用法与用量】莫能菌素预混剂,20%。混饲,每 1 000 kg 饲料,禽 90～110 g,兔 20～40 g,羔羊 10～30 g,犊牛 17～30 g。休药期,鸡 3 d。

盐霉素(Salinomycin)

本品为聚醚类离子载体抗生素,多制成 6% 或 10% 预混剂使用。其抗球虫效应与莫能菌素相似,对鸡柔嫩、毒害、堆型艾美耳球虫均有明显效果。另外,盐霉素还可作猪的生长促进剂。10% 盐霉素钠预混剂,混饲,每 1 000 kg 饲料,鸡 600 g。休药期 5 d。

本品安全范围较窄,严格控制用药浓度,否则会引起畜禽的摄食量减少,体重减轻等;对火鸡、鸟类及雏鸭毒性较大,慎用;马属动物禁用;禁与泰妙霉素、竹桃霉素并用;蛋鸡产蛋期禁用。

马杜霉素（Maduramicin）

【基本概况】本品又名加福、抗球王，其铵盐为白色结晶性粉末，不溶于水。其1%预混剂为黄色或浅褐色粉末。

【作用与用途】本品为聚醚类离子载体抗生素，能有效地控制和杀灭鸡柔嫩、巨型、毒害、堆型、布氏、和缓、变位艾美耳球虫，按每千克饲料用药 5 mg，其抗球虫效力优于莫能菌素、盐霉素、尼卡巴嗪和氯羟吡啶等。

抗球虫活性峰期在子孢子和第1代裂殖体（即感染后第1～2天）。对其他聚醚类离子载体抗生素已产生耐药性的球虫仍有效。此外，本品对大多数革兰氏阳性菌和部分真菌有杀灭作用，并有促进生长和提高饲料利用率的作用。

【应用注意】本品只用于肉鸡，对其他动物及产蛋鸡均不适用；为保证药效和防止中毒，药料应充分混匀。

【用法与用量】马杜霉素铵预混剂，100 g∶1 g。混饲，每 1 000 kg 饲料，鸡 5 g。休药期，肉鸡 5 d。

磺胺喹噁啉（Sulfaquinoxaline，SQ）

【基本概况】本品属磺胺类药物，专供抗球虫使用。系黄色粉末，无臭，在乙醇中极微溶解，其钠盐在水中易溶。

【作用与用途】对鸡巨型、布氏和堆形艾美耳球虫作用最强，对柔嫩、毒害艾美耳球虫作用较强，若与氨丙啉、乙氧酰胺苯甲酯合用，可起协同作用。其作用峰期是第2代裂殖体（感染后第4天），不影响宿主对球虫的免疫力，同时具有一定的抗菌作用。

本品主要用于鸡球虫病的治疗，对家兔、羔羊、犊牛球虫病也有治疗效果。

【应用注意】本品对雏鸡毒性较低，但较高浓度（0.1%以上）饲喂 5 d 以上，由于排泄缓慢，可能会引起出血现象，所以连续喂用不超过 5 d。蛋鸡产蛋期禁用。

【用法与用量】磺胺喹噁啉钠可溶性粉，100 g∶10 g。混饮，每升水，鸡 3～5 g。休药期 10 d。

磺胺喹噁啉、二甲氧苄啶预混剂，100 g∶SQ 20 g 与 DVD 4 g。混饲，每 1 000 kg 饲料，鸡 500 g（以磺胺喹噁啉计）。休药期 10 d。

地克珠利（Diclazuril）

【基本概况】本品又名杀球灵、二氯三嗪苯乙腈，为类白色或淡黄色粉末，不溶于水，性质较稳定。

【作用与用途】本品是新型广谱、高效、低毒的抗球虫药，有效用药浓度低。对鸡和鸭球虫病防治效果明显，优于莫能菌素、氨丙啉、尼卡巴嗪、氯羟吡啶等。其作用峰期可能在子孢子和第1代裂殖体早期阶段。

【应用注意】本品药效期短，必须连续用药以防球虫病再次暴发。由于用药浓度极低，药料必须充分拌匀。

【用法与用量】地克珠利预混剂,100 g:0.5 g。混饲,每1 000 kg饲料,禽1 g(按地克珠利计)。

地克珠利溶液,100 mL:0.5 g。混饮,每升水,鸡0.5~1 g(按地克珠利计)。

```
托曲珠利(Toltrazuril)
```

【基本概况】本品又名甲苯三嗪酮、百球清,为无色或浅黄色澄明黏稠液体。市售2.5%托曲珠利溶液,又名百球清。

【作用与用途】本品对家禽的多种球虫有杀灭作用,作用峰期是球虫裂殖生殖和配子生殖阶段。对鹅、鸽球虫及对其他抗球虫药耐药的虫株有效,对哺乳动物球虫、住肉孢子虫和弓形虫也有效。本品安全范围大,用药动物可耐受10倍以上的推荐剂量,不影响鸡对球虫免疫力的产生。

本品主要用于防治鸡球虫病。

【应用注意】药液污染工作人员眼或皮肤时,应及时冲洗;药液稀释后,超过48 h,不宜饮用;药液稀释时应防止析出结晶,降低药效。休药期,鸡8 d。

【用法与用量】混饮,每升水,鸡25 mg,连用2 d。

二、抗锥虫药

危害动物的锥虫有伊氏锥虫(寄生于马、牛、骆驼)、马媾疫锥虫(寄生于马属动物)等。防治本类疾病除应用抗锥虫药物外,平时应重视消灭其传播媒介——吸血昆虫,才能杜绝本病的发生。

```
苏拉明(Suramin)
```

【基本概况】本品又名萘磺苯酰脲、那加诺、那加宁,其钠盐为白色或淡红色粉末,易溶于水,水溶液呈中性。本品性质不稳定,宜临用时配制。

【作用与用途】本品对马、牛、骆驼的伊氏锥虫和马媾疫锥虫均有效。静脉注射9~14 h血中虫体消失,24 h病畜体温下降,血红蛋白尿消失,食欲逐渐恢复。本品可与血浆蛋白结合,在体内停留时间长达1.5~2个月,不仅有治疗作用,还有预防作用,预防期马1.5~2个月,骆驼4个月。用药量不足,虫体可产生耐药性。机体的网状内皮系统在本品的药理作用方面起着重要作用。兴奋网状内皮系统功能的药物如氯化钙等,能提高本品的疗效。

【不良反应】本品安全范围较小,马、驴较敏感,牛次之,骆驼耐受性较大。马使用本品后往往出现荨麻疹,眼睑、唇、生殖器、乳房等处水肿,肛门周围糜烂,蹄叶炎,一时性体温升高,脉搏增数和食欲减退等副作用。黄牛反应很轻,水牛更轻,骆驼一般不见这些反应。为减轻以上副作用,可并用氯化钙、咖啡因等;体弱者将一次量分为两次注射,间隔24 h。用药期间应充分休息,加强饲养管理,适当牵遛。

【用法与用量】临用前用生理盐水配成10%溶液煮沸灭菌。预防可采用一般治疗量,皮下或肌内注射,治疗需静脉注射。治疗伊氏锥虫病时,应于20 d后再注射一次;治疗马媾疫时,于 1～1.5 个月后重复注射。一次量,每千克体重,马 10～15 mg,牛 15～20 mg,骆驼 8.5～17 mg。

喹嘧胺(Quinapyramine)

【基本概况】本品又名安锥赛,有两种,即甲硫喹嘧胺和喹嘧氯胺,均为白色或淡黄色结晶性粉末,无臭,味苦。前者易溶于水,后者难溶于水。本品几乎不溶于有机溶剂。

【作用与用途】本品对伊氏锥虫、马媾疫锥虫等均有杀灭作用,而对布氏锥虫等效果差。其作用主要是抑制虫体代谢,影响虫体细胞分裂。当剂量不足时,锥虫可产生耐药性。

本品可用于马媾疫和马、牛、骆驼的伊氏锥虫病。

【应用注意】马属动物较敏感,应按规定剂量应用,避免引起中毒。本品有刺激性,能引起注射部位肿胀、酸痛、硬结,一般在 3～7 d 后消散。

【用法与用量】注射用喹嘧胺,500 g:喹嘧氯胺 286 mg 与甲硫喹嘧胺 214 mg。肌内、皮下注射,一次量,每千克体重,马、牛、骆驼 4～5 mg。临用时以注射用水配成 10%水悬液,剂量大时可分点注射。

三、抗梨形虫药

家畜梨形虫病是一种寄生于红细胞内由蜱传播的原虫病,多以发热、黄疸和贫血为主要临床症状。

三氮脒(Diminazene Aceturate)

【基本概况】本品又名贝尼尔、血虫净,为黄色或橙黄色结晶性粉末,遇光、热变成橙红色,味微苦,在水中溶解,在乙醇中几乎不溶。

【作用与用途】三氮脒对锥虫、梨形虫和边虫均有作用,是治疗梨形虫病和锥虫病的高效药,但预防作用差。对各种巴贝斯焦虫病和牛瑟氏泰勒梨形虫病治疗作用较好,对牛环形泰勒梨形虫病、边缘无浆体感染也有效。对轻症病例用药 1～2 次即可。对泰勒梨形虫病需用药 1～2 个疗程,每 3～4 d 为一个疗程。对水牛伊氏锥虫病疗效不稳定,对马媾疫锥虫病疗效较好,严重病例可配合对症治疗。剂量不足时锥虫和梨形虫都可产生耐药性。本品与同类药物相比,具有用途广、使用简便等优点,为目前治疗梨形虫病较为理想的药物。

【不良反应】①骆驼对三氮脒敏感,安全范围小,故不宜应用。②水牛比黄牛敏感,治疗量时即可出现轻微反应,连续应用会出现毒性反应,故以一次用药为好。③一般动物治疗量无毒性反应。大剂量时会出现先兴奋继而沉郁、疝痛、尿频、肌颤、流汗、流涎、呼吸困难,牛会出现膨胀、卧地不起、体温下降甚至死亡。轻度反应数小时后会自行恢复,严重反应时需用阿托品和输液等对症治疗。④肌内注射局部可出现疼痛、肿胀,经数天至数周可恢复,马较牛、羊为重。

【用法与用量】注射用三氮脒,1 g。肌内注射,一次量,每千克体重,马 3～4 mg,牛、羊 3～5 mg,犬 3.5 mg。临用时以注射用水或生理盐水配成 5%～7%溶液,深层肌内注射。一般用 1～2 次,连用不超过 3 次,每次间隔 24 h。

双脒苯脲(Imidocarb)

【基本概况】 本品又名咪唑苯脲,为双脒唑啉苯基脲。其二盐酸盐或二丙酸盐,均为无色粉末,易溶于水。

【作用与用途】 本品为兼有预防和治疗作用的新型抗梨形虫药,其疗效和安全范围都优于三氮脒,且毒性较三氮脒和其他药小。本品对多种动物(如牛、小鼠、大鼠、犬及马)的多种巴贝斯焦虫病和泰勒梨形虫病不但有治疗作用,而且还有预防效果,甚至不影响动物机体对虫体产生免疫力。临床上多用于治疗或预防牛、马、犬的巴贝斯虫病。

本品注射给药吸收较好,能分布于全身各组织,主要在肝脏中灭活解毒。排泄途径主要经尿排泄,可在肾脏重吸收而延长药效时间,体内残留期长,用药 28 d 后在体内仍能测到本品。有少数药物(约 10%)以原形由粪便排出。

【应用注意】 ①本品禁止静脉注射,较大剂量肌内或皮下注射时,有一定的刺激性。②马属动物对本品敏感,尤其是驴、骡,高剂量使用时应慎重。③本品毒性较低,但较高剂量可能会导致动物咳嗽、肌肉震颤、流泪、流涎、腹痛、腹泻等症状,一般能自行恢复,症状严重者可用小剂量的阿托品解救。④本品首次用药间隔 2 周后,宜重复用药一次,以彻底根治梨形虫病。

【用法与用量】 二丙酸双脒苯脲注射液,10 mL:1.2 g。肌内、皮下注射,一次量,每千克体重,马 2.2~5 mg,犬 6 mg,牛 1~2 mg(锥虫病 3 mg)。

硫酸喹啉脲(Quinuronium Metilsulfate)

【基本概况】 本品又名阿卡普林,为淡黄或黄色粉末,易溶于水。为传统抗梨形虫药,主要对马、牛、羊、猪的巴贝斯焦虫有效,对泰勒梨形虫疗效较差。本品毒性较大,忌用大剂量。治疗量亦多出现胆碱能神经兴奋症状,但多数可在半小时内消失。为减轻不良反应,可将总剂量分成 2 份或 3 份,间隔几小时应用。

【用法与用量】 硫酸喹啉脲注射液,10 mL:0.1 g;5 mL:0.05 g。皮下注射,一次量,每千克体重,马 0.6~1 mg,牛 1 mg,猪、羊 2 mg,犬 0.25 mg。

学习单元4   杀虫药

具有杀灭体外寄生虫作用的药物叫杀虫药。由螨、蜱、虱、蚤、蝇蛆、蚊等节肢动物引起的畜禽外寄生虫病,不仅能直接危害动物机体,夺取营养,损坏皮毛,妨碍增重,给畜牧业造成经济损失,而且还能传播许多人兽共患病,严重危害人体健康。为此,选用高效、安全、经济、方便的杀虫药具有重要意义。

一般说来,所有杀虫药对动物都有一定的毒性,甚至在规定剂量内也会出现不同程度的不良反应。因此,在使用杀虫药时,除严格掌握剂量与使用方法外,还需密切注意用药后的动物反应,一旦发生中毒,应立即采取解救措施。

常用的杀虫药包括有机磷类、拟除虫菊酯类和其他杀虫药。

一、有机磷类杀虫药

敌百虫（Dipterex）

本品除驱除家畜消化道各种线虫（见驱线虫药）外，对畜禽外寄生虫也有杀灭作用：①羊鼻蝇蚴，按每千克体重 50～75 mg 内服，或 1.5％～2％溶液喷鼻，或 2.4％溶液大群喷雾，对羊鼻蝇第 1 期幼虫均有良好的杀灭作用。②马胃蝇蚴，按每千克体重 40～75 mg 混入饲料内，对马胃蝇蚴有良好的杀灭作用。③牛皮蝇蚴，用 2％溶液涂擦背部，体重较小的牛一次用 300 mL，对第 3 期幼虫有良好的杀灭作用。④螨，1％～3％溶液局部使用或 0.2％～0.5％溶液药浴。可用 0.1％或 0.15％溶液洗浴，治疗鸡膝螨病。⑤虱、蚤、蜱、蚊和蝇，用 0.1％～0.5％溶液喷洒。

敌敌畏（Dichlorvos）

市售为 80％敌敌畏乳油（敌敌畏溶液），对家畜外寄生虫及三蝇蚴具有胃毒、接触毒和熏杀作用，杀虫效力比敌百虫强 8～10 倍。本品广泛用作环境杀虫剂，以杀灭厩舍及畜体的蚊、虱、蜱等外寄生虫。国内已将敌敌畏制成犬、猫用规格的灭蚤项圈，戴用后可驱灭虱、蚤达 3 个月之久。但对人、畜毒性也大，且易被皮肤吸收，应注意。此外，禽、鱼、蜜蜂对本品敏感，应慎用。喷淋用 0.1％～0.5％溶液。

蝇毒磷（Coumaphos）

本品（本品自 2020 年 1 月 1 日起禁止使用）为微黄或白色结晶粉，难溶于水，遇碱分解，在正常保存和使用条件下较稳定。

本品为有机磷中唯一能用于乳牛的杀虫药。0.02％泼淋或药浴，用于灭虱和羊虱蝇。0.05％药浴、泼淋，可用于杀灭家畜体表的蜱、螨、蚤、蝇、伤口蛆和牛皮蝇蚴等。此外，杀灭牛皮蝇蚴尚可应用 25％蝇毒磷针剂，按每千克体重 5～10 mg 的剂量肌内注射。禽类以 0.05％沙浴，杀灭外寄生虫。外用后，畜禽体表保留药效期限与药液浓度、气候环境、畜禽种类等因素有关。一般牛体表药效可保持 1～2 周，绵羊体表可保持约半年之久，故在一定期限内可防止再感染。

倍硫磷（Fenthion）

【基本概况】本品为无色或淡黄色澄明油状液体，无臭，供农业用的为黄棕色液体，具大蒜臭味，市售 50％乳油剂。

【作用与用途】本品为杀灭牛皮蝇幼虫的特效药，能杀灭第 3 期幼虫，对第 2 期幼虫也有可靠的杀灭作用，因而可将牛皮蝇幼虫消灭在皮肤穿孔之前，故对保证牛皮革质量有巨大的经济价值。各地应根据流行病学规律特点，选择适当时间用药，一般在牛皮蝇产卵期应用较好，同时应注意幼虫移行进入脊髓阶段避免用药,否则用药后可能引起瘫痪。

【用法与用量】杀牛皮蝇,0.25%药液喷雾;2%溶于液状石蜡中用于背部泼淋;每天内服,每千克体重 1 mg 或 10~15 μg/g 饮水;一次肌内注射,每千克体重 7 mg,间隔 3 个月再用药一次。杀虱、蜱、蚤、蚊、蝇,常以 0.25%乳剂喷洒,也可用 0.025%~0.1%乳剂深擦灭虱。

二嗪农(Diazinon)

【基本概况】本品又名螨净,纯品为无色、无臭液体,难溶于水,性质不稳定,在酸碱溶液中迅速分解。二嗪农溶液为二嗪农加乳化剂制成的黄色或黄棕色澄明液体。

本品是广谱有机磷杀虫剂,具有触杀、胃毒、熏蒸等作用,但内服作用较弱。对蝇、蜱、虱以及各种螨均有良好杀灭效果,灭蚊、蝇的药效可维持 6~8 周。

【应用注意】本品奶牛、泌乳牛禁用;对猫、鸡、鸭、鹅等较敏感;对蜜蜂剧毒。休药期 14 d,弃奶期 3 d。

【用法与用量】药浴,羊 0.02%溶液,牛 0.06%溶液;喷淋,猪 0.025%溶液,牛、羊 0.06%溶液。

皮蝇磷(Fenchlorphos)

【基本概况】本品又名芬氯磷,是专供兽用的有机磷杀虫剂,对双翅目昆虫有特效。

【作用与用途】内服或皮肤给药有内吸杀虫作用,主要用于牛皮蝇蛆。喷洒用药对牛、羊锥蝇蛆、蝇、虱、螨等均有良好的效果。对人和动物毒性较小。

【应用注意】泌乳期乳牛禁用,母牛产犊前 10 d 内禁用,肉牛休药期 10 d。

【用法与用量】皮蝇磷乳油含皮蝇磷 24%,外用、喷淋,每 100 L 水加 1 L。内服,一次量,每千克体重,牛 100 mg。

马拉硫磷(Malathionum)

【基本概况】本品为淡黄色油状液体,微溶于水,工业品为深褐色油状液体,含量 80%左右,具有大蒜臭味,遇酸碱易分解失效,金属铁、铝、铜、铅等可促进其分解失效。市售有 50%乳油剂。

【作用与用途】本品为广谱、低毒杀虫药,具有触杀、胃毒和微弱吸入杀虫作用,但无内吸杀虫作用。其优点是对人畜毒性低,使用安全,尤其适用于超低容量喷雾杀虫。其缺点是性质不稳定,室外使用残效期短,室内使用有特殊异臭味。此外,对蜜蜂有剧毒,鱼也很敏感。

为增加稳定性和消除臭味,可向 50%乳油中加入 1%的过氧化苯甲酰,振荡使之完全溶解,充分作用后即可消除臭味,也可以和敌敌畏、杀螟松等混合使用,能显著提高药效。

【用法与用量】超低容量喷洒,每亩稻田、池塘 50~60 mL 灭蚊,0.4~0.8 mL/m² 草原灭蜱。3%粉剂喷撒 50~100 g/m² 杀蜱、螨、蚤等。0.2%~0.5%乳剂喷洒 1 g/m² 灭蛆、臭虫等。

对家畜体表寄生虫病可用 0.5%乳剂喷洒整个体表,其后避开阳光直射和风吹数小时,必要时间隔 2~3 周再处理一次。家禽体表寄生虫可喷洒 1.25%乳剂,也可撒布 4%粉剂。

二、拟菊酯类杀虫药

拟菊酯类杀虫药是根据植物除虫菊中有效成分——除虫菊酯的化学结构合成的一类杀虫药，具有杀虫谱广、高效、速效、残效期短、对人畜无毒、性质稳定等优点。因此，广泛用于卫生、农业、畜牧业等，是一类有发展前途的新型杀虫药。

本类药物性质不稳定，进入机体后即迅速降解灭活，因此不能用内服或注射给药。对动物的毒性很低。

氯菊酯（Permethrin）

【基本概况】本品又名二氯苯醚菊酯、除虫精，为无色结晶固体。有菊酯芳香味，难溶于水，易溶于乙醇、苯等多种有机溶剂。在空气和阳光下稳定，遇碱易分解。

【作用与用途】本品对蚊、蝇、血蜱、虱、蜱、螨、虻等均有很好的杀灭作用，具有广谱、高效、击倒快、残效期长等特点。

【用法与用量】一次用药能维持药效 1 个月左右。本品对鱼剧毒。氯菊酯乳油含氯菊酯 10% 或 40%，喷淋时配成 0.2%～0.4% 乳剂；氯菊酯气雾剂含氯菊酯 1%，供喷雾用。

溴氰菊酯（Deltamethrin）

【基本概况】本品又名敌杀死、倍特，是使用最广泛的一种拟菊酯类杀虫药。对动物体外寄生虫有很强的驱杀作用，具有作用迅速、残效期长、低残留等特点。

【作用与用途】本品对蚊、蝇以及牛羊各种虱、牛皮蝇、羊痒螨、禽虱均有良好的杀灭作用，一次用药能维持药效近 1 个月。本品对有机磷、有机氯耐药的虫体仍有高效。

【用法与用量】溴氰菊酯乳油含溴氰菊酯 5%，药浴或喷淋，每 1 000 L 水加 100～300 mL。本品对鱼剧毒，蜜蜂、家蚕也敏感。

胺菊酯（Tetramethrin）

【基本概况】本品又名四甲司林，性质稳定，但在高温和碱性溶液中易分解。

【作用与用途】本品是对卫生昆虫最常用的拟菊酯类杀虫药。对蚊、蝇、蚤虱、螨等虫体都有杀灭作用，对昆虫击倒作用的速度居拟菊酯类之首，由于部分虫体又能复活，一般多与苄呋菊酯并用，后者的击倒作用虽慢，但杀灭作用较强，因而有互补增效作用。对人、畜安全，无刺激性。胺菊酯、苄呋菊酯喷雾剂，用于环境杀虫。

三、其他杀虫药

双甲脒溶液（Amitraz Solution）

【基本概况】本品又名特敌克，为双甲脒加乳化剂与稳定剂配制成的微黄色澄明液体。

【作用与用途】本品属高效、广谱、低毒的杀虫药。对牛、羊、猪、兔的体外寄生虫如疥螨、痒螨、蜱、虱等各阶段虫体均有极强的杀灭效果,产生作用较慢,用药后 24 h 使虫体解体,一次用药可维持药效 6～8 周。

【用法与用量】双甲脒乳油含双甲脒 12.5%,药浴、喷淋或涂擦动物体表,每 1 000 L 水加 3～4 L。

升化硫(Sulfur Sublimatum)

【基本概况】本品与动物皮肤组织接触后,生成硫化氢(H_2S)和五硫磺酸($H_2S_5O_6$)。

【作用与用途】本品有杀虫、杀螨和抗菌作用,主要用于治疗疥螨及痒螨病。

【用法与用量】制成 10% 硫黄软膏局部涂擦,或配成石灰硫黄液(硫黄 2%、石灰 1%)药浴。

复习思考题

一、是非题

1.左旋咪唑小剂量使用具有增强机体免疫力的作用。(　　)

2.血吸虫病是人畜共患的寄生虫病,可用吡喹酮治疗。(　　)

3.吡喹酮是新型广谱驱绦虫、抗血吸虫和驱吸虫药。(　　)

4.托曲珠利对哺乳动物球虫、住肉孢子虫和弓形虫有效。(　　)

5.聚醚类离子载体抗生素用于鸡球虫病的治疗。(　　)

二、简答题

1.常用的抗蠕虫药有哪些品种?比较其作用与应用上的异同点。

2.哪些抗蠕虫药会发生毒性反应?应如何解救?

3.常用的抗球虫药有哪些品种?比较其作用特点。当鸡群出现球虫性血痢时,拟写一份抗球虫病的给药方案。

4.抗锥虫药与抗梨形虫药各有哪些品种?怎样选用?

学习情境 5
作用于内脏系统的药物

▶知识目标◀

掌握消化系统常见药物的分类、特点与应用。

掌握呼吸系统常见药物的分类、特点与应用。

掌握血液循环系统常见药物的分类、特点与应用。

掌握泌尿生殖系统常见药物的分类、特点与应用。

▶技能目标◀

能进行泻下药物的作用特点比较。

学会药物对离体支气管平滑肌的松弛作用观察。

能进行利尿药与脱水药作用比较。

学习单元 1 消化系统用药

一、健胃药与助消化药

凡能促进动物唾液和胃液的分泌,调整胃的机能活动,提高食欲和加强消化的药物称为健胃药。根据其性能和药理作用特点可分为苦味健胃药、芳香性健胃药和盐类健胃药3种。前两种健胃药多为植物性中药,苦味健胃药经口给药,可刺激舌的味觉感受器,提高食物中枢的兴奋性,从而加强唾液和胃液的分泌,提高食欲效果。芳香性健胃药对消化道黏膜有轻度的刺激作用,能反射地增加消化液的分泌,促进胃肠蠕动而健胃。盐类健胃药有两种作用:渗透压作用,能轻微地刺激消化道黏膜;补充离子,调节体内离子平衡。有氯化钠、碳酸氢钠、人工盐等。

助消化药是指能促进胃肠消化过程的药物。助消化药多为含消化液成分或促进消化液分泌的药物。在消化液分泌不足时,具有代替消化液的作用。因能促进食物消化,常用于消化道分泌功能减弱和消化不良,如哺乳期幼畜的消化不良。

在兽医临床上健胃与助消化是密切相关的,往往同时使用,相辅相成。

苦味健胃药

【作用与用途】临床常用的有龙胆制剂、大黄制剂及马钱子制剂等。本类药物具有强烈的苦味,其苦味刺激舌的味觉感受器,可反射性地兴奋食物中枢,加强唾液和胃液的分泌,从而提高食欲,促进消化。

【应用注意】①苦味健胃药常制成散剂、舐剂或酊剂,应在饲前经口给药(用胃管投药效果不佳);②用量不宜过大,同一药物不宜反复多次应用,以免耐受。

【制剂与用法】龙胆末,内服,一次量,马、牛 20～40 g,羊 8～10 g,猪 2～3 g。复方龙胆酊,内服,一次量,马、牛 50～100 mL,羊、猪 5～20 mL,犬 1～4 mL。大黄末,内服,一次量,马 10～25 g,牛 20～40 g,羊 2～4 g,猪 1～2 g。大黄酊,内服,一次量,马 25～50 mL,牛 40～100 mL,羊 10～20 mL。

芳香性健胃药

【作用与用途】本类药物常用的有陈皮、大蒜、桂皮、干姜等制剂。这类药物均含挥发油,内服除能刺激味觉感受器外,还能刺激消化道黏膜,通过迷走神经反射增加消化液的分泌,促进胃肠蠕动,增进食欲;还有轻度抑制胃肠内细菌的作用,兼有健胃、祛风和制酵的功能。此外,挥发油被吸收后,一部分经呼吸道排出时,能增加呼吸道黏液的分泌,有祛痰作用。

临床上常将本类药物配成复方制剂,用于消化不良、胃肠内轻度发酵、积食等。

【制剂与用法】陈皮酊,内服,马、牛 30～100 mL,羊、猪 10～20 mL,犬、猫 1～5 mL。姜酊,内服,马、牛 50～100 mL,羊、猪 15～30 mL。大蒜酊,内服,马、牛 50～100 mL,羊、猪 10～20 mL,用前加 4 倍水稀释。

人工矿泉盐(Artificial Carlsbad Salt)

【基本概况】本品又称人工盐,为白色粉末,味咸。由干燥硫酸钠、碳酸氢钠、氯化钠、硫酸钾按 44:36:18:2 的比例混合制成,易溶于水,常制成溶液。

【作用与用途】本品有多种盐类的综合作用。①少量内服能轻度刺激消化道黏膜,促进胃肠的分泌和蠕动,增加消化液分泌,从而产生健胃作用;小剂量还有利胆作用。②内服量大时,发挥盐类泻药作用,刺激肠管蠕动、软化粪便而引起缓泻作用。

本品小剂量用于消化不良、前胃迟缓和慢性胃肠卡他等;大剂量用于早期大肠便秘。

【应用注意】①禁止与酸性药物配伍应用;②作泻剂时宜大量饮水。

【用法与用量】健胃,内服,一次量,马 50～100 g,牛 50～150 g,羊、猪 10～30 g,兔 1～2 g。缓泻,内服,一次量,马、牛 200～400 g,羊、猪 50～100 g,兔 4～6 g。

胃蛋白酶(Pepsin)

【基本概况】本品为白色至淡黄色的粉末,无霉败臭味。本品是从健康的猪、牛、羊的胃黏膜中提取的,水溶液显酸性反应,遇热(70℃以上)或碱性条件下易失效,每克中含蛋白酶活力不得少于 3 800 U。常制成片剂。

【作用与用途】本品内服后在胃内可使蛋白质初步分解为蛋白胨,有利于蛋白质的进一步分解吸收。在酸性环境中作用强,pH 为 1.8 时其活性最强。一般 1 g 胃蛋白酶能完全消化 2 000 g 凝固卵蛋白。

本品用于胃液分泌不足或幼畜因胃蛋白酶缺乏所引起的消化不良。

【应用注意】①本品忌与碱性药物、鞣酸、重金属盐等配合使用;温度超过 70℃时迅速失效;剧烈搅拌可破坏其活性,导致减效。②当胃液分泌不足引起消化不良时,胃内盐酸也常不足,为充分发挥胃蛋白酶的消化作用,在用药时应同服稀盐酸,即用前先将稀盐酸加水 20 倍稀释,再加入胃蛋白酶,于饲喂前灌服。

【用法与用量】内服,一次量,马、牛 4 000~8 000 U,羊、猪 800~1 600 U,驹、犊 1 600~4 000 U,犬 80~800 U,猫 80~240 U。

稀盐酸(Dilute Hydrochloric Acid)

【基本概况】本品为无色澄清液体,常制成约含盐酸 10% 的溶液。

【作用与用途】① 本品是胃液的主要成分之一,可激活胃蛋白酶原,使其转变成为有活性的胃蛋白酶,并提供酸性环境使胃蛋白酶发挥消化蛋白质的作用。②可使胃内容物保持一定酸度,有利于胃排空及钙、铁等矿物质的溶解与吸收,还有抑菌制酵作用。

本品主要用于胃酸缺乏引起的消化不良、胃内异常发酵、马骡急性胃扩张等。

【应用注意】①本品禁与碱类、盐类健胃药、有机酸、洋地黄及其制剂配合使用。②用药浓度和用量不可过大,否则因食糜酸度过高,反射性地引起幽门括约肌痉挛,影响胃的排空而产生腹痛。③用前加 50 倍水稀释成 0.2% 的溶液使用。

【用法与用量】内服,一次量,马 10~20 mL,牛 15~30 mL,羊 2~5 mL,猪 1~2 mL,犬 0.1~0.5 mL。

氢氧化铝(Aluminium Hydroxide)

【基本概况】本品为白色粉末,无臭,无味,不溶于水,常制成粉剂。

【作用与用途】①本品与胃液混合形成凝胶,覆盖于溃疡表面,有保护溃疡面的作用。②在中和胃酸时所产生的氯化铝有收敛和局部止血作用,用于治疗胃酸过多和胃溃疡。

【应用注意】①本品为弱碱性药物,禁与酸性药物混合使用。②长期使用时应在饲料中添加磷酸盐。在胃肠道中与食物中的磷酸盐结合成难以吸收的磷酸铝,故长期应用可造成磷酸盐吸收不足。③铝离子能与四环素类药物起络合作用,影响后者的吸收。

【用法与用量】内服,一次量,马 15~30 g,猪 3~5 g。

干酵母(Saccharomyces Siccum)

【基本概况】本品为淡黄色至淡黄棕色的颗粒或粉末,味微苦,有酵母的特殊臭,为酵母科几种酵母菌的干燥菌体,含蛋白质不少于44.0%,常制成片剂。

【作用与用途】本品富含B族维生素和酶类(如维生素B_1、核黄素、烟酸、维生素B_6、维生素B_{12}、叶酸、肌醇以及转化酶、麦芽糖酶)等体内酶系统所需的物质,参与体内糖、蛋白质、脂肪等的代谢和生物转化过程。

本品用于维生素B_1缺乏症的治疗和消化不良的辅助治疗。

【应用注意】①因为本品中含大量对氨苯甲酸,与磺胺类药合用时可使其抗菌作用减弱,故可拮抗磺胺类药的抗菌作用,不宜合用。②用量过大可发生轻度下泻。

【用法与用量】内服,一次量,马、牛120～150 g,羊、猪30～60 g,犬8～12 g。

乳酶生(Lactasin)

【基本概况】本品为白色或淡黄色的干燥粉末,无腐臭或其他恶臭。每克本品含有活的乳酸杆菌不低于1 000万个,常制成片剂。

【作用与用途】本品内服进入肠内后,能分解糖类产生乳酸,使肠内酸度升高,从而抑制腐败性细菌的繁殖,并可防止蛋白质发酵,减少肠内产气。

本品为乳酸杆菌制剂,用于消化不良、肠内异常发酵和幼畜腹泻等。

【应用注意】①抗菌药物、收敛剂、吸附剂、酊剂及乙醇能抑制乳酸杆菌的活性,降低其药效,故本品不应与其同用。②应在饲喂前服药。

【用法与用量】内服,一次量,驹、犊10～30 g,羊、猪2～10 g,犬0.3～0.5 g。

稀醋酸(Dilute Acetic Acid)

【基本概况】本品为无色的澄明液体,有强烈的特臭,味酸,常制成含醋酸5.5%～6.5%的溶液。

【作用与用途】①内服有防腐、制酵和助消化作用。②有局部防腐和刺激作用。

本品临床多用于治疗幼畜消化不良、马属动物的急性胃扩张和反刍动物前胃臌胀;2%～3%的稀释液可用于口腔炎冲洗,0.1%～0.5%的稀释液可用于阴道滴虫病冲洗治疗。

【应用注意】市售食用醋含醋酸约5%,醋精含醋酸约30%,均可代替稀醋酸使用。

【用法与用量】内服,一次量,马、牛50～200 mL,羊、猪5～10 mL。

二、瘤胃兴奋药

瘤胃兴奋药是指能加强瘤胃收缩、促进蠕动、兴奋反刍的药物,又称反刍兴奋药。临床上常用的瘤胃兴奋药有拟胆碱药和抗胆碱酯酶药(如氨甲酰胆碱、新斯的明等)、浓氯化钠注射液及酒石酸锑钾等。这类药物主要作用于胆碱受体,引起胆碱能神经兴奋使胃肠平滑肌收缩加强而起作用。

浓氯化钠注射液(Concentrated Sodium Chloride Injection)

【基本概况】本品为无色的澄明液体,味咸。

【作用与用途】①本品可在血中形成高氯离子(Cl^-)和高钠离子(Na^+),从而能反射性兴奋迷走神经,使胃肠平滑肌兴奋,蠕动加强,消化液分泌增多。尤其在瘤胃机能较弱时,作用更加显著。②据报道,静脉注射本品后能短暂抑制胆碱酯酶活性,出现胆碱能神经兴奋的效应,可提高瘤胃的运动。

本品临床用于反刍动物前胃弛缓、瘤胃积食和马属动物便秘等。

【应用注意】①静脉注射时不能稀释,速度宜慢,不可漏至血管外。②心力衰竭和肾功能不全的患畜应慎用。③一般用药后 2～4 h 作用最强。

【用法与用量】静脉注射,一次量,每千克体重,家畜 0.1 g。

三、制酵药与消沫药

凡能制止胃肠内容物异常发酵的药物称为制酵药,常见药物有鱼石脂等。另外,抗生素、磺胺药、消毒防腐药等都有一定程度的制酵作用。而消沫药则是指能降低泡沫液膜的局部表面张力、使泡沫破裂的药物,如二甲硅油、松节油等。这两类药物在兽医临床上主要用于治疗胃肠臌气,常见的有牛、羊瘤胃臌气和马、骡肠臌气等。

芳香氨醑(Aromatic Ammonia Spirit)

【基本概况】本品为无色澄明液体,具有芳香和氨臭味,由碳酸铵、浓氨水溶液、柠檬油、八角茴香油及乙醇加水混合而成,常制成液体剂型。

【作用与用途】①本品内服后可抑制胃肠道内细菌的发酵作用,并刺激胃肠,使蠕动加强,有利于气体排出;增加消化液分泌,可改善消化机能。②有一定的祛痰作用。

本品主要用于瘤胃臌气、胃肠积食和气胀,也可用于急、慢性支气管炎的辅助治疗。

【应用注意】本品可配合氯化铵治疗急、慢性支气管炎。

【用法与用量】内服,一次量,马、牛 20～100 mL,羊、猪 4～12 mL,犬 0.6～4 mL。

乳酸(Lactic Acid)

【基本概况】本品为澄明无色或微黄色糖浆状液体,无臭,味微酸,常制成含乳酸量 85%～90%溶液。

【作用与用途】本品内服有制酵、防腐作用,可增加消化液的分泌,帮助消化。

本品临床上常用于防治胃酸偏低性消化不良、胃内发酵、胃扩张及幼畜消化不良等;外用 1%温溶液灌洗阴道,可治疗牛滴虫病;蒸汽可用于室内消毒(每立方米 1 mL,稀释 10 倍后加热熏蒸 30 min)。

【应用注意】本品禁与氧化剂、氢碘酸、蛋白质溶液及重金属盐配伍。

【用法与用量】内服,一次量,马、牛 5～25 mL,羊、猪 0.5～3 mL。临用时配成 2%溶液灌服。

鱼石脂（Ichthammol）

【基本概况】本品为棕黑色的黏稠性液体，有特臭，溶于水，常制成软膏。

【作用与用途】①本品有较弱的抑菌作用和温和的刺激作用，内服能制止发酵、祛风和防腐，促进胃肠蠕动。②外用具有局部消炎和刺激肉芽生长的作用。

本品临床用于胃肠道制酵，如瘤胃臌胀、前胃弛缓、胃肠臌气、急性胃扩张等；外用于慢性皮炎、蜂窝织炎等。

【应用注意】①本品内服前，应先加 2 倍量乙醇溶解后，再用水稀释成 3%～5% 的溶液灌服。②禁与酸性药物如稀盐酸、乳酸等联合使用。③本品软膏由鱼石脂与凡士林按 1∶1 比例混合而成，仅供外用。

【用法与用量】内服，一次量，马、牛 10～30 g，羊、猪 1～5 g。外用，患处涂敷。

二甲硅油（Dimethicone）

【基本概况】本品为无色澄清油状液体，无臭，无味，不溶于水，常制成片剂。

【作用与用途】本品内服后能迅速降低瘤胃内泡沫液膜的表面张力，使小气泡破裂，融合成大气泡，随嗳气排出，产生消除泡沫作用。

本品主要用于泡沫性膨胀。

【应用注意】①临用时配制成 2%～5% 的乙醇或煤油溶液灌服，灌服前后宜灌注少量温水，以减少刺激性。②本品几乎没有毒性，消沫作用迅速且可靠，用药 5 min 内即产生效果，15～30 min 作用最强。

【用法与用量】内服，一次量，牛 3～5 g，羊 1～2 g。

四、泻药与止泻药

泻药是一类能促进肠道蠕动，增加肠内容积，软化粪便，加速粪便排泄的药物。临床上主要用于治疗便秘、排出胃肠道内的毒物及腐败分解物，还可与驱虫药合用以驱除肠道寄生虫。其作用机理为直接刺激肠蠕动，软化粪便，润滑肠腔。根据作用方式和特点可分为容积性泻药（盐类泻药）、润滑性泻药（油类泻药）和刺激性泻药 3 类。使用泻药时必须注意以下事项：①对于诊断未明确的动物肠道性阻塞不可以随意使用泻药，使用泻药应防止泻下过度而导致失水、衰竭或继发肠炎等，且不宜多次重复使用。②治疗便秘时，必须根据病因而采取综合措施或选用不同的泻药。③当脂溶性毒物或药物引起家畜中毒以及应用某些驱虫药后，为了排出毒物和虫体，一般采用盐类泻药，不要采用油类泻药，以防增加毒物和药物的吸收而加重病情。④对于极度衰竭呈现脱水状态、机械性肠梗阻以及妊娠末期的动物禁止使用泻药。

止泻药是一类能制止腹泻，保护肠黏膜，吸附有毒物质或收敛消炎的药物。依据作用特点可分为保护性止泻药、抑制肠蠕动止泻药及吸附性止泻药等。

硫酸钠（Sodium Sulfate）

【基本概况】本品为白色粉末，无臭，味苦、咸，易溶于水，常制成粉剂。

【作用与用途】本品内服后在肠内可解离出 Na^+ 和 SO_4^{2-}，后者不易被肠壁吸收，借助渗透压作用，在肠管中保持大量水分，扩大肠管容积，软化粪便，并刺激肠壁，增强其蠕动而产生泻下作用。

本品主要用于大肠便秘、反刍动物瓣胃阻塞、肠内毒物和毒素排出，以及作为驱虫药的辅助用药；小剂量内服健胃；外用 10%～20% 可治疗化脓创、瘘管。

【应用注意】①治疗大肠便秘时，硫酸钠的适宜浓度为 4%～6%；可用于反刍动物瓣胃阻塞的治疗，如牛第 3 胃阻塞时，用 25%～30% 溶液 250～300 mL 注入胃内。②易继发胃扩张，不适用于小肠便秘的治疗。③肠炎患畜不宜用本品。

【用法与用量】内服，临用时配成 4%～6% 水溶液。一次量，马 100～300 g，牛 200～500 g，羊 20～50 g，猪 10～25 g，犬 5～10 g。

硫酸镁（Magnesium Sulfate）

【基本概况】本品为无色结晶，无臭，味苦、咸，易溶于水，常制成粉剂和注射液。

【作用与用途】①本品内服后的泻下作用同干燥硫酸钠。②本品注射具有抗惊厥作用。

【应用注意】①本品导泻时如服用浓度过高的溶液，可从组织中吸取大量水分而导致病畜脱水。在机体脱水、肠炎时，镁离子吸收增多会产生毒副作用。②中毒时可静脉注射氯化钙进行解救。

【用法与用量】内服，配成 6%～8% 溶液。一次量，马 200～500 g，牛 300～800 g，羊 50～100 g，猪 25～50 g，犬 10～20 g，猫 5～10 g。

液状石蜡（Liquid Paraffin）

【基本概况】本品是在石油提炼过程中制得的由多种液状烃组成的混合物，为无色透明的油状液体，无臭，无味，不溶于水。

【作用与用途】本品内服后在肠道内不被吸收，以原形通过肠管，能阻碍肠内水分的吸收，对肠黏膜有润滑作用，并能软化粪块。

本品主要用于小肠便秘、瘤胃积食、有肠炎的家畜及孕畜的便秘。

【应用注意】①其泻下作用缓和，比较安全，孕畜可应用。②本品不宜多次服用，以免影响消化，阻碍脂溶性维生素及钙、磷的吸收。

【用法与用量】内服，可加温水灌服。一次量，马、牛 500～1 500 mL，驹、犊 60～120 mL，羊 100～300 mL，猪 50～100 mL，犬 10～30 mL，猫 5～10 mL。

蓖麻油（Castor Oil）

【基本概况】本品为几乎无色或微带黄色的澄明黏稠液体，微臭，味淡、微辛。

【作用与用途】本品无刺激性，内服到达十二指肠后，一部分经胰脂肪酶作用，皂化分解为蓖麻油酸钠和甘油。蓖麻油酸钠可刺激小肠黏膜，促进小肠蠕动而引起泻下，而未被分解的蓖麻油对肠道和粪块有润滑作用。

本品主要用于小肠便秘。

【应用注意】①本品有刺激性，不宜用于孕畜、肠炎患畜。②哺乳母畜内服后有一部分经乳汁排出，可使幼畜腹泻。③本品能促进脂溶性物质的吸收，不宜与脂溶性驱虫药并用，以免增加后者的毒性。④由于蓖麻油内服后易黏附于肠表面，影响消化机能，故不可多次重复使用。⑤小家畜比较多用，对大家畜如牛等致泻效果不确实。

【用法与用量】内服，一次量，马 250～400 mL，牛 300～600 mL，羊、猪 50～150 mL，犬 10～30 mL。

鞣酸（Tannic Acid）

【基本概况】本品为淡黄色至淡棕色粉末，微有特臭，味极涩，极易溶于水，常制成粉剂。

【作用与用途】①本品内服后与胃黏膜蛋白结合成鞣酸蛋白，被覆于胃肠黏膜起保护作用。而鞣酸蛋白在小肠内再分解，释放出的鞣酸产生收敛止泻作用。②本品还能与一些生物碱结合发生沉淀。

本品内服用于小动物止泻和某些生物碱中毒的解毒剂，也可外用于湿疹、创伤等。

【应用注意】对细菌感染引起的腹泻，宜先控制感染，再使用本品。

【用法与用量】内服，一次量，马、牛 5～30 g，羊、猪 2～5 g。洗胃，配成 0.5%～1% 溶液。外用，配成 5%～10% 的溶液。

鞣酸蛋白（Tannalbumin）

【基本概况】本品为棕褐色的粉末，微臭，味微涩，几乎不溶于水，常制成粉剂。

【作用与用途】本品自身无活性，内服后在胃中不分解，在肠内的碱性肠液作用下逐渐分解为蛋白质和鞣酸，产生的鞣酸发挥收敛止泻作用。

本品用于家畜腹泻。

【应用注意】同鞣酸。

【用法与用量】内服，一次量，马 10～20 g，牛 10～25 g，羊 3～5 g，猪 2～5 g，犬 0.3～2 g。

碱式硝酸铋（Bismuth Subnitrate）

【基本概况】本品又称次硝酸铋，白色粉末，无臭或几乎无臭，不溶于水，常制成粉剂。

【作用与用途】本品内服难吸收,小部分在胃肠道内解离出铋离子与蛋白质结合,产生收敛保护黏膜作用。大部分次硝酸铋被覆在肠黏膜表面,同时在肠道内还可与硫化氢结合,形成不溶性硫化铋,覆盖于肠表面,从而对肠黏膜呈机械性保护作用,并可减少硫化氢对肠黏膜的刺激作用。

本品主要用于非细菌性肠炎和腹泻。

【应用注意】①对由病原菌引起的腹泻,应先用抗菌药控制其感染后再用本品。②碱式硝酸铋在肠内溶解后,可形成亚硝酸盐,量大时能引起中毒。

【用法与用量】内服,一次量,马、牛 15～30 g,羊、猪、驹、犊 2～4 g,犬 0.3～2 g。

碱式碳酸铋(Bismuth Subcarbonate)

【基本概况】本品又称次碳酸铋,为白色或微带淡黄色的粉末,无臭,无味,不溶于水,常制成片剂。

【作用与用途】同碱式硝酸铋,但副作用较轻。

本品主要用于胃肠炎及腹泻等。

【应用注意】对由病原菌引起的腹泻,应先用抗菌药控制其感染后再用本品。

【用法与用量】内服,一次量,马、牛 15～30 g,羊、猪、驹、犊 2～4 g,犬 0.3～2 g。

药用炭(Medicinal Charcoal)

【基本概况】本品又称活性炭,为黑色粉末,无臭,无味,常制成粉剂。

【作用与用途】本品内服后,能与肠道中有害物质结合,阻止其吸收,从而能减轻内容物对肠壁的刺激,使肠蠕动减弱,呈止泻作用。

本品用于生物碱等中毒及腹泻、胃肠臌气等。

【应用注意】本品颗粒细小,表面积大,吸附能力很强,能吸附其他药物和影响消化酶活性。

【用法与用量】内服,一次量,马 20～150 g,牛 20～200 g,羊 5～50 g,猪 3～10 g,犬 0.3～2 g。

白陶土(Kaolin)

【基本概况】本品为类白色粉末,加水湿润后有类似黏土的气味,几乎不溶于水,常制成粉剂。

【作用与用途】①本品有吸附作用,但吸附能力比药用炭差。②本品还有收敛作用。

本品内服用于腹泻,外用作敷剂和撒布剂的基质。

【应用注意】参见药用炭。

【用法与用量】内服,一次量,马、牛 50～150 g,羊、猪 10～30 g,犬 1～5 g。

氧化镁（Magnesium Oxide）

【基本概况】本品为白色粉末，无臭，无味，几乎不溶于水，常制成粉剂。

【作用与用途】①本品具有吸附作用，能吸收大量二氧化碳气体。②与胃酸作用后，可生成氯化镁。氯化镁在肠道中部分变为碳酸镁，能吸收水分而致轻泻。

本品可用于胃、肠臌气。

【应用注意】①本品与口服抗凝血药合用可减弱抗凝血作用。②与四环素类抗生素合用可减少四环素类的吸收而降低抗菌作用。

【用法与用量】内服，一次量，马、牛 50～100 g，羊、猪 2～10 g。

学习单元 2　呼吸系统用药

一、祛痰镇咳药

凡能增加呼吸道分泌、使痰液变稀并易于排出的药物称为祛痰药，本类药物具有祛痰和间接镇咳双重作用。

凡能减轻或制止咳嗽的药物，称为镇咳药或止咳药。咳嗽是当呼吸道受到异物或炎症产物刺激时，引起的防御性反射，通过咳嗽，能使异物或炎症产物排出。轻度咳嗽有助于祛痰，对机体有利。剧烈和频繁的咳嗽易导致肺气肿或心脏功能障碍等不良后果，也会影响动物休息，故应使用镇咳药。临床上治疗急性或慢性支气管炎时，常配合应用祛痰药，对无痰干咳可单用镇咳药。在有痰且剧咳的情况下，可在应用祛痰药的同时适当配合少量作用较弱的镇咳药，以减轻咳嗽，但不应单独使用强镇咳药。

氯化铵（Ammonium Chloride）

【基本概况】本品为无色结晶或白色结晶性粉末，无臭、味咸、凉，易溶于水，常制成片剂和粉剂。

【作用与用途】①本品有较强的祛痰作用。内服后可刺激胃黏膜迷走神经末梢，反射性引起支气管腺体分泌增加，使稠痰稀释，易于咳出，因而对支气管黏膜的刺激减少，咳嗽也随之缓解。此外，本品被吸收至体内后，有小部分从呼吸道排出，带出水分使痰液变稀而利于咳出，对止咳也起一定作用。②本品为强酸弱碱盐，具有酸化尿液与利尿作用。在体内可解离为 NH_4^+ 和 Cl^-，NH_4^+ 到肝脏内被合成为尿素并释放出 H^+，H^+ 与体内的 HCO_3^- 结合形成 CO_2，组织外液中的 Cl^- 与碱结合降低机体的碱贮，使血液和尿液的 pH 降低，过多的 Cl^- 到达肾脏后，不能被肾小管完全重吸收，与阳离子（主要是 Na^+）和水一起排出，产生一定的利尿作用。

本品用于支气管炎初期;也作为酸化剂,在弱碱性药物中毒时,可加速药物的排泄。

【应用注意】①本品单胃动物用后有恶心、呕吐反应。②肝脏、肾脏功能异常的患畜,内服氯化铵容易引起血氯过高性酸中毒和血氨升高,应慎用或禁用。③本品遇碱或重金属盐类即分解;与磺胺类药物并用,能使磺胺药在尿道析出结晶,发生泌尿道损害如尿闭、血尿等,故忌与这些药配伍应用。④内服吸收完全。

【用法与用量】内服,一次量,马 8~15 g,牛 10~25 g,羊 2~5 g,猪 1~2 g,犬、猫 0.2~1 g。

碘化钾(Potassium Iodide)

【基本概况】本品为无色结晶或白色结晶性粉末,无臭,味咸带苦,极易溶于水,常制成片剂。

【作用与用途】本品内服后部分从呼吸道腺体排出,刺激呼吸道黏膜,使腺体分泌增加,痰液稀释易于咳出,呈现祛痰作用。

本品常用于亚急性或慢性支气管炎的治疗。

【应用注意】①本品在酸性溶液中能析出游离碘。②肝、肾功能低下患畜慎用。③本品刺激性较强,不适于急性支气管炎症。④与甘汞混合后能生成金属汞和碘化汞,使毒性增强;遇生物碱可生成沉淀。

【用法与用量】内服,一次量,马 5~10 g,羊、猪 1~3 g,犬 0.2~1 g。

枸橼酸喷托维林(咳必清)

【基本概况】本品为白色的结晶性或颗粒性粉末,无臭,味苦,有吸湿性,易溶于水,在乙醇中溶解。其水溶液呈弱酸性。

【作用与用途】本品具有选择性抑制咳嗽中枢作用。部分经呼吸道排出时,对呼吸道黏膜产生轻度局部麻醉作用。大剂量有阿托品样作用,可使痉挛的支气管平滑肌松弛,故为中枢及外周双重作用的镇咳药。常与祛痰药合用治疗伴有剧烈干咳的急性呼吸道炎症。

【应用注意】①多痰性咳嗽不宜单用;②大剂量易产生腹胀和便秘;③心功能不全并伴有肺淤血的患畜忌用。

【用法与用量】枸橼酸喷托维林片,内服,一次量,牛、马 0.5~1 g,猪、羊 0.05~0.1 g,每天 3 次。复方枸橼酸喷托维林糖浆,内服,一次量,马、牛 100~150 mL,猪、羊 20~30 mL,每天 3 次。

二、平喘药

凡能解除支气管平滑肌痉挛、扩张支气管的一类药物称为平喘药,按其作用特点分为支气管扩张药和抗过敏药物。例如,麻黄碱、异丙肾上腺素等拟肾上腺素类药物、氨茶碱等茶碱类药物和糖皮质激素类抗过敏性平喘药。临床上常用于单纯性支气管哮喘或喘息型慢性支气管炎的治疗。

氨茶碱（Aminophylline）

【基本概况】本品为白色至微黄色的颗粒或粉末，易结块，微有氨臭，味苦，是茶碱与乙二胺的复合物，溶于水，常制成片剂和注射液。

【作用与用途】①本品能抑制磷酸二酯酶，使 cAMP（环磷酸腺苷）的水解速度变慢，升高组织中 cAMP/cGMP（环磷酸鸟苷）比值，抑制组胺和慢反应物质等过敏介质的释放，促进儿茶酚胺释放，使支气管平滑肌松弛；直接松弛支气管平滑肌而解除其痉挛，缓解支气管黏膜的充血水肿，发挥平喘功效。②本品有较弱的强心和利尿作用。

本品主要用于缓解支气管哮喘症状，也用于心功能不全或肺水肿的患畜。

【应用注意】①本品与克林霉素、红霉素、四环素、林可霉素合用时，可降低其在肝脏的清除率，使血药浓度升高，甚至出现毒性反应。②与其他茶碱类药合用时，不良反应增多。③酸性药物可加快其排泄，碱性药物可延缓其排泄。④与儿茶酚胺类及其他拟肾上腺素类药合用，能增加心律失常的发生率。⑤内服可引起恶心、呕吐等反应。⑥静脉注射或静脉滴注如用量过大、浓度过高或速度过快，都可强烈兴奋心脏和中枢神经，故需稀释后注射并注意掌握速度和剂量。注射液碱性较强，可引起局部红肿、疼痛，应作深部肌内注射。⑦肝功能低下、心衰患畜慎用。

【用法与用量】内服，一次量，每千克体重，马 5～10 mg，犬、猫 10～15 mg。肌内、静脉注射，一次量，马、牛 1～2 g，羊、猪 0.25～0.5 g，犬、猫 0.05～0.1 g。

麻黄碱

【基本概况】本品为白色棱柱形结晶，无臭，味苦，易溶于水及醇。

【作用与用途】本品对中枢有较强的兴奋作用，其作用性质与肾上腺素同，唯有支气管扩张作用比较弱，但作用持久、缓和。口服小剂量可增加通气量，用量过大易引起动物不安，严重时可引起惊厥，连续使用易产生耐受性，但停药后消失。

本品适用于预防支气管哮喘发作以及轻症哮喘的治疗，也可用于预防椎管麻醉或硬膜外麻醉引起的低血压。由于出现更具有选择性的 β 受体激动剂，因此临床极少应用本品。

【应用注意】①交叉过敏反应，对其他拟交感胺类药如肾上腺素、异丙肾上腺素等过敏动物，对本品也过敏。②本品可分泌入乳汁，哺乳期家畜禁用。③本品对家禽缺乏完整的试验资料。

【用法与用量】盐酸麻黄片，内服，一次量，马、牛 50～500 mg，羊、猪 20～100 mg，犬 10～30 mg，猫 2～5 mg，每天 2 次。盐酸麻黄碱注射液，皮下注射，一次量，马、牛 50～300 mg，羊、猪 20～50 mg，犬 10～30 mg，猫 2～5 mg。

学习单元 3　血液循环系统用药

一、强心药

凡能提高心肌兴奋性,加强心肌收缩力,改善心脏功能的药物称为强心药。具有强心作用的药物种类很多,其中有些是直接兴奋心肌,而有些则是通过调节神经系统来影响心脏的机能活动。临床上具有强心作用的药物有肾上腺素、咖啡因、强心苷等,但它们的作用机制、适应症均有所不同,如肾上腺素适用于心脏骤停时的急救,咖啡因则适用于过劳、中暑、中毒等过程中的急性心衰,而强心苷适用于急、慢性充血性心力衰竭。因此,临床必须根据药物的药理作用,结合疾病性质合理选用。此节主要介绍治疗心功能不全的药物。

强心苷是治疗充血性心力衰竭的首选药物。除强心苷外,临床用于治疗充血性心力衰竭的药物还有血管扩张药,如受体阻断剂,通过扩张血管,降低心脏负荷,阻断心力衰竭病理过程的恶性循环,改善心脏功能,控制心力衰竭症状的发展。利尿药可消除水钠潴留,减少循环血容量,常作为轻度心力衰竭的首选药和各种原因引起的心力衰竭的基础治疗药物。

临床常用的强心苷类药物有洋地黄毒苷、毒毛花苷 K、地高辛等。各种强心苷对心脏的作用主要是加强心肌收缩力,但作用强度、快慢及持续时间长短有所不同。

洋地黄毒苷(Digitoxin)

【基本概况】本品为白色和类白色的结晶粉末,无臭,属慢作用强心类药物,不溶于水,常制成注射液和酊剂。

【作用与用途】①本品对心脏具有高度选择作用,使心肌细胞内可利用的 Ca^{2+} 量增加,心肌收缩力加强。治疗剂量能明显加强衰竭心脏的收缩力(即正性肌力作用),使心肌收缩敏捷,并通过植物神经介导减慢心率和房室传导速率(负性心率和频率)。②可使流经肾脏的血流量和肾小球滤过功能加强,产生利尿作用。

本品主要用于慢性充血性心力衰竭、阵发性室上性心动过速和心房颤动等。

【应用注意】①本品安全范围窄,剂量过大可引起毒性反应,病畜出现精神抑郁、运动失调、厌食、呕吐、腹泻、严重虚弱、脱水和心律不齐等中毒症状。有效治疗方法是立即停药,维持体液和电解质平衡,停止使用排钾利尿药,内服或注射补充钾盐。中度及严重中毒引起的心律失常,应用抗心律失常药如苯妥因钠或利多卡因治疗。②与抗心律失常药、钙盐、拟肾上腺素类药等同时使用,作用相加而导致心律失常;与两性霉素 B、糖皮质激素或失钾利尿药等同时使用,可引起低血钾而致中毒。③单胃动物内服给药吸收迅速,但反刍动物因瘤胃微生物的破坏,内服无效。本品的毒性作用种属差异性大,猫对本品较敏感,一般不推荐用于猫。④在过去 10 d 内用过任何强心苷类的动物,使用时剂量应减少以免中毒。⑤低血钾能增加心脏对强心苷类药物的敏感性,不应与高渗葡萄糖、排钾性利尿药合用,适当补钾可预防或减轻强心苷的毒性反应。⑥动物处于休克、贫血、尿毒症等情况下,不宜使用。⑦患心内膜炎、急性心肌炎、创伤性心包炎者慎用,肝、肾功能障碍患畜用量应酌减。

【用法与用量】全效量,静脉注射,每 100 kg 体重,马、牛 0.6~1.2 mg,犬 0.1~1 mg,维持量应酌情减少。内服,一次量,每千克体重,马、牛 0.03~0.06 mg,犬 0.11 mg,每天 2 次,连用 1~2 d。

地高辛(狄戈辛)

【基本概况】本品为白色结晶或结晶性粉末,无臭、味苦,不溶于水,在稀醇中微溶。

【作用与用途】本品为由毛花洋地黄中提纯制得的中效强心苷,其特点是排泄较快而蓄积性较小,临床使用比洋地黄和洋地黄毒苷安全。犬口服吸收率 65%~75%。反刍动物口服本品易被瘤胃微生物破坏,吸收不规则。静脉注射,通常在 15~30 min 生效,60 min 达到最大效应。半衰期,马 17 h,犬 39 h,猫 21~15 h。

【用法与用量】片剂,内服,马初次量每千克体重 20 µg,之后每天每千克体重 20 µg,分 2 次服用。小型犬,每千克体重 1 µg,每天 2 次;大型犬,每千克体重 5 µg,每天 2 次。猫每天每千克体重 4 µg,或隔天每千克体重 7~14 µg。

毒毛花苷 K(Strophanthin K)

【基本概况】本品为白色或微黄色粉末,溶于水,常制成注射剂。

【作用与用途】本品作用同洋地黄毒苷。

本品临床主要用于充血性心力衰竭。

【应用注意】①本品内服吸收很少,静脉注射作用快,3~10 min 即显效,作用持续时间 10~12 h。在体内排泄快,蓄积性小。②本品用前以 5% 葡萄糖注射液稀释,缓慢注射。其他同洋地黄毒苷。

【用法与用量】静脉注射,一次量,马、牛 1.25~3.75 mg,犬 0.25~0.5 mg。

二、止血药与抗凝血药

血液系统中存在着凝血和抗凝血两种对立统一的机制,并由此保证血液的正常流动性。凝血过程和抗凝血过程可概括为以下 4 个步骤:①在血管或组织损伤后,凝血因子经一系列的递变而形成因子 Xa 。②在 Xa 与 Ca^{2+}、因子 V 和血小板磷脂(PL)的作用下,使凝血酶原(因子 II)变成凝血酶(II a)。③在凝血酶的作用下,纤维蛋白原(因子 I)变成纤维蛋白(因子 I a),产生凝血块而止血。④纤维蛋白在纤维蛋白溶酶的作用下,成为纤维蛋白降解产物,使纤维蛋白(血凝块)溶解。

止血药和抗凝血药则是通过影响血液凝固和溶解过程中的不同环节而发挥止血和抗凝血作用。其中,止血药既可通过影响某些凝血因子,促进或恢复凝血过程而止血(如维生素 K_1),也可通过抑制纤维蛋白溶解系统而止血(如 6-氨基己酸、氨甲苯酸、氨甲环酸),还可直接作用于血管,降低毛细血管通透性而止血(如安络血)。抗凝血药物通过影响凝血酶和凝血因子的形成发挥作用(如肝素与抗凝血酶 III 可逆性结合,使抗凝血酶 III 对各种激活的凝血因子的抑制作用显著增强,实现抗凝作用)。

亚硫酸氢钠甲萘醌（Menadione Sodium Bisultite）

【基本概况】本品又称维生素 K_3，为白色结晶性粉末，无臭或微有特臭，属人工合成品，为亚硫酸氢钠甲萘醌和亚硫酸氢钠的混合物，易溶于水，常制成注射液。

【作用与用途】本品为肝脏合成凝血酶原（因子Ⅱ）的必需物质，参与凝血因子Ⅶ、Ⅸ、Ⅹ的合成。本品缺乏可致上述凝血因子合成障碍，影响凝血过程而引起出血倾向或出血。

本品主要用于维生素 K 缺乏所致的出血和各种原因引起的维生素 K 缺乏症。

【应用注意】①本品较大剂量可致幼畜溶血性贫血、高胆红素血症及黄疸。②本品不宜长期大量应用，可损害肝脏，肝功能不良患畜宜改用维生素 K_1。③天然的维生素 K_1、K_2 是脂溶性的，其吸收有赖于胆汁的增溶作用，胆汁缺乏时则吸收不良；维生素 K_3 因溶于水，内服可直接吸收，也可肌内注射给药，但肌内注射部位可出现疼痛、肿胀等症状。④较大剂量的水杨酸类、磺胺药等可影响其作用，巴比妥类可诱导其代谢加速，故均不宜合用。

【用法与用量】肌内注射，一次量，马、牛 100～300 mg，羊、猪 30～50 mg，犬 10～30 mg，禽 2～4 mg。

酚磺乙胺（Etasylate）

【基本概况】本品又称止血敏，为白色结晶或结晶性粉末，无臭，味苦，易溶于水，常制成注射液。

【作用与用途】①本品能增加血小板数量，并增强其聚集性和黏附力，促进血小板释放凝血活性物质，缩短凝血时间，加速血块收缩。②能增强毛细血管抵抗力，降低其通透性，减少血液渗出。

本品主要用于各种出血，如手术前后出血、消化道出血等。

【应用注意】①本品止血作用迅速，注射后 1 h 作用达高峰，药效可维持 4～6 h，一般应在外科手术前 15～30 min 用药预防出血。②可与其他止血药（如维生素 K）并用。

【用法与用量】肌内、静脉注射，一次量，马、牛 1.25～2.5 g，羊、猪 0.25～0.5 g。

安络血（Carbazochrome）

【基本概况】本品又称安特诺新，为橘红色结晶或结晶性粉末，无臭，无味，极微溶于水，常制成注射剂。

【作用与用途】本品能增强毛细血管对损伤的抵抗力，降低毛细血管通透性，促进断裂毛细血管端回缩而止血，对大出血无效。

本品主要用于毛细血管渗透性增加所致的出血，如鼻出血、内脏出血、血尿、视网膜出血、手术后出血及产后子宫出血等。

【应用注意】①本品中含有水杨酸，长期应用可产生水杨酸反应。②抗组胺药能抑制本品作用，用本品前 48 h 应停止给予抗组胺药。③本品不影响凝血过程，对大出血、动脉出血疗效差。④内服可吸收，但在胃肠道内可被迅速破坏、排出。

【用法与用量】肌内注射,一次量,马、牛 5~20 mL,羊、猪 2~4 mL。

凝血质(Thromboplastinum)

【基本概况】本品为黄色或淡黄白色的软脂状固体或粉末,易溶于水,常制成注射液。

【作用与用途】本品能使凝血酶原变为凝血酶而促进凝血过程。

本品主要外用于局部止血,对内脏出血作用弱。

【应用注意】①本品可引起血栓形成,不可静脉注射。②局部止血时,可用灭菌纱布或脱脂棉浸润本品后,敷用或堵塞出血部位。

【用法与用量】皮下或肌内注射,一次量,马、牛 20~40 mL,羊、猪 5~10 mL。

明胶(Gelatin)

【基本概况】本品为淡黄色至黄色、半透明、微带光泽的粉粒或薄片,无臭;在水中久浸可吸水膨胀并软化,重量可增加数倍,常制成吸收性海绵。

【作用与用途】①由本品制成的吸收性明胶海绵,能吸收大量血液,并促使血小板破裂释出凝血因子而促进血液凝固。②吸收性明胶海绵敷于出血处,对创面渗血有机械性压迫止血作用。

本品主要用于创口渗血区止血,如外伤性出血、手术止血、毛细血管渗血、鼻出血等;也可用作赋形剂。

【应用注意】①本品为灭菌制品,使用过程中要求无菌操作,以防污染。②包装打开后不宜再消毒,以免延长吸收时间。

【用法与用量】贴于出血处,再用干纱布压迫。

三氯化铁(Ferrous Trichloride)

【基本概况】本品为橙黄色或棕黄色的结晶性块,无臭或稍带盐酸臭,味带铁涩,极易溶于水,常制成溶液和止血棉。

【作用与用途】①本品用于局部能使血液和组织蛋白沉淀,也有可能封闭断端毛细血管。②外用产生收敛止血作用。

本品外用于皮肤和黏膜的出血。

【应用注意】①本品水溶液应临用时配制。②浓度过高,可损伤局部组织。

【用法与用量】外用,配成 1%~6% 溶液涂于局部,或制成止血棉应用。

枸橼酸钠(Sodium Citrate)

【基本概况】本品为无色结晶或白色结晶性粉末,无臭,味咸、凉,易溶于水,常制成注射液。

【作用与用途】本品含有的枸橼酸根离子能与血浆中钙离子形成难解离的可溶性络合物,

使血中钙离子浓度迅速减少而产生抗凝血作用。

本品主要用于血液样品的抗凝，已很少用于输血。

【应用注意】大量输血时，应另注射适量钙剂，以预防低血钙。

【用法与用量】体外抗凝，每 100 mL 血液添加 0.4% 枸橼酸钠注射剂 10 mL。

三、抗贫血药

单位容积循环血液中红细胞数和血红蛋白量低于正常时称为贫血。凡能增进机体造血机能、补充造血必需物质、改善贫血状态的药物称为抗贫血药。临床上按贫血病因可分为缺铁性贫血、巨幼红细胞性贫血和再生障碍性贫血 3 种类型。兽医临床上的常用抗贫血药主要用于防治缺铁性贫血和巨幼红细胞性贫血。有硫酸亚铁、维生素 B_{12}、叶酸等药物。

右旋糖酐铁注射液（Iron Dextran Injection）

【基本概况】本品为右旋糖酐与氢氧化铁的络合物，为棕褐色或棕黑色结晶性粉末，略溶于热水，常制成注射液。

【作用与用途】本品作用同硫酸亚铁。肌内注射后主要通过淋巴系统缓慢吸收，其解离的铁立即与蛋白分子结合形成含铁血黄素、铁蛋白或转铁蛋白。

本品主要用于重症缺铁性贫血或不宜内服铁剂的缺铁性贫血。

【应用注意】①猪注射铁剂偶尔会出现不良反应，临床表现为肌肉软弱、站立不稳，严重时可致死亡。②肌内注射时可引起局部疼痛，应深部肌注。超过 4 周龄的猪注射有机铁，可引起臀部肌肉着色。药物可能在数月内被缓慢吸收。③久置可发生沉淀。

【用法与用量】肌内注射，一次量，仔猪 100～200 mg。

右旋糖酐铁钴注射液（Iron and Cobalt Dextran Injection）

【基本概况】本品又称铁钴注射液，为右旋糖酐与三氯化铁及微量氯化钴制成的胶体性注射液。

【作用与用途】本品具有钴与铁的抗贫血作用。钴有促进骨髓造血功能的作用，并能改善机体对铁的利用。

本品主要适用于仔猪缺铁性贫血。

【应用注意】参见右旋糖酐铁注射液。

【用法与用量】肌内注射，一次量，仔猪 2 mL。

硫酸亚铁

【基本概况】本品为淡蓝绿色柱状结晶或颗粒，味咸、涩，无臭，在干燥空气中立刻风化，在湿空气中即迅速氧化变质，表面生成黄棕色的碱式硫酸铁。在水中易溶，不溶于乙醇。

【作用与用途】铁是构成血红蛋白的必需物质，血红蛋白铁占全身含铁量的 60%。铁也是肌红蛋白、细胞色素和某些呼吸酶的组成部分。每日都有相当数量的红细胞被破坏，红细胞破坏所释放的铁,几乎均可被骨髓利用来合成血红蛋白,故每日只需补充少量因排泄而失去的铁,即可维持体内铁的平衡。饲料中含有丰富的铁,一般情况下家畜不会缺铁。但吮乳期或生长期幼畜,妊娠期或泌乳期母畜;胃酸缺乏、慢性腹泻等而致肠道吸收铁的功能减退;慢性失血,使体内贮备铁耗竭;急性大出血后恢复期,铁作为造血原料需要增加时都必须补铁。

本品用于防治缺铁性贫血。

【药物相互作用】①稀盐酸有助于铁剂的吸收,与稀盐酸合用可提高疗效;维生素 C 为还原物质,能防止 Fe^{2+} 氧化,因而利于铁的吸收。②钙剂、磷酸盐类、含鞣酸药物等均可使铁沉淀,妨碍其吸收。③铁剂与四环素类可形成络合物,互相妨碍吸收。

【不良反应】①内服对胃肠道黏膜有刺激性,大量内服可引起肠坏死、出血,严重时可致休克。②铁能与肠道内硫化氢结合生成硫化铁,使硫化氢减少,减少了对肠蠕动的刺激作用,可致便秘,并排黑粪。

【应用注意】禁用于消化道溃疡、肠炎等。

维生素 B_{12}

【基本概况】本品为深红色结晶或结晶性粉末,无臭,无味,吸湿性强,略溶于水或乙醇。

【作用与用途】维生素 B_{12} 具有广泛的生理作用。它参与机体的蛋白质、脂肪和糖类的代谢,帮助叶酸循环利用,促进核酸的合成,为动物生长发育、造血、上皮细胞生长所必需。缺乏维生素 B_{12} 时,常可导致猪的巨幼红细胞性贫血,畜禽生长发育障碍,鸡蛋孵化率降低,猪运动失调等。成年反刍动物在瘤胃内微生物的作用下,能合成部分维生素 B_{12},其他草食动物也可在肠内合成。

本品主要用于治疗维生素 B_{12} 缺乏所致的巨幼红细胞性贫血,也可用于神经炎、神经萎缩、再生障碍性贫血、放射病、肝炎等的辅助治疗。

【应用注意】在防治巨幼红细胞贫血症时,本品与叶酸配合应用可取得更为理想的效果。

【用法与用量】维生素 B_{12} 注射液,肌内注射,一次量,马、牛 1～2 mg,羊、猪 0.3～0.4 mg,犬、猫 0.1 mg。

叶酸

【基本概况】药用叶酸多为人工合成,橙黄色结晶粉,无臭,无味,极难溶于水,在氢氧化钠或碳酸钠试液中易溶,遇光易失效。

【作用与用途】叶酸是核酸和某些氨基酸合成所必需的物质。当叶酸缺乏时,红细胞的成熟和分裂停滞,造成巨幼红细胞性贫血和白细胞减少;病猪表现生长迟缓、贫血;雏鸡发育停滞,羽毛稀疏,有色羽毛褪色;母鸡产蛋率和孵化率下降,食欲不振、腹泻等。家畜由于消化道微生物能合成叶酸,一般不易发生缺乏症。只有雏鸡、猪、狐、水貂等必须从饲料中摄取补充。长期使用磺胺类等肠道抗菌药时,家畜也可能发生叶酸缺乏症。

本品主要用于叶酸缺乏症、再生障碍性贫血和母畜妊娠期等。亦常作为饲料添加剂,用于鸡和皮毛动物如狐、水貂的饲养。

【应用注意】对维生素 B_{12} 缺乏所致的"恶性贫血",大剂量叶酸治疗可纠正血象,但不能改善神经症状。

【用法与用量】叶酸片,内服,一次量,犬、猫 2.5～5 mg。

学习单元 4　泌尿生殖系统用药

一、利尿药与脱水药

尿液的生成是通过肾小球滤过、肾小管和集合管的重吸收及分泌实现的。凡是能作用于肾脏、增加电解质和水的排泄、使尿量增多的药物被称为利尿药。临床主要用于治疗各种类型的水肿、急性肾功能衰竭及促进毒物的排出。这类药物通过影响肾小球的滤过、肾小管的重吸收和分泌等功能,特别是影响肾小管的重吸收而实现其利尿作用。

1. 肾小球滤过

血液流经肾小球毛细血管网时,血液中的水、小分子溶质和分子量较小的血浆蛋白质,均可以通过肾小球滤过膜进入肾小球的囊腔中,形成原尿。原尿量的多少决定于有效滤过压。凡能增加有效滤过压的药物都可使尿量增加,如咖啡因、氨茶碱、洋地黄等通过增加心肌的收缩力,导致肾脏血流量和肾小管滤过压增加而产生利尿,但其利尿作用极弱,一般不做利尿药。

2. 肾小管和集合管的重吸收及分泌

(1)近曲小管:原尿中的 $NaHCO_3$、$NaCl$ 在此重吸收。Na^+ 的重吸收主要靠 Na^+-H^+ 交换进行,而 H^+ 的产生来自 CO_2 和 H_2O 在细胞内碳酸酐酶(CA)的作用下生成 H_2CO_3,后者再解离成 H^+ 和 HCO_3^-,H^+ 将 Na^+ 交换入胞内。

$$H_2O+CO_2 \xrightleftharpoons{\text{碳酸酐酶}} H_2CO_3 \rightleftharpoons H^+ + HCO_3^-$$

乙酰唑胺通过抑制碳酸酐酶的活性而使 H_2CO_3 生成减少,从而 H^+ 生成减少,Na^+-H^+ 交换减少,导致 Na^+ 的重吸收减少而产生利尿作用。但此作用弱,且生成的 HCO_3^- 可引起代谢性酸血症,故现已少用。

(2)髓袢升支粗段的髓质和皮质部:原尿中的 $30\%～35\%$ 的 Na^+、Cl^- 在此段重吸收,水不重吸收。小管液由肾乳头部流向肾皮质时,逐渐由高渗变为低渗,进而形成无溶质的净水,此为肾对尿液的稀释功能。同时,$NaCl$ 被重吸收到髓质间液后,在髓袢的逆流倍增作用和尿素的参与下,形成呈渗透压梯度的髓质高渗区。当尿液流经集合管时,由于管腔内液体与高渗髓质间存在渗透压差,并受抗利尿激素(ADH)的影响,大量的水被重吸收回髓质间液,称净水的重吸收,此为肾对尿液的浓缩功能。

可见当升支粗段的髓质和皮质部 $NaCl$ 的重吸收减少,肾的稀释功能和浓缩功能都降低,结果导致强大的利尿作用。高效利尿药呋塞米、利尿酸等通过抑制髓袢升支粗段髓质和皮质部对 $NaCl$ 的重吸收产生利尿作用。中效利尿药噻嗪类仅能抑制髓袢升支粗段皮质部对 $NaCl$ 的重吸收。

(3)远曲小管和集合管:原尿中 $5\%～10\%$ 的 Na^+ 在此段重吸收,同时远曲小管和集合管还可向管腔分泌 H^+ 和 K^+,与 Na^+ 形成 Na^+-H^+ 交换和 Na^+-K^+ 交换。而 Na^+-K^+ 交换部分是依赖醛固酮调节的,盐皮质激素受体拮抗剂螺内酯对 Na^+-K^+ 交换可产生竞争性抑制作用;氨苯蝶啶能直接抑制 Na^+-K^+ 交换,从而产生排钠保钾的利尿作用。

凡能消除组织水肿的药物被称为脱水药,又称渗透性利尿药。脱水药是一种非电解质类物质,在体内不被代谢或代谢较慢,但能迅速提高血浆渗透压,且很容易从肾小球滤过,在肾小管内不被重吸收或吸收很少,从而提高肾小管内渗透压。临床主要用于消除脑水肿等局部组织水肿。

呋塞米(Furosemide)

【基本概况】本品又称速尿,为白色或类白色的结晶性粉末,无臭,几乎无味,不溶于水,常制成片剂和注射液。

【作用与用途】①本品能抑制肾小管髓袢升支的髓质部和皮质部对 Cl^- 和 Na^+ 的重吸收,导致管腔液 Na^+、Cl^- 浓度升高,髓质间液 Na^+、Cl^- 浓度降低,肾小管浓缩功能下降,从而导致水、Na^+、Cl^- 排泄增多。②能促进远曲小管 Na^+-K^+ 和 Na^+-H^+ 交换增加,K^+、H^+ 排泄增多。

本品主要用于治疗各种原因引起的全身水肿及其他利尿药无效的严重病例,也可用于预防急性肾功能衰竭以及药物中毒时加速排出。

【应用注意】①本品可诱发低血钠、低血钙、低血钾症等电解质平衡紊乱及胃肠道功能紊乱,长期大量用药可出现低血钾、低血氯及脱水,应补钾或与保钾性利尿药配伍或交替使用,并定时监测水和电解质平衡状态。②大剂量静脉注射可能使犬听觉丧失。③与氨基糖苷类抗生素同时应用可增加后者的肾毒性、耳毒性。④可抑制筒箭毒碱的肌肉松弛作用,但能增强琥珀胆碱的作用。⑤皮质激素类药物可降低其利尿效果,并增加电解质紊乱尤其是低血钾症发生机会,从而可能增加洋地黄的毒性。⑥能与阿司匹林竞争肾的排泄部位,延长其作用,因此在同时使用阿司匹林时需调整用药剂量。⑦与其他利尿药同时应用,可增强其利尿作用。⑧无尿患畜禁用,电解质紊乱或肝损害的患畜慎用。

【用法与用量】内服,一次量,每千克体重,马、牛、羊、猪 2 mg,犬、猫 2.5～5 mg。肌内、静脉注射,一次量,每千克体重,马、牛、羊、猪 0.5～1 mg,犬、猫 1～5 mg。

氢氯噻嗪(Hydrochlorothiazide)

【基本概况】本品为白色结晶性粉末,无臭,味微苦。本品不溶于水,常制成片剂。

【作用与用途】①本品能抑制髓袢枝皮质部和远曲小管的前段对 Na^+、Cl^- 的重吸收,从而起到排钠利尿作用。②促进远曲小管和集合管对 K^+、Na^+ 的交换,K^+ 的排泄也增加。

本品临床用于治疗肝、心、肾性水肿,也可用于治疗局部组织水肿,如产前浮肿、牛乳房水肿等,以及某些急性中毒加速毒物排出。

【应用注意】①本品属中效利尿药,大量或长期应用引起体液和电解质平衡紊乱,导致低钾性碱血症、低氯性碱血症;与皮质激素同时应用会增加低血钾症发生的机会。②可产生胃肠道反应(如呕吐、腹泻等)。③严重肝、肾功能障碍和电解质平衡紊乱的患畜慎用。④宜与氯化钾合用,以免发生低血钾症。

【用法与用量】内服,一次量,每千克体重,马、牛 1～2 mg,羊、猪 2～3 mg,犬、猫 3～4 mg。

甘露醇（Mannitol）

【基本概况】本品为白色结晶性粉末，无臭，味甜，易溶于水，常制成注射液。

【作用与用途】①静脉注射高渗甘露醇后可提高血浆渗透压，使组织（包括眼、脑、脑脊液）细胞间液水分向血浆转移，产生组织脱水作用，从而可降低颅内压和眼内压。②可防止有毒物质在小管液内的积聚或浓缩，对肾脏产生保护作用。

本品主要用于预防急性肾功能衰竭，降低眼内压和颅内压，加速某些毒素的排泄，以及辅助其他利尿药以迅速减轻水肿或腹水，如用于脑水肿、脑炎的辅助治疗。

【应用注意】①本品为高渗性脱水剂，大剂量或长期应用可引起水和电解质平衡紊乱。②静脉注射过快可能引起心血管反应，如肺水肿及心动过速等。③静脉注射时药物漏出血管可使注射部位水肿，皮肤坏死。④严重脱水、肺充血或肺水肿、充血性心力衰竭以及进行性肾功能衰竭的患畜禁用。⑤脱水动物在治疗前应补充适当体液。

【用法与用量】静脉注射，一次量，马、牛 1 000～2 000 mL，羊、猪 100～250 mL。

山梨醇（Sorbitol）

【基本概况】本品为白色结晶性粉末，无臭，味甜，易溶于水，常制成注射液。

【作用与用途】本品为甘露醇的同分异构体，作用和应用与甘露醇相似。

【应用注意】①本品进入体内后，部分在肝脏转化为果糖，故相同浓度的作用效果较甘露醇弱。②局部刺激比甘露醇大。

【用法与用量】静脉注射，一次量，马、牛 1 000～2 000 mL，羊、猪 100～250 mL。

二、生殖系统药物

缩宫素（Oxytocin）

【基本概况】本品为白色无定形粉末或结晶性粉末，溶于水，常制成注射液。

【作用与用途】①本品能选择性兴奋子宫，加强子宫平滑肌的收缩。其兴奋子宫平滑肌作用因剂量大小、体内激素水平而不同。小剂量能增加妊娠末期子宫肌的节律性收缩，收缩舒张均匀；大剂量则能引起子宫平滑肌强直性收缩，使子宫肌层内的血管受压迫而起止血作用。②能促进乳腺腺泡和腺导管周围的肌上皮细胞收缩，促进排乳。

本品用于子宫收缩无力时催产、引产及产后出血、胎衣不下和子宫复原不全的治疗。

【应用注意】产道阻塞、胎位不正、骨盆狭窄及子宫颈尚未开放时，禁用于催产。

【用法与用量】皮下、肌内注射，一次量，马、牛 30～100 U，羊、猪 10～50 U，犬 2～10 U。

垂体后叶注射液（Posterior Pituitary Injection）

【基本概况】本品为垂体后叶水溶性成分的灭菌水溶液。

【作用与用途】本品含缩宫素和加压素,有收缩子宫、抗利尿和升高血压的作用。

本品主要用于催产、产后子宫出血和胎衣不下等。

【应用注意】①临产时,若产道阻塞、胎位不正、骨盆狭窄、子宫颈尚未开放等禁用。②用量大时可引起血压升高、少尿及腹痛。

【用法与用量】皮下、肌内注射,一次量,马、牛 30～100 U,羊、猪 10～50 U,犬 2～10 U,猫 2～5 U。

马来酸麦角新碱(Ergometrine Maleate)

【基本概况】本品为白色或类白色的结晶性粉末,略溶于水,常制成注射液。

【作用与用途】①本品能选择性地作用于子宫平滑肌,作用强而持久。②由于子宫肌强直性收缩,机械压迫肌纤维中的血管可阻止出血。

本品临床上主要用于治疗产后子宫出血、产后子宫复原不全等。

【应用注意】①对子宫体和子宫颈都有兴奋效应,临产前子宫或分娩后子宫最敏感。但稍大剂量即引起强直收缩,故不适于催产和引产。②胎儿未娩出前或胎盘未剥离排出前均禁用。③与缩宫素或其他麦角制剂有协同作用,不宜与其联用。

【用法与用量】肌内、静脉注射,一次量,马、牛 5～15 mg,羊、猪 0.5～1.0 mg,犬 0.1～0.5 mg。

苯丙酸诺龙(Nandrolone Phenylpropionate)

【基本概况】本品为白色或类白色结晶性粉末,有特殊臭味,其为人工合成的睾酮衍生物,几乎不溶于水,常制成注射液。

【作用与用途】本品蛋白质同化作用较强,雄激素活性较弱,能促进蛋白质合成和抑制蛋白质异化作用,并有促进骨组织生长、刺激红细胞生成等作用。

本品用于慢性消耗性疾病,也可用于某些贫血性疾病的辅助治疗。

【应用注意】①可以作治疗用,但不得在动物食品中检出。②禁止作为促生长剂。③肝、肾功能不全时慎用。④可引起钠、钙、钾、水、氯和磷潴留以及繁殖机能异常,也可引起肝脏毒性。⑤休药期 28 d,弃奶期 7 d。

【用法与用量】皮下、肌内注射,一次量,每千克体重,家畜 0.2～1.0 mg,每 2 周 1 次。

黄体酮(Progesterone)

【基本概况】本品又称孕激素、助孕素,为白色或类白色的结晶性粉末,无臭,无味。黄体酮主要由黄体及胎盘(马及绵羊)产生,肾上腺皮质和睾丸也能少量产生。本品不溶于水,常制成注射液和复方缓释圈。

【作用与用途】①本品在雌激素作用基础上,可促进子宫内膜及腺体发育,抑制子宫肌收缩,减弱子宫肌对催产素的反应,起保胎作用;通过反馈机制抑制垂体前叶黄体生成素的分泌,抑制发情和排卵。②在雌激素刺激乳腺导管发育的基础上,可刺激乳腺腺泡发育,为泌乳做准备。

本品可用于习惯性或先兆性流产和母畜同期发情。

【应用注意】①长期应用可使妊娠期延长。②泌乳奶牛禁用。③在放入由黄体酮和苯甲酸雌二醇复方黄体酮缓释圈 12 d 后,应取出残余胶圈,并在 48～72 h 内配种。对于诱发绵羊发情,可用孕激素制剂每天 10～12 mg,处理 14 d(孕激素的处理采用阴道海绵栓即用海绵栓吸取适量的药物,置入阴道,放置时在栓上撒一些抗生素和消炎药物),停药的当天一次注射孕马血清促性腺激素 500～1 000 U。④休药期 30 d。

【用法与用量】肌内注射,一次量,马、牛 50～100 mg,羊、猪 15～25 mg,犬 2～5 mg。插入阴道内,每头牛一次量一个弹性橡胶圈。

醋酸氟孕酮(Flugestone Acetate)

【基本概况】本品为白色或类白色结晶性粉末,不溶于水,常制成阴道海绵。

【作用与用途】作用同黄体酮,但作用较强。

本品主要用于绵羊、山羊的诱导发情或同期发情。

【应用注意】①禁于泌乳期和食品动物使用。②休药期,羊 30 d。

【用法与用量】阴道给药,一次量,1 个。给药后 12～14 d 取出。

绒促性素(Chorionic Gonadotrophin)

【基本概况】本品又称人绒毛膜促性腺激素(HCG),为白色或类白色的粉末,是由孕妇绒毛膜滋养层合胞体细胞所产生的一种糖蛋白类激素,溶于水,常制成粉针。

【作用与用途】本品具有促卵泡素(FSH)和促黄体素(LH)样作用。对母畜可促进卵泡成熟、排卵和黄体生成,并刺激黄体分泌孕激素;对未成熟卵泡无作用。对公畜可促进睾丸间质细胞分泌雄激素,促使性器官、副性征的发育、成熟,使隐睾病畜的睾丸下降,并促进精子生成。

本品主要用于诱导排卵、同期发情,治疗卵巢囊肿和公畜性机能减退。

【应用注意】①不宜长期应用,以免产生抗体和抑制垂体促性腺功能。②本品溶液极不稳定,且不耐热,应在短时间内用完。

【用法与用量】肌内注射,一次量,马、牛 1 000～5 000 U,羊 100～500 U,猪 500～1 000 U,犬 100～500 U,每周 2～3 次。

血促性素(Serum Gonadotrophin)

【基本概况】本品又称孕马血清促性腺激素(PMSG),是在怀孕母马中提取的一种酸性糖蛋白类激素,为白色或类白色粉末。常制成注射用无菌粉剂。

【作用与用途】具有 FSH 和 LH 双重活性,但以 FSH 样作用为主,因此有着明显的促卵泡发育的作用;对雄性动物有促使曲细精管发育和性细胞分化的功能。

本品主要用于母畜催情和促进卵泡发育,也用于胚胎移植时的超数排卵。

【应用注意】①动物的临床应用剂量有较大差异,以千克体重而言,以草食动物较小,杂食动物次之,食肉动物最大。如 500 kg 体重的奶牛仅需 1 000 U,100 kg 体重的猪也需要

1 000 U,35 kg 体重的犬同样用 1 000 U。②对于诱发动物发情,常给母猪注射 PMSG,剂量为每千克体重 10 U;牛可采用 PMSG 1 000 U,肌内注射,于第 2 天再肌内注射 6～8 mg 雌二醇,2～3 d 后可出现发情;亦可同时应用 PMSG 1 000 U 和前列腺素 2.0 mg 进行肌内注射,效果更好。③牛的超数排卵应在母畜发情周期的 8～12 d 使用 PMSG 或 FSH 促进卵泡发育,其剂量大于诱发发情的 1 倍。在 2 d 后配合使用前列腺素 $F_{2\alpha}$(肌内注射 15～25 mg)可提高排卵数。为促进大量发育成熟的卵泡成功排卵,在母畜发情、配种的适当时期肌内注射 FSH。由于 PMSG 在体内的半衰期较长,一次肌内注射即可。FSH 在体内半衰期短,注射后很快失去活性,因此应将总剂量分配在 3～4 d 中,每天注射 2 次。

【用法与用量】皮下、肌内注射,一次量,催情,马、牛 1 000～2 000 U,羊 100～500 U,猪 200～800 U,犬 25～200 U,猫 25～100 U,兔、水貂 30～50 U。超排,母牛 2 000～4 000 U,母羊 600～1 000 U。用灭菌生理盐水 2～5 mL 稀释。

注射用垂体促卵泡素(Follicle Stimulating Hormone-Pituitary for Injection)

【基本概况】垂体促卵泡素(FSH)又称卵泡刺激素或促卵泡成熟素,为猪的脑下垂体前叶提取的一种糖蛋白激素。本品是 FSH 加适宜的赋形剂制成的冷冻干燥的无菌制剂。

【作用与用途】本品在垂体促黄体素协同作用下,能促进卵巢卵泡生长发育和雌激素的分泌,引起正常发情。

本品用于治疗卵巢静止、持久黄体、卵泡发育停滞等。

【应用注意】使用本品前,必须检查卵巢变化,并依此修正剂量和用药次数。

【用法与用量】肌内注射,一次量,马、驴 200～300 U,每天或隔天一次,2～5 次为一疗程;乳牛 100～150 U,隔 2 d 一次,2～3 次为一疗程。临用前,以灭菌生理盐水 2～5 mL 稀释。

注射用垂体促黄体素(Lutein Stimulating Hormone-Pituitary for Injection)

【基本概况】促黄体素(LH)又称促黄体生成素(在雄性则称间质细胞刺激素),为猪的脑下垂体前叶提取的一种糖蛋白激素。

【作用与用途】在垂体促卵泡素的协同作用下,本品能促进卵泡最后成熟,诱发成熟卵泡和黄体生成。

本品用于治疗排卵延迟、卵巢囊肿和习惯性流产等。

【应用注意】治疗卵巢囊肿时,剂量应加倍。

【用法与用量】肌内注射,一次量,马 200～3 000 U,牛 100～200 U。临用前用灭菌生理盐水 2～5 mL 稀释。

促黄体素释放激素 A_2(Luteinizing Hormone Releasing Hormone A_2 for Injection)

【基本概况】本品为白色或类白色粉末,略臭,无味,溶于水,常制成粉针。

【作用与用途】促使动物垂体前叶释放促黄体素(LH)和促卵泡素(FSH),兼具有促黄体素和促卵泡素作用。

本品用于治疗奶牛排卵迟滞、卵巢静止、持久黄体、卵巢囊肿及早期妊娠诊断,也可用于鱼类诱发排卵。

【应用注意】①使用本品后一般不能再用其他类激素。②剂量过大可致催情失败。

【用法与用量】奶牛排卵迟滞,一次量,输精的同时肌内注射 $12.5 \sim 25 \mu g$;卵巢静止, $25 \mu g$,每天 1 次,可连用 $1 \sim 3$ 次,总剂量不超过 $75 \mu g$;持久黄体或卵巢囊肿, $25 \mu g$,每天 1 次,可连续注射 $1 \sim 4$ 次,总剂量不超过 $100 \mu g$。

醋酸促性腺激素释放激素注射液(Fertirelin Acetate Injection)

【基本概况】本品是由动物的丘脑下部中提取或人工合成所得的 10 肽结构。目前,人工合成的 GnRH 类似物比天然的效价大几十倍或上百倍,作用时间也长得多。

【作用与用途】本品能促使动物垂体前叶的合成与释放促黄体素(LH)和促卵泡素(FSH),对促黄体素的作用强。

本品用于治疗乳牛卵巢囊肿、排卵障碍、卵巢静止及促排卵。

【应用注意】同促黄体素释放激素 A_2。

【用法与用量】肌内注射,一次量,乳牛 $100 \sim 200 \mu g$。

甲基前列腺素 $F_{2\alpha}$(Carboproste $F_{2\alpha}$)

【基本概况】本品为棕色油状或块状物,有异臭,极微溶于水,常制成注射液。

【作用与用途】本品有溶解黄体,增强子宫平滑肌张力和收缩力等作用。

本品主要用于同期发情、同期分娩,也用于治疗持久性黄体、诱导分娩和排出死胎,以及治疗子宫内膜炎等。

【应用注意】①妊娠母畜忌用,以免流产。②治疗持久黄体时,用药前应仔细进行直肠检查。③大剂量可产生腹泻、阵痛等不良反应。④休药期,牛、猪、羊 1 d。

【用法与用量】肌内注射或宫颈内注射,一次量,每千克体重,马、牛 $2 \sim 4 mg$,羊、猪 $1 \sim 2 mg$。

氨基丁三醇前列腺素 $F_{2\alpha}$ 注射液

作用同甲基前列腺素 $F_{2\alpha}$,用于控制母牛同期发情。患急性或亚急性血管系统、胃肠道系统、呼吸系统疾病的牛禁用。规格为 10 mL 含前列腺素 $F_{2\alpha}50 mg$,肌内注射,一次量,牛 25 mg。

氯前列醇(Cloprostenol)

【基本概况】本品为淡黄色油状黏稠液体,为人工合成的前列腺素 $F_{2\alpha}$ 同系物,不溶于水,在 10%碳酸钠溶液中溶解,常制成注射液。其钠盐常制成注射剂和粉针。

【作用与用途】①本品具有强大的溶解黄体作用,能迅速引起黄体消退,并抑制其分泌。

②对子宫平滑肌也具有直接兴奋作用,可引起子宫平滑肌收缩,子宫颈松弛。

本品用于诱导母畜同期发情,治疗母牛持久黄体、黄体囊肿和卵泡囊肿等疾病;亦可用于妊娠猪、羊的同期分娩,治疗产后子宫复原不全、胎衣不下、子宫内膜炎等。

【应用注意】①不需要流产的妊娠动物禁用。②可诱导流产及急性支气管痉挛。③本品易通过皮肤吸收,不慎接触后应立即用肥皂和水进行清洗。④不能与非类固醇类抗炎药同时应用。⑤在妊娠 5 个月后应用本品,动物出现难产的风险将增加,且药效下降。⑥对性周期正常的动物,治疗后通常在 2～5 d 内发情。妊娠 10～150 d 的怀孕牛,通常在注射用药物后 2～3 d 出现流产。⑦休药期,牛、猪 1 d。

【用法与用量】氯前列醇注射液:肌内注射,牛 2～4 mL,猪 1 mL;宫内注射,牛 1～2 mL。氯前列醇钠注射液:肌内注射,一次量,牛 0.2～0.3 mg;猪妊娠第 112～113 天,0.05～0.1 mg。注射用氯前列醇钠:肌内注射,一次量,牛 0.4～0.6 mg,11 d 后再用药一次;猪预产期前 3 d 内 0.05～0.20 mg。

复习思考题

一、填空题

1. 治疗习惯性或先兆性流产可使用_____。

2. 奶牛难产可选用_____。

3. 抢救心跳骤停的主要药物是_____。

4. 缺铁性贫血的患病动物可服用_____药物进行治疗。

5. 妊娠动物禁用氟苯尼考,因其对胚胎有_____作用。

6. 叶酸可用于治疗_____。

7. 强效利尿剂有_____。

二、简答题

1. 如何合理应用健胃药与助消化药、制酵药与消沫药?简述止泻药的临床应用。

2. 简述祛痰药、镇咳药及平喘药的临床配伍应用。

3. 简述强心药的分类及其作用特点。

4. 简述止血药的种类及其特点和抗凝血药的特点及其临床应用。

5. 简述利尿药与脱水药的异同点。

6. 简述垂体后叶素与麦角新碱的作用特点及其应用。

学习情境 6
作用于神经系统的药物

▶知识目标◀

    掌握中枢神经兴奋药物的分类、作用特点及临床应用。

    掌握中枢神经抑制药物的作用特点及临床应用。

    掌握外周神经系统用药的类型、作用特点及临床应用。

▶技能目标◀

    学会局麻药的作用观察。

    学会全麻药的作用观察。

学习单元 1　中枢神经兴奋药物

    中枢兴奋药是指能选择性地兴奋中枢神经系统,提高其机能活动的一类药物。根据它们在治疗剂量时的主要作用部位可以分为:①主要兴奋大脑皮层的药物,如咖啡因、茶碱,临床上常用于中枢功能抑制。②主要兴奋延髓的药物,如尼可刹米、樟脑等,临床上常用于呼吸中枢抑制。③主要兴奋脊髓的药物,如士的宁等,临床上常用于神经不全麻痹等。

一、大脑兴奋药

    大脑兴奋药主要作用部位为大脑皮层,其提高大脑皮层高级神经活动,对抗皮层下中枢的抑郁。这类药物有咖啡因、苯丙胺等,能提高大脑的兴奋性和改善全身代谢活动。

> **咖啡因**

    【基本概况】咖啡因为黄嘌呤类生物碱,这类药物包括咖啡因、茶碱、可可碱等。目前我国主要用人工合成法生产咖啡因和茶碱。咖啡因是白色针状结晶,味苦,难溶于水,在热水中能提高溶解度,略溶于乙醇。临床上常用其可溶性复盐,如与苯甲酸钠形成苯甲酸钠咖啡因。苯甲酸又叫作安息香酸,故苯甲酸钠咖啡因常称为"安钠咖"。

【作用与用途】①对中枢神经系统的作用:咖啡因对中枢神经系统有明显的兴奋作用,小剂量兴奋大脑皮层,剂量增大可兴奋延髓,超量则兴奋脊髓。对大脑的作用,直接兴奋大脑皮层,能提高皮层细胞的兴奋性,表现为增强动物对刺激的反应,缩短反射的潜伏期,消除疲劳,并能短暂地增加肌肉的工作能力。对延髓的作用,较大剂量能兴奋延髓的呼吸中枢、血管运动中枢和迷走神经中枢。对麻醉药及疾病导致的中枢抑制、呼吸减弱、血压下降有明显的治疗作用。咖啡因对脊髓的兴奋作用较弱,但在大剂量时也会出现脊髓的过度兴奋,表现为不安和强直性惊厥。②对循环系统的作用:咖啡因对心脏和血管有两重作用。对心脏的作用,咖啡因对心脏的直接作用是使其收缩力加强,心率加快,心输出量增加。对血管的作用,治疗剂量的咖啡因对血管的直接作用大于对中枢的作用,使冠状血管、肺血管、肾血管、骨骼肌血管舒张,有助于提高骨骼肌的活动力。在一般情况下,对血压没有明显的影响,但当低血压时,则可使血压回升。③其他作用:抑制肾小管对钠和水的重吸收,利尿作用明显,但比其他专用的利尿药要弱得多。可增强骨骼肌的收缩,提高肌肉的工作能力和减轻疲劳。松弛支气管平滑肌和胆管平滑肌,有轻微的止喘和利胆作用。加强代谢,有升高血糖和血中脂肪酸的作用。

咖啡因作中枢兴奋药和强心药,也可用于心、肝和肾病引起的水肿。咖啡因与溴化物合用,调节皮层活动,使紊乱的兴奋与抑制过程的平衡得到恢复。

【应用注意】咖啡因是一种比较安全的中枢兴奋药,治疗剂量一般无不良反应,但剂量过大会引起脊髓兴奋而发生惊厥,最后可因超限性抑制而死亡。肌内注射高浓度的苯甲酸钠咖啡因,可引起局部硬结,一般能自行恢复。

【用法与用量】咖啡因,内服,马 2～6 g,牛 3～8 g,羊、猪 0.5～2 g,犬 0.2～0.5 g。

安钠咖注射液(苯甲酸钠咖啡因注射液,CNB),10 mL:1 g;10 mL:2 g;20 mL:2 g。皮下或肌内注射,马、牛 2～5 g,猪、羊 0.5～2 g,犬 0.1～0.3 g。

二、延髓呼吸中枢兴奋药

延髓呼吸中枢兴奋药主要作用部位为延脑呼吸中枢及血管运动中枢,多用于抢救一般呼吸抑制的患畜,抢救呼吸肌麻痹的效果不佳。最常用的是尼可刹米。

```
尼可刹米
```

【基本概况】本品又名可拉明,是人工合成的吡啶类衍生物,为无色或淡黄色澄明油状液体,放置冷处即成结晶。本品微有特异的香味,味微苦,有引湿性,能与水任意混合,易溶于乙醇、乙醚等有机溶剂,须密封保存。

【作用与用途】尼可刹米吸收后,能直接兴奋延髓呼吸中枢,并能刺激颈动脉体和主动脉体的化学感受器,反射地兴奋呼吸中枢,当呼吸中枢处于抑制状态时,这种作用表现得特别明显。本品对延髓有一定的兴奋作用,对心血管没有直接作用,对循环系统的改善作用很弱,在中枢神经系统抑制时亦有苏醒作用。

本品作为常用的呼吸中枢兴奋药,主要用于中枢抑制药中毒或其他疾病引起的中枢性呼吸抑制,也可用于一氧化碳中毒、溺水及初生兽窒息等。对呼吸肌麻痹(如司可林中毒和链霉素急性中毒所导致的呼吸抑制)则效果不佳。

【应用注意】尼可刹米的安全范围较大,很少出现副作用。但过量的尼可刹米则导致大脑和脊髓的过度兴奋,引起阵发性惊厥,最后转入抑制而死。

【用法与用量】静脉、肌内或皮下注射,一次量,马、牛 2.5~5 g,羊、猪 0.25~1 g,犬 0.125 g~0.5 g。必要时可间歇 2 h 重复 1 次。

```
二甲弗林
```

【基本概况】本品又名回苏灵,是人工合成的脑干兴奋药,为白色结晶性粉末,味苦,能溶于水和酒精,应避光保存。

【作用与用途】二甲弗林对延髓的呼吸中枢有强烈的兴奋作用,效力比尼可刹米大,作用迅速,维持时间短,用药后能显著改善呼吸,增加肺换气量,降低动脉血二氧化碳分压,提高血氧饱和度。

本品用来治疗各种传染病和药物中毒引起的中枢性呼吸抑制。

【应用注意】本品过量易引起惊厥,此时可试用短效巴比妥解救。孕畜忌用。

【用法与用量】肌内或静脉注射,马、牛 40~80 mg,羊、猪 8~16 mg。静脉注射时宜用葡萄糖溶液稀释后缓慢注入。

三、脊髓兴奋药

此类药物主要作用部位在脊髓,易化脊髓传导,提高脊髓的反射兴奋性,解除脊髓反射低落症状。这类药物的代表是士的宁。

```
士的宁
```

【基本概况】本品又名番木鳖碱,是由马钱的种子提取出的生物碱。常用其硝酸盐或盐酸盐,是无色结晶或白色粉末,无臭,味极苦,略溶于水,微溶于乙醇,应避光密封保存。

【作用与用途】①本品可兴奋中枢神经各个部位,特别是对脊髓有高度选择性,能提高脊髓的反射机能,使已降低的反射机能得以恢复,并能增强听觉、味觉、视觉和触觉的敏感性,提高骨骼肌的张力。常用于治疗直肠、膀胱括约肌的不全麻痹,因挫伤引起的臀部、尾部与四肢的不全麻痹以及颜面神经麻痹,牛、猪产后麻痹等,也可用于治疗公畜性功能减退和非损伤性阴茎下垂等。②士的宁味极苦,在 1∶1 000 000 的浓度时,仍有苦味。临床上常用作苦味健胃药,内服后能反射性地引起胃肠的分泌增加,促进食欲,改善消化功能。③士的宁有改善视神经营养、兴奋视网膜的作用,间有用来治疗视弱和角膜翳者。

【应用注意】本品安全范围较小,内服致死量,每千克体重,马、牛 0.5 mg,猪 0.5~1 mg,犬 0.75 mg,猫 2~3 mg,家禽 5 mg。如注射给药,上述量的 1/10~1/2 即可使动物致死。

士的宁中毒时,最先出现的症状是神经过敏、不安、肌肉震颤、颈部僵硬等。随后震颤加剧,并逐渐出现脊髓性惊厥,所有骨骼肌全部强直收缩。由于伸肌力强,头向上向后仰起,咬肌强直,牙关紧闭,四肢伸直,脊柱略呈弓形,形成"角弓反张"姿势。起初这种惊厥是间歇的,在间歇期任何轻微刺激均立即引起惊厥发作。随着中毒的加强,惊厥连续发作,最后窒息而死。

解救措施:①使用中枢抑制药,如水合氯醛、戊巴比妥钠等。由于士的宁在体内维持时间比较长,因此要根据症状不断补给药物。②保持环境安静,避免任何直接和间接刺激。③静脉注射葡萄糖,以补充营养及增强机体的解毒能力。

【用法与用量】硝酸士的宁注射液,1 mL:2 mg;10 mL:20 mg。皮下注射,马、牛 15～30 mg,猪、羊 2～4 mg,犬 0.5～0.8 mg。盐酸士的宁注射液剂量也一样。

学习单元 2　中枢神经抑制药物

凡能降低中枢神经系统机能的药物称为中枢抑制药,主要包括全身麻醉药、化学保定药、镇痛药、解热镇痛药、镇静药、安定药与抗惊厥药。

一、全身麻醉药

全身麻醉药简称全麻药,是一类能可逆性地抑制中枢神经系统,暂时引起意识、感觉、运动及反射消失、骨骼肌松弛,但仍保持延髓生命中枢功能的药物。动物在麻醉状态下进行手术,对术者和患畜都很有好处,还能避免动物发生疼痛性休克。

全麻药对中枢神经系统的作用是一个由浅入深的过程。中枢神经受抑制的程度与药物在该部位的浓度有关,低剂量产生镇静作用,随着剂量的增加可产生全身麻醉作用,进一步可引起麻痹、甚至死亡。为了增强全麻药作用效果,降低其毒副作用,临床上常采用联合用药或辅助其他药物进行复合麻醉。常用的麻醉方式也因此有以下几种:麻醉前给药、诱导麻醉、基础麻醉、配合麻醉和混合麻醉。常用的药物主要用于外科手术,可分为吸入麻醉药和非吸入麻醉药两大类。

(一)全身麻醉的分期

中枢神经系统各部位对麻醉药的敏感程度不同,随着血药浓度的变化,中枢的各个部位出现不同程度的抑制,因而出现不同的麻醉时期。最先抑制的是大脑皮层,然后是间脑、中脑、脑桥,再次为脊髓,最后是延髓。因此,全麻过程大约可以分为下列几个时期。

1.麻醉诱导期

又可分为镇痛期与兴奋期。镇痛期短,不易察觉,也没有显著的临床意义。兴奋期动物作不自主运动,有一定危险性,是麻醉药作用于大脑,导致皮层失去对皮层下中枢的调节与抑制作用而产生的。

2.外科麻醉期

随着血药浓度的升高,间脑、中脑、脑桥和脊髓受到不同程度的抑制,因而表现出意识消失、反射性兴奋减弱、痛觉消失、肌肉松弛等一系列麻醉现象,适于进行手术。根据麻醉深度的不同,外科麻醉期可以分为以下 3 个阶段。

(1)浅麻醉期:动物安静,痛觉反应减弱或消失,骨骼肌松弛,呼吸脉搏转慢,瞳孔逐渐缩小,角膜反射、肛门反射减弱。

(2)深麻醉期:呼吸减慢变浅,血压下降,骨骼肌极度松弛,瞳孔轻度扩张,对光反射减弱,角膜反射消失,仍有肛门反射。兽医临床一般不应麻醉至此深度。

(3)麻痹期:又称呼吸麻痹期。这一时期延髓的生命中枢已经受到严重抑制,呼吸微弱,脉搏细弱,血压降至危险线,瞳孔突然扩大,呼吸停止,心跳也随即停止,动物死亡。

麻醉的苏醒则按麻醉相反的顺序进行。在完成手术后,一般应使苏醒过程尽量缩短,以减少在苏醒过程中动物挣扎所造成的意外损伤。

(二)复合麻醉

为了增强麻醉药的作用,减少副作用,常用的有如下几种方式。

1.麻醉前给药

在使用全麻药前先给一种或几种药物,以减少麻醉药的副作用。例如,在使用水合氯醛之前使用阿托品,能减少呼吸道黏膜腺体和唾液腺的分泌,减少干扰呼吸的机会。

2.混合麻醉

把几种麻醉药混合在一起进行麻醉,使它们互补长短,增强作用,减少毒性,如水合氯醛与硫酸镁、水合氯醛与乙醇等。

3.强化麻醉

先使用一种中枢抑制药,再使用全麻药。例如在使用水合氯醛之前先使用氯丙嗪,使动物安静而易于接近,静脉注射全麻药,并能增强全麻和镇痛效果,减少全麻药的用量,从而减少全麻过程中对各种生理活动的干扰,而且可以缩短全麻过程的苏醒期。

4.配合麻醉

兽医临床常用的配合麻醉是先用较少剂量的全麻药使动物轻度麻醉,再在术部配合局麻,这样可以减少全麻药的用量,使动物在比较安全又能保证手术在无痛的情况下进行,是兽医临床上比较常用的一种麻醉方式。

(三)全身麻醉药分类

1.非吸入麻醉药

水合氯醛

【基本概况】本品为无色透明或白色结晶,味微苦,有刺激性特臭。在空气中能逐渐挥发,易吸湿潮解,易溶于水(1:0.25)和有机溶剂,水溶液呈中性。不耐热,遇热、碱、日光易分解,因此配制注射剂时应进行无菌操作,不可煮沸消毒,以免失效。

【作用与用途】①本品小剂量镇静,中等剂量催眠,大剂量产生全身麻醉和抗惊厥作用。兴奋期不明显,麻醉期长,安全范围小。由于其安全范围较小,剂量稍大即会引起对延髓的抑制,而剂量过小则效果又不佳;而且镇痛作用较弱,肌松不完整,较难掌握麻醉深度。另外,麻醉后苏醒的恢复时间较长,易造成动物损伤。因此,作为单一使用的麻醉药并不理想,多作复合麻醉药用。②本品能降低新陈代谢,抑制体温中枢。在外界气温较冷时,能显著降低体温,与氯丙嗪合用时降温作用尤为明显。

本品用于镇静、抗惊厥和麻醉,如马、猪、犬等的全身麻醉,马属动物的急性胃扩张、肠阻塞、痉挛性腹痛、子宫及直肠脱出的镇静,食道、膈肌、肠道、膀胱痉挛的解痉,破伤风、脑炎及中枢兴奋药中毒的抗惊厥。

【应用注意】①水合氯醛静脉注射给药时,注射前1/2药量应较快,以迅速提高血药浓度,迅速通过兴奋期(但刚开始注入药物时不宜过快,否则会出现呼吸骤停),以后则减慢注射速度,至注入 2/3 剂量时,再根据机体的反应情况来决定最后的用量,在静脉注射停止后 10 min 内麻醉仍会继续加深,这可能与药物通过血脑屏障需要一定时间有关,因此注射后期一定要慢,剂量要个体化,以防因个体差异而中毒。水合氯醛中毒时可用咖啡因、尼可刹米解救。一般不使用肾上腺素,以防导致心脏震颤。但若出现心跳暂停,则可直接向心脏注射小量的肾上腺素,并同时辅以人工呼吸。②牛在使用水合氯醛麻醉前宜使用少量阿托品,因其有庞大的瘤胃,唾液、支气管腺的分泌物特别多,用水合氯醛作全身麻醉时极易引起呼吸抑制,甚至窒息。

【用法与用量】水合氯醛,镇静,内服或灌肠,一次量,马、牛 10～25 g,猪、羊 2～4 g,犬 0.3～1 g。麻醉,静脉注射,一次量,每千克体重,马、牛 0.08～0.12 g,水牛 0.13～0.18 g,猪 0.15～0.18 g,骆驼 0.1～0.11 g,犬 0.15～0.25 g。

水合氯醛硫酸镁注射液,为含水合氯醛 8%、硫酸镁 5% 与氯化钠 0.9% 的灭菌水溶液。麻醉,静脉注射,一次量,马、牛 200～400 mL;镇静,静脉注射,一次量,马、牛 100～200 mL。

水合氯醛乙醇注射液,为含水合氯醛 5%、乙醇 12.5% 的灭菌溶液。静脉注射,一次量,马、牛 100～300 mL。

戊巴比妥钠

【基本概况】本品为白色粉末,无臭,味微苦,有引湿性,难溶于水,但其钠盐易溶于水,能溶于醇。遇热易分解。

【作用与用途】戊巴比妥钠属中效的巴比妥类药,可作为镇静药和麻醉药使用。麻醉持续时间的种属差异和个体差异都比较显著,恢复期长。用于全身麻醉时不出现兴奋期,但苏醒后有兴奋现象。戊巴比妥钠麻醉的持续时间,犬为 1～2 h,羊为 15～30 min,一般要 6～18 h 才能完全苏醒,有些动物如猪,可延长至 24～72 h。

【应用注意】戊巴比妥钠的副作用是能明显地抑制呼吸和循环,还能减少红、白细胞数,加快血沉,延长凝血时间,剂量加大对肾也有一定影响。

使用戊巴比妥钠麻醉后,在其苏醒阶段注射葡萄糖,会使动物重新进入麻醉,这种作用称为"葡萄糖反应"(目前已知巴比妥类药物均有此作用)。这种反应有种属差异:鼠、兔、雏鸡、鸽极敏感,有时可因此而导致死亡;犬中度敏感(有报道可达 25%);大鼠等不敏感或呈阴性反应。

【用法与用量】基础麻醉、镇静,肌内或静脉注射,每千克体重,马、牛、猪、羊 5～10 mg。

硫喷妥钠

【基本概况】本品为淡黄色粉末,味苦,易潮解,易溶于水,水溶液不稳定,呈强碱性,可溶于乙醇。粉针潮解后易变质而增加毒性,故其安瓿有裂痕或粉末不易溶解时,不宜使用。

【作用与用途】硫喷妥钠是超短效的巴比妥类药,静脉注射后能使动物迅速麻醉,没有明显的兴奋期。麻醉的持续时间很短,为 20～30 min,苏醒期也较短,苏醒过程的兴奋现象较弱,可以根据需要不断地补给药物来控制麻醉深度和持续时间。硫喷妥钠的抗惊厥作用比戊巴比妥强,可对抗中枢兴奋药、破伤风等引起的惊厥,但因维持时间过短,临床使用时应及时补给作用时间较长的药物。

本品临床上多用于中、小家畜及实验动物的麻醉。

【应用注意】硫喷妥钠的种属差异和个体差异都比较小,肉食动物耐受力稍强,草食动物则比较敏感。本品能使反刍动物大量分泌唾液,故很少用于牛。硫喷妥钠的主要毒性是抑制呼吸中枢,中等深度麻醉即可使呼吸变慢变浅,对心脏的毒性则较小。麻痹心脏的剂量要比麻痹呼吸中枢的剂量高 16 倍。

【用法与用量】麻醉,静脉注射,一次量,每千克体重,犊牛 15～20 mg,马、牛、羊、猪 10～15 mg,犬 20～25 mg,兔 20～30 mg。

氯胺酮

【基本概况】本品为白色结晶性粉末,溶于水,水溶液呈酸性,微溶于乙醇。本品遮光、密闭保存。

【作用与用途】本品具有明显的镇痛作用,作用迅速。氯胺酮是典型的分离麻醉药,能抑制大脑皮层中的一些部分,又能兴奋大脑皮层中的另一些部分,麻醉时动物存在吞咽或喉反射,对光反射和角膜反射亦存在,肌肉张力升高,还能产生轻度的心脏兴奋和血压升高。

本品主要用于家畜及野生动物的基础麻醉、全身麻醉及化学保定。

【应用注意】①本品单独应用维持作用时间短,肌张力增加,小剂量可直接用于短时、相对无痛而不需肌松的小手术;但复杂大手术一般采用复合麻醉,麻醉前可给阿托品等。②本品可使动物血压升高、唾液分泌增多、呼吸抑制、呕吐等,大剂量可产生肌肉张力增加、惊厥、呼吸困难、痉挛、心搏暂停和苏醒期延长等。③驴、骡对该药不敏感,一般不用。④本品有强烈刺激性,多以静脉给药,静脉注射时宜缓慢给药,以免出现心跳过快等不良反应。⑤对肝肾有一定的损害作用。巴比妥类或地西泮可延长该药的苏醒时间;骨骼肌阻断药可引其呼吸抑制作用增强;与噻拉嗪合用能增强其作用并呈现肌松作用,有利于外科手术的进行。

【用法与用量】静脉注射(1%～5%缓慢注射),每千克体重,马 1 mg,牛、羊 2 mg。肌内注射(5%～10%),每千克体重,猪 20 mg,羊 20～40 mg,犬 5～7 mg,猫 5～13 mg,禽 30～60 mg,熊 8～10 mg,鹿 10 mg,猴 4 10 mg,水貂 6～14 mg。

2.吸入麻醉药

吸入麻醉药经呼吸由肺吸收,并以原形经肺排出。包括挥发性液体(如乙烷、氟烷、甲氧氟烷等)和气体(如氧化亚氮、环丙烷等),该类药物在使用时需一定设备,基层难以实行。有些麻醉药具有易燃易爆及刺激呼吸道等副作用。

麻醉乙醚

【基本概况】本品为人工合成的一种无色、澄明、挥发性强的液体,有特臭,味灼烈,微甜,极易燃烧,蒸汽遇火能爆炸,能溶于水。

【作用与用途】本品有良好的镇痛和松弛骨骼肌的作用,但诱导期和苏醒期较长。麻醉时能有效抑制中枢神经系统,安全范围较广。

本品主要用于犬、猫等中等动物或实验动物的全身麻醉,用开放式或封闭式吸入。

【应用注意】本品的诱导期和苏醒期均较长,要特别注意对动物的保护。若先用中枢抑制药(如硫喷妥钠)再吸入乙醚,则可明显缩短诱导期。本品开瓶后室温中不能超过 1 d 或冰箱内存放不超过 3 h,因其易氧化生成过氧化醚及乙醛,毒性增强不宜使用。

【用法与用量】用量依手术需要及麻醉方式而定。本品开启后只供及时一次使用。犬吸入乙醚前注射舒泰或阿托品,每千克体重 0.1 mg ,然后用麻醉口罩吸入乙醚,直至出现麻醉体征。

二、化学保定药

化学保定药又称制动药,这类药物在不影响意识和感觉的情况下可使动物变得平静和温顺,肌肉松弛,从而停止抗拒和各种挣扎活动,以达到类似保定的目的。该类药主要用于动物锯茸、运输、诊疗和外科手术,以及野生动物的捕捉与保定。目前,国内兽医临床常用的有噻拉唑、噻拉嗪及其制剂。

噻拉唑

【基本概况】本品又名二甲苯胺噻唑、静松灵,是 20 世纪 70 年代国内合成的新药。为白色或类白色结晶性粉末,味苦,不溶于水,可与盐酸制成易溶于水的盐酸二甲苯胺噻唑。其针剂商品名为静松灵注射液。

【作用与用途】二甲苯胺噻唑具有镇静、镇痛、肌松和局部麻醉作用。①肌肉注射二甲苯胺噻唑后 10~15 min 即呈现良好的镇静、镇痛和肌松作用。动物表现安静,站立不稳,先是后肢无力、弯曲,然后是前肢弯曲,成自然俯卧倒地。羊倒地后头颈呈特有的内弯姿势。镇静作用的种属差异和个体差异都很显著。在家畜中以牛最为敏感,马、犬、猫亦有良好效果,猪的敏感性差,兔及鼠等啮齿类动物反应不一,有的表现为中枢抑制,但个别表现为兴奋。同种动物的个体差异亦很显著,有时加大剂量 2~3 倍仍不能达到相同的镇静效果。二甲苯胺噻唑的镇痛效果极佳,用药后动物尚未倒地,头颈、躯干及四肢皮肤的痛觉即已迟钝或消失。在动物倒地期间,能一直保持良好的镇痛效果。动物苏醒起立后,镇痛作用仍能保持一段时间。二甲苯胺噻唑的全身肌松作用与镇静作用同步出现。②用 1% 盐酸二甲苯胺噻唑溶液滴眼,可取得良好的表面麻醉效果,穿透力比丁卡因稍差,持续时间比丁卡因略短,但有一定的临床价值。注射二甲苯胺噻唑时吸收迅速,全身作用比局部麻醉作用大,因此不宜用来作浸润麻醉和传导麻醉。③二甲苯胺噻唑在治疗剂量时副作用较少,安全范围较大。

本品用于各种动物的镇静和镇痛,达到化学保定效果;也可与某些麻醉药合用于外科手术;有时也用于猫的催吐。

【应用注意】①二甲苯胺噻唑可引起犬、猫呕吐。肌内注射后 1~5 min 犬即出现恶心呕吐,至全身肌肉松弛倒地时即不再出现呕吐。治疗剂量的二甲苯胺噻唑引起的呕吐,可被氯丙嗪所阻断,但不能阻断大剂量二甲苯胺噻唑引起的呕吐。②反刍动物对本品敏感,用药后表现唾液分泌增多、瘤胃弛缓、腹泻、心搏缓慢和运动失调等,妊娠后易导致早产或流产。牛使用前应禁食并注射阿托品。③马属动物用药后可出现肌肉震颤、心搏徐缓、呼吸频率低下、多汗以及颅内压增加等。静脉注射宜缓慢。

【用法与用量】盐酸二甲苯胺噻唑注射液(静松灵注射液),肌内注射,每千克体重,马、骡

0.5～1.2 mg,驴 1～3 mL,黄牛 0.2～0.6 mL,水牛 0.4～1 mL,猪 4 mg,羊 1～3 mL,马鹿 2～5 mg,梅花鹿 1～3 mL。

注射用二甲苯胺噻嗪,肌内注射,一次量,每千克体重,马 1～2 mg,黄牛 0.1～0.3 mg,猫 0.5 mg,羊 3～4 mg。

三、镇静药、安定药与抗惊厥药

镇静药是对中枢神经系统产生轻度抑制作用,起到减轻或消除动物狂躁不安,恢复安静的一类药物。较大剂量可以促进睡眠,大剂量呈现抗惊厥作用和麻醉作用。主要用于兴奋不安或具有攻击行为的动物或患畜,以便于治疗或进行生产管理。较大剂量的镇静药可以促进催眠,故镇静药也常称为镇静催眠药。常用药物主要有溴化物。

安定药是指能在不影响动物意识清醒的情况下,使精神异常兴奋的动物转为安定,使凶猛的动物驯服而易于接近的一类药物。安定药能减弱动物的攻击性,降低动物对外界因素的反应,使动物表现淡漠、安静、驯服,可用于动物的调教,也可用作麻前给药。与镇静药不同的是安定药对不安和紧张等异常兴奋具有选择性抑制作用,剂量加大可引起睡眠但易被唤醒,大剂量也不引起麻醉,单独应用时抗惊厥作用不明显。常用药物主要有氯丙嗪。

抗惊厥药是指对抗或缓解中枢神经因病变而造成的过度兴奋状态,从而消除或缓解全身骨骼肌不自主地强烈收缩的一类药物,主要用于全身强直性痉挛或间歇性痉挛的对症治疗。如癫痫样发作、破伤风、士的宁和农药中毒等。常用药物主要有硫酸镁注射液、巴比妥类药物、水合氯醛、地西泮。

(一)镇静药

本类药物的代表主要是溴化物类,主要包括溴化钠、溴化钾、溴化铵及溴化钙。

溴化钠

【基本概况】本品为人工合成的白色结晶性粉末,无臭,味苦,有吸湿性,易溶于水,微溶于乙醇。

【作用与用途】溴化物在体内释放出溴离子,可加强大脑皮层的抑制过程,并能使抑制过程集中,对大脑皮层的感觉区和运动区也有一定的抑制作用,故有镇静和抗惊厥作用。与咖啡因合用可同时加强大脑皮层的兴奋与抑制过程,恢复兴奋与抑制的平衡,从而有助于调节内脏功能,能在一定程度上抑制胃肠平滑肌蠕动,缓解胃肠痉挛,减轻腹痛。

本品主要用于治疗中枢神经过度兴奋的病畜,如破伤风引起的惊厥、脑炎引起的兴奋、猪因食盐中毒引起的神经症状以及马、骡疝痛引起的疼痛不安等。

【应用注意】本品排泄很慢,连续用药可引起蓄积中毒,中毒时应立即停药,并给予氯化钠制剂,加速溴离子排出;本品对局部组织和胃肠道黏膜有刺激性,内服应配成 1%～3% 的水溶液,静脉注射不可漏出血管外。

【用法与用量】三溴片,含溴化钾 0.12 g、溴化钠 0.12 g、溴化铵 0.06 g,内服,马 5～50 g,牛 15～60 g,猪 5～10 g,羊 5～15 g,犬 0.5～2 g,家禽 0.1～0.5 g。

溴化钠注射液,静脉注射,一次量,牛、马 5～10 g。

(二)安定药

氯丙嗪

【基本概况】氯丙嗪是吩噻嗪类药物,又名冬眠灵,为白色或微黄色结晶性粉末,味极苦,易溶于水、醇及氯仿。其注射液多加入抗坏血酸等作稳定剂。可与普鲁卡因溶液任意混合,但不可与巴比妥类的钠盐溶液混合,以免产生凝胶样物。

【作用与用途】氯丙嗪的药理作用比较广泛,主要作用于中枢神经系统,对植物神经系统、心、血管系统和内分泌系统也有一定作用。①对中枢抑制作用:能使精神不安或狂躁的动物转入安定和嗜睡状态,使性情凶猛的动物变得较驯服和易于接近,呈现安定作用。加大剂量时不引起麻醉,但可产生强直性昏厥。本品有一定的镇痛作用,与其他中枢性抑制药如水合氯醛、硫酸镁等合用,可增强和延长药效。②止吐作用:小剂量时能抑制延髓的化学催吐区,大剂量能直接抑制延脑的呕吐中枢。但对刺激消化道或前庭器官反射性兴奋呕吐中枢引起的呕吐无效。③降温作用:能抑制体温调节中枢,降低基础代谢,使体温下降 $1\sim2\ ℃$。与一般解热药不同,本品能使正常体温降低。④能阻断肾上腺素 α 受体,使小血管扩张,解除小动脉与小静脉痉挛,可改善微循环,具有抗休克作用。对 M-胆碱受体的阻断作用较弱,但长期大量应用时,可出现口腔干燥、便秘等副作用。⑤干扰下丘脑某些激素的分泌,从而抑制促性腺激素和促肾上腺皮质激素的分泌与释放。大量使用可引起性功能紊乱,出现性周期抑制和排卵障碍等不良反应。

临床上常用于:①镇静安定,用于有攻击行为的猫、犬和野生动物,使其安定、驯服。缓解大家畜因脑炎、破伤风引起的过度兴奋以及作为食道梗塞、痉挛疝的辅助治疗药。②麻前给药,麻醉前肌内注射或静脉注射氯丙嗪,能显著增强麻醉药的作用、延长麻醉时间和减少毒性,又可使麻醉药的用量减少 $1/3\sim1/2$。③运输畜、禽时应用氯丙嗪可减少体重损耗和相互打斗等应激反应,减少死亡率。但不宜用于供上市的肉用家畜,因其排泄缓慢易产生药物残留。④对于严重外伤、烧伤、骨折等,应用本品可防止发生休克。

【应用注意】氯丙嗪毒性不大,注射高浓度溶液时有局部刺激作用。马使用氯丙嗪往往表现不安,常易摔倒,发生意外。兔肌内注射高浓度氯丙嗪会产生严重的肌炎,引起跛行、肿大、肌肉萎缩。过量的氯丙嗪会引起血压下降,此时不能用肾上腺素来解救。

【用法与用量】内服,每千克体重,马、牛、猪、犬、猫 $2\sim3\ mg$。肌内注射,一次量,每千克体重,马、牛 $0.5\sim1\ mg$,羊、猪 $1\sim2\ mg$,犬、猫 $1\sim3\ mg$。

地西泮

【基本概况】地西泮又名安定,为白色粉末,无臭,味微苦,在水中微溶(1∶40),溶于酒精(1∶17),易溶于氯仿及丙酮。

【作用与用途】安定具有镇静、催眠、中枢性肌肉松弛和抗惊厥作用,并能减弱动物的攻击性,使之驯服。安定的抗应激作用也已受到注意,临床上可用于各种动物的镇静、保定、癫痫发作、基础麻醉及麻前给药。安定能对抗士的宁等中枢兴奋药过量而致的惊厥。

【应用注意】静脉注射宜缓,以防造成心血管和呼吸抑制。

【用法与用量】内服,犬 $5\sim10\ mg$,猫 $2\sim5\ mg$。肌内注射,每千克体重,牛、绵羊、猪

0.55～1 mg,犬、猫 0.6～1.2 mg。

(三)抗惊厥药

惊厥是病态的中枢过度兴奋引起的骨骼肌强烈收缩。中枢抑制药多具有不同程度的抗惊厥作用。比较常用的抗惊厥药有苯巴比妥钠、硫酸镁注射液等。

硫酸镁注射液

【基本概况】本品为无色澄明液体。

【作用与用途】镁离子可以抑制中枢神经,随着剂量的增加而产生镇静、抗惊厥和全身麻醉作用。但产生麻醉作用的剂量可麻痹呼吸中枢,故不适于单独作麻醉药而常与水合氯醛配伍用,能直接阻断运动神经末梢释放乙酰胆碱递质,并减弱运动终板对乙酰胆碱递质的敏感性,从而阻断运动中枢向骨骼肌兴奋的传导,使肌肉松弛。

本品常用于治疗破伤风、膈肌痉挛等。镁离子对周围血管有舒张作用,可致血压下降,心肌对镁离子虽不如神经系统敏感,但剂量过大也可使心肌传导阻滞。

【应用注意】内服硫酸镁难吸收,在血中不能达到有效的血药浓度,因此必须采取注射给药。镁离子对中枢的抑制作用和对神经肌肉的阻断作用可为钙离子所拮抗,因此当镁离子中毒时可迅速静脉注射 5%氯化钙进行解救。静脉注射硫酸镁注射液作用迅速而短暂,安全范围较小,宜严格控制剂量和注射速度,一般以肌内注射为宜。

【用法与用量】肌内或静脉注射,马、牛 10～25 g,猪、羊 2.5～7.5 g,犬、猫 1～2 g。

四、镇痛药

镇痛药是主要作用于中枢神经系统,选择地抑制痛觉的药物。典型的镇痛药是阿片类药物,特点是镇痛作用大,在镇痛时意识清醒,对其他的感觉如触觉、味觉、听觉则影响很小。

吗啡

【基本概况】吗啡是从鸦片中提取的生物碱,是鸦片中起主要药理作用的成分。吗啡为白色针状结晶或结晶性粉末,有苦味,遇光易变质,溶于水,略溶于乙醇。

【作用与用途】吗啡是典型的强镇痛药,常被用作其他镇痛药镇痛效果的比较标准,因此在兽医临床上很少使用。吗啡对各种原因如创伤、手术、内脏疾患等引起的疼痛,都有良好的镇痛效果,对钝痛的效果比锐痛好。目前对吗啡镇痛的机理已有进一步阐明:吗啡作用于第 3 脑室和导水管周围的灰质、丘脑下部、脑干网状结构和大脑皮层的额叶、颞叶等部位,这些部位存在大量的阿片受体。这些受体在生理的情况下与脑啡肽等结合起生理的镇痛作用。外源性的吗啡亦能与阿片受体结合,从而产生镇痛作用,但有成瘾性。

吗啡对咳嗽中枢也有较强的抑制作用,所以有一定的止咳作用。吗啡对呼吸中枢有明显的抑制作用,能降低延髓呼吸中枢对二氧化碳的敏感性。吗啡对消化道功能的影响随剂量的不同而异,小剂量使胃肠蠕动减慢,大剂量反致胃肠蠕动增加。

【应用注意】吗啡作用的种属差异很大。犬在用药后初期有短暂的兴奋症状,表现不安、睡液分泌增加、呕吐、排粪等,随即转入昏睡。而猫则相反,用药后几小时内持续兴奋。猪、山羊、绵羊、牛、驴、马、鼠、狮、虎、熊等也表现兴奋症状。

【用法与用量】盐酸吗啡注射液,1 mL∶10 mg;10 mL∶100 mg。镇痛,皮下注射,每千克体重,马 0.1～0.2 mg,犬 0.5～1 mg。麻醉前给药,皮下注射量,犬 0.5～2 mg。

> 哌替啶

【基本概况】本品为白色结晶性粉末,味微苦,无臭,常用其盐酸盐。

【作用与用途】本品又名杜冷丁(Dolantin)。镇痛作用为吗啡的 1/10～1/7,注射后作用较快,为 10 min;持续时间短,为 2～4 h。解痉作用仅为阿托品的 1/20～1/10。本品有轻度的镇静作用,抑制呼吸的作用比其他镇痛药弱。本品也有成瘾性。

【用法与用量】盐酸哌替啶注射液,1 mL∶25 mg;1 mL∶50 mg;2 mL∶100 mg。肌内或皮下注射,一次量,每千克体重,马、牛、羊、猪 2～4 mg,犬、猫 5～10 mg。

学习单元3　外周神经系统用药

一、传出神经系统的分类

传出神经系统包括植物神经系统和运动神经系统两部分。

(一)植物神经

植物神经自中枢发出后,经过神经节中的突触更换神经元,才能到达所支配的效应器。植物神经有节前纤维和节后纤维之分。植物神经分为交感神经和副交感神经两种。

1.交感神经

交感神经主要起源于脊髓的胸腰段,在交感神经链或腹腔神经节或肠系膜神经节更换神经元,然后到达所支配的组织器官。

2.副交感神经

副交感神经主要起源于中脑、延髓和脊髓的骶部,在效应器附近或效应器内的神经节更换神经元,然后到达所支配的组织器官。因此,与交感神经相比,副交感神经节前纤维较长,节后纤维较短。

交感神经与副交感神经在大多数组织器官中是同时分布的(唯肾上腺髓质只受交感神经节前纤维支配),而生理功能则是相互制约而又协调地维持组织器官的正常机能活动。

(二)运动神经

运动神经自中枢神经发出后,中途不需要更换神经元就可以直接到达所支配的骨骼肌,因此无节前纤维与节后纤维之分。

二、传出神经的传递特点

神经元是神经组织的功能单位,由胞体和突起两部分组成。一个神经元的突起与另一个神经元的胞体发生接触而进行信息传递的接触点称为突触。神经末梢到达效应器官与效应细胞相接触时,其结构与突触极为相似,称为接点(如神经肌肉接头)。

突触由突触前膜、突触间隙和突触后膜 3 部分组成。突触前膜神经末梢内含有许多线粒体和大量的囊泡,线粒体内有合成递质的酶类,囊泡内含有递质。当神经冲动到达突触前膜时,膜对 Ca^{2+} 的通透性增加,Ca^{2+} 进入神经末梢内与三磷酸腺苷(ATP)协同作用促进突触前膜上的微丝收缩,使突触囊泡接近突触前膜。接触的结果,使突触囊泡膜与突触前膜相接处的蛋白质发生构型改变,继而出现裂孔,神经递质经裂孔进入突触间隙。

递质通过突触间隙与突触后膜上的受体结合,改变突触后膜对离子的通透性,使突触后膜电位发生变化,从而改变突触后膜的兴奋性。如果递质使突触后膜对 Na^+ 的通透性增加,则使膜电位降低,去极化,并发展为反极化(即膜内为正电荷,膜外为负电荷),突触后神经元或效应细胞兴奋;如果递质使突触后膜对 K^+ 和 Cl^- 的通透性增加,Cl^- 进入膜内,K^+ 透出膜外,膜内负电荷和膜外正电荷都增加,出现超极化,突触后神经元或效应细胞抑制。

三、传出神经的化学递质及分类

传出神经纤维,不论是运动神经还是植物神经,在传递信息上都具有一个共同的特点,就是当神经冲动到达神经末梢时,便释放出某种化学递质,通过递质再作用于次一级神经元或效应器而完成传递过程。然后递质很快被其特异性酶所破坏或被神经末梢再摄入(如乙酰胆碱被胆碱酯酶分解破坏,去甲肾上腺素和肾上腺素可被单胺氧化酶和儿茶酚胺氧位甲基转移酶分解破坏或被再摄入),而使其作用消失。就目前所知,传出神经末梢释放的化学递质有两类:一类是乙酰胆碱,另一类是去甲肾上腺素和少量的肾上腺素。根据传出神经末梢释放的递质不同,又将传出神经分为胆碱能神经和肾上腺素能神经。

1.胆碱能神经

凡是其神经末梢能够借助胆碱乙酰化酶的作用,使胆碱和乙酰辅酶 A 合成乙酰胆碱贮存于囊泡内,作为其化学递质的传出神经纤维,称为胆碱能神经。包括:①全部交感神经和副交感神经的节前纤维;②全部副交感神经的节后纤维;③少部分交感神经的节后纤维,如骨骼肌的血管扩张神经和犬、猫的汗腺分泌神经;④运动神经。

2.肾上腺素能神经

凡是其神经末梢能以酪氨酸为基本原料,经一系列酶促反应先后合成多巴胺、去甲肾上腺素和少量肾上腺素等儿茶酚胺类物质,贮存于囊泡内,作为其化学递质的传出神经纤维称为肾上腺素能神经,主要包括上述胆碱能神经以外的所有交感神经的节后纤维。

四、传出神经受体的分布与效应

(一)传出神经受体

受体是传出神经所支配的效应器细胞膜上的一种特殊蛋白质或酶的活性中心,具有高度的选择性,能与不同的神经递质或类似递质的药物发生反应。根据其所结合的递质不同,传出神经的受体可分为胆碱受体和肾上腺素受体两类。

1.胆碱受体

凡能选择性地与递质乙酰胆碱或其类似药物相结合的受体为胆碱受体。胆碱受体主要分布于副交感神经节后纤维所支配的效应器、植物神经节、骨骼肌及交感神经节后纤维所支配的汗腺等细胞膜上。由于不同部位的胆碱受体对药物的敏感性不同,进而又将胆碱受体分为以下2种。

(1)毒蕈碱型(muscarinic,M)胆碱受体:副交感神经的节后纤维及少部分交感神经的节后纤维所支配的效应器上的胆碱受体,对以毒蕈碱为代表的一些药物特别敏感,能引起胆碱能神经产生兴奋效应,并能被阿托品类药物所阻断,这部分胆碱受体称为毒蕈碱型胆碱受体,简称M-胆碱受体或M-受体。

(2)烟碱型(nicotinic,N)胆碱受体:位于神经节细胞膜和骨骼肌细胞膜上的胆碱受体对烟碱比较敏感,这部分胆碱受体称为烟碱型胆碱受体,简称N-胆碱受体或N-受体。

2.肾上腺素受体

凡能选择性地与递质去甲肾上腺素或肾上腺素及其类似药物相结合的受体称为肾上腺素受体,主要分布在交感神经节后纤维所支配的效应器细胞膜上。根据其对不同拟交感胺类药物及阻断药物反应性质的不同,也分为两种亚型,即 α-肾上腺素受体(简称 α-受体)和 β-肾上腺素受体(简称 β-受体)。α-受体又可分为 α_1-受体和 α_2-受体两种。β-受体也可以为 β_1-受体和 β_2-受体两种。一般来说。一种效应器上只有一种受体,如心脏只有 β_1-受体,支气管平滑肌只有 β_2-受体,大部分血管平滑只有 α-受体。

(二)传出神经受体的分布及生理效应

传出神经系统药物作用多数是通过影响胆碱能神经和肾上腺素能神经的突触传递过程而产生不同的效应。因此,熟悉这两类神经所支配的效应器上受体的分布及其效应,对于掌握这些药物的药理作用是十分重要的。

动物外周神经系统包括传入神经系统和传出神经系统,因此,作用于外周神经系统的药物可相应地分为作用于传出神经系统的药物和作用于传入神经系统的药物。

传入神经系统主要是感觉神经,作用于感觉神经的药物主要包括局部麻醉药、皮肤黏膜保护药和刺激药3大类。

传出神经按其神经纤维末梢所释放的递质不同可相应地分为胆碱能神经和肾上腺素能神经。因此作用于传出神经纤维的药物可相应地分为拟胆碱药、抗胆碱药、拟肾上腺素药、抗肾上腺素药共4大类。

五、作用于外周神经系统的药物

(一)作用于传入神经系统的药物

局部麻醉药简称局麻药,是主要作用于局部、能可逆地阻断神经冲动的传导、引起机体特定区域丧失感觉的药物。

局部麻醉药对其所接触到的神经包括中枢和外周神经都有阻断作用,使兴奋阈升高,动作电位降低,传递速度减慢,不应期延长,直至完全丧失兴奋性和传导性。此时神经细胞膜保持正常的静息跨膜电位,任何刺激都不能引起去极化,故名非去极化型阻断。局麻药在较高浓度时也能抑制平滑肌及骨骼的活动。局部麻醉作用是可逆的,对组织无损伤。

(1)影响局部麻醉作用的因素

①神经干或神经纤维的特性:在临床上可以看出局部麻醉药对感觉神经作用较强,对传出

神经作用较弱,神经纤维的直径越小越易被阻断,无髓鞘的神经较易被阻断,有髓鞘神经中的无髓鞘部分较易被阻断。

②药物的浓度:在一定范围内药物的浓度与药效成正相关,但增加药物浓度并不能延长作用时间,反而有增加吸收入血引起毒性作用的可能。

③加入血管收缩药:在局部麻醉药中加入微量的肾上腺素(1/100 000),能使局部麻醉药的维持时间明显延长。但作四肢环状封闭时则不宜加血管收缩药。

④用药环境的pH:用药环境(包括制剂、体液、用药的局部等)的pH对局部麻醉药的离子化程度有直接影响,因此应使用药环境的pH尽量接近药物的解离常数,才能取得更好的局部麻醉效果。

(2)局部麻醉方式

①表面麻醉:将药液滴眼、涂布或喷雾于黏膜表面,使其透过黏膜而达感觉神经末梢。这种方法麻醉范围窄,持续时间短,一定要选择穿透力较强的药物。

②浸润麻醉:将低浓度的局部麻醉药注入皮下或术野附近组织,使神经末梢麻醉。此法局部麻醉范围较集中,适用于小手术及大手术的术野麻醉。除使局部痛觉消失外,还因大量低浓度的局部麻醉药压迫术野周围的小血管,可以减少出血。一般选用毒性较低的药物。

③传导麻醉:把药液注射在神经干、神经丛或神经节周围,使该神经支配的区域麻醉。此法多用于四肢和腹腔的手术。使用的药液宜稍浓,但药液的数量不能太多。

④硬膜外麻醉:把药液注入硬脊膜外腔,阻滞由硬膜外出的脊神经。根据手术的需要,又可分为尾荐硬膜外麻醉(从第1、2尾椎间注入局部麻醉药,以麻醉盆腔)和腰荐硬膜外麻醉(牛从腰椎与荐椎间注入局部麻醉药,以麻醉腹腔后段和盆腔)两种。

(3)常用的局部麻醉药

普鲁卡因

【基本概况】普鲁卡因的化学名称是对氨基苯甲酸二氨基乙醇脂,其盐酸盐又称奴佛卡因。本品为白色结晶或结晶性粉末,无臭,味微苦,在水中易溶解,在醇中略溶。本品在水溶液中易水解,高热可使水解增加。

【作用与用途】本品对组织黏膜的穿透力差,不适于表面麻醉,可用作浸润、传导、硬膜外麻醉以及封闭疗法等。静脉注射或滴注低浓度的普鲁卡因,对中枢神经系统有轻度抑制而产生轻度的镇痛,制止全身性瘙痒等。

【应用注意】本品在体内分解出对氨基苯甲酸可减弱磺胺类药物的抑菌作用,故不宜与磺胺类药物配伍使用;碱类、氧化剂易使本品分解,不宜配合使用。本品用量过大可引起中枢神经先兴奋后抑制,甚至造成呼吸麻痹等毒性反应。中毒时应对症治疗。为了延长麻醉时间,应用时可加入1:100 000的盐酸肾上腺素。

普鲁卡因的毒性较低,其毒性作用是对中枢的抑制。临床上使用普鲁卡因引起的事故多不是药物的因素,而是操作的因素,如硬膜麻醉时因操作不慎损伤脊髓而导致截瘫等。偶尔发现家畜注射普鲁卡因后发生过敏反应,症状较轻,有些能自然耐过,有些经处理后痊愈。

【用法与用量】本品可用作浸润麻醉(0.25%～0.5%)、传导麻醉(2%～5%,每点10～30 mL)、硬膜外麻醉(2%～5%,大动物尾荐硬膜外麻醉用15～30 mL,腰荐硬膜外麻醉用

30～60 mL),也可静脉注射(大家畜每次用 0.5％,100～200 mL,用于控制疝痛)。封闭疗法常用 0.5％溶液,马、牛用 50～100 mL,注射在患部组织周围。

丁卡因

【基本概况】本品为人工合成药,常用其盐酸盐,为白色结晶性粉末,无臭,有苦麻味。

【作用与用途】本品穿透能力强,适于表面麻醉,麻醉过程及持续时间与药物的浓度、药物接触组织的时间有关。不同动物和不同组织对丁卡因的反应也不一样:中、小动物的眼角膜用 0.5％～1％的溶液滴眼,2 min 内即可麻醉,持续 50 min 以上;而牛角膜麻醉用 1％溶液也保持不了 40 min。本品的麻醉时间比普鲁卡因长,可维持近 3 h,毒性也比普鲁卡因大 10 倍。

【应用注意】本品注射后麻醉作用出现慢,吸收后的代谢也慢,适用于硬膜外麻醉,而不宜单独用于浸润麻醉和传导麻醉。滴眼时如用量过大,浓度过高,可使角膜再生减慢。

【用法与用量】配成 0.5％～1％溶液滴眼或涂抹于其他黏膜表面。

利多卡因

【基本概况】本品为白色结晶性粉末,无臭,味苦,易溶于水,常制成注射液。

【作用与用途】①利多卡因的局部麻醉作用和穿透力都比普鲁卡因强,作用较快,麻醉时间也较长,可达 1 h 以上,但穿透力不如丁卡因。可用于表面麻醉、浸润麻醉、传导麻醉和硬膜外麻醉。②静脉注射能抑制心室的自律性,缩短不应期。

【应用注意】①剂量过大或静脉注射时可引起毒性反应,出现嗜睡、头晕等中枢神经系统抑制症状,继而可出现惊厥或抽搐、血压下降或心搏骤停。②表面麻醉时必须严格控制剂量,以防中毒;本品弥散性广,一般不作腰麻。

【用法与用量】浸润麻醉,0.25％～0.5％;表面麻醉,2％～5％;传导麻醉,2％。每个注射点马、牛 8～12 mL,羊 3～4 mL。硬膜外麻醉,2％,每个注射点马、牛 8～12 mL。

(二)作用于传出神经系统的药物

作用于传出神经系统的药物,其基本作用是直接作用于受体或通过影响递质的代谢过程而产生兴奋或抑制效应。其作用与刺激或阻断传出神经的效应基本类似。本类药物在兽医临床上常用的主要有拟胆碱药、抗胆碱药、拟肾上腺素药 3 大类。其中拟胆碱药是指药理作用与递质乙酰胆碱相类似的一类药物,主要有氨甲酰胆碱、毛果芸香碱和甲基硫酸新斯的明;抗胆碱药是指能与胆碱受体结合,阻碍递质乙酰胆碱或拟胆碱药与受体结合,产生抗胆碱作用的一类药物,常用的药物为阿托品、东莨菪碱等 M-胆碱受体阻断药;拟肾上腺素药是指药理作用与递质去甲肾上腺素相类似的一类药物,包括 α-受体和 β-受体激动药如肾上腺素、麻黄碱等。α-受体激动药如去甲肾上腺素等,β-受体激动药如异丙肾上腺素等。

此类药物种类繁多,临床应用广泛,常涉及对休克、心脏停搏、支气管哮喘、有机磷农药中毒、肠痉挛等很多疾病的治疗。

1.拟胆碱药

拟胆碱药是作用与胆碱能神经递质乙酰胆碱相似或兴奋胆碱能神经产生效应的一类药

物。拟胆碱药根据其作用机理的不同分为胆碱受体激动药和抗胆碱酯酶药。胆碱受体激动药是指能直接作用于效应器细胞的胆碱受体,从而产生与乙酰胆碱酯相似的药理作用的药物,如氨甲酰胆碱、氨甲酰甲胆碱等。抗胆碱酯酶药是能抑制乙酰胆酯酶的活性,阻碍乙酰胆碱被胆碱酯酶水解,从而造成效应器的神经末梢内乙酰胆碱蓄积而表现出胆碱能神经兴奋效应的一类药物,如新斯的明,有机磷酸酯类杀虫剂等。

氨甲酰胆碱

【基本概况】本品又名比赛可灵、乌拉胆碱,为白色或无色结晶,无臭或微有脂肪胺臭,有吸湿性,易溶于水,略溶于乙醇。水溶液稳定,加热煮沸不被破坏。本品为人工合成的胆碱酯类药物,与乙酰胆碱不同之处就是此药的酸性部分不是乙酸而是氨甲酸,氨甲酸酯不易被胆碱酯酶水解破坏。

【作用与用途】氨甲酰胆碱具有乙酰胆碱的全部作用,能直接兴奋 M-受体和 N-胆碱受体,也能通过促进胆碱能神经末梢释放递质乙酰胆碱而间接兴奋胆碱能神经,是拟胆碱药物中作用最强的一种。在治疗剂量时,主要表现为 M-样作用。其特点是作用强而持久,对心血管系统作用较弱,对胃肠道、膀胱、子宫平滑肌器官作用较强,剂量过大常会引起剧烈的痉挛性疝痛。由于本品作用强烈,阿托品又只能阻断其与 M-胆碱受体结合,而对 N-胆碱受体作用较弱,因此本品在临床应用上受到一定的限制。

本品在临床上可用于治疗胃肠弛缓、瘤胃积食、肠臌气、肠便秘等。

【应用注意】①在治疗便秘时首先应当选用比较稳妥的胃肠道疗法,如使用植物油、矿物油、盐类泻药或其他粪便软化剂,只在以上疗法效果不够理想时才可配合使用适量的氨甲酰胆碱,即在灌服上述泻药 30～60 min 之后再皮下注射少量的氨甲酰胆碱(1～2 mg),且不可肌内或静脉注射。②虽然阿托品对氨甲酰胆碱的拮抗作用较弱,但在氨甲酰胆碱药物中毒时,仍可用阿托品解毒。③本品作用强烈、选择性低,使用时应注意严格控制剂量,并注意动物监护。禁用于老龄、瘦弱、妊娠动物及有心肺疾病、机械性肠梗塞的患畜。④本品不得肌内注射或静脉注射。马使用本品后可出现汗腺大量分泌,应慎用。

【用法与用量】氯化氨甲酰胆碱注射液,皮下注射,马、牛 1～2 mg,猪、羊 0.25～0.5 mg,犬 0.025～0.1 mg。

毛果芸香碱

【基本概况】本品又名匹鲁卡品,是从毛果芸香属植物中提取的一种生物碱,其水溶液稳定,现已能人工合成。其硝酸盐为白色结晶性粉末,易溶于水,需遮光密闭保存。

【作用与用途】本品能直接选择性地作用于 M-胆碱受体,产生与节后胆碱能神经兴奋相似的效应。其特点是对多种腺体、胃肠道平滑肌及眼虹膜括约肌具有强烈的兴奋作用,而对心血管系统及其他器官的影响比较小,一般不引起心率减慢和血压下降。①对唾液腺、泪腺、支气管腺的兴奋作用最为明显,其次是胃腺、肠腺和胰腺等,而对汗腺的作用则较弱。②对眼具有缩瞳、降低眼内压和调节痉挛等作用。通过激动瞳孔括约肌的 M-胆碱受体,使瞳孔括约肌收缩,瞳孔缩小。缩瞳引起前房角间隙扩大,房水易于循环,眼内压降低。

本品可用于治疗不全阻塞的肠便秘、前胃弛缓、肠弛缓等,其作用较氨甲酰胆碱缓和,但副作用是易致支气管腺体分泌增加和支气管平滑收缩加强而引起呼吸困难。此外,还可用其0.5%～2.0%的溶液点眼作为缩瞳剂,配合扩瞳药交替使用,可治疗虹膜粘连等。

【应用注意】①便秘后期机体脱水时,使用本品因易致各种腺体大量分泌而加重脱水,因此在用药前应大量饮水或补充体液。②对于完全阻塞的便秘,由于干固粪便压迫肠壁,使局部血液循环障碍,甚至肠壁坏死,此时应用本品可因肠壁平滑肌强烈收缩而发生破裂。因此,对完全阻塞的便秘,应慎用或禁用本品。③本品易致支气管腺体分泌和支气管平滑肌收缩而引起呼吸困难和肺水肿,应加强护理,必要时要采用对症治疗措施,如注射氨茶碱以扩张支气管,或注射氯化钙以制止渗出等。④如注射过量发生中毒,可用阿托品解救。

【用法与用量】硝酸毛果芸香碱注射液,皮下注射,马、0.03～0.3 g,猪、羊 5～50 mg,犬 3～20 mg。

毒扁豆碱

【基本概况】本品又名依色林,是从豆科植物毒扁豆种子中提取的一种生物碱,现也可人工合成。常用其水杨酸盐,为无色或淡黄色有光泽的针晶,无臭,稍溶于水,能溶于醇。露置日光或空气中,氧化渐变红色,即不宜再用。其溶液亦易变红色,加热或由于玻璃容器的碱性可加速其变化,故溶液不宜久贮。加入 3%硼酸或 0.1%亚硫酸氢钠或 0.1%依地酸二钠可延缓其变色。

【作用与用途】本品很容易经肠道和其他黏膜吸收,也易通过血脑屏障,因此在体内分布广泛,易引起全身性乙酰胆碱蓄积,对胆碱能神经系统发生作用。毒扁豆碱能可逆性地抑制胆碱酯酶的活性,使递质乙酰胆碱不能及时水解而蓄积,故表现为胆碱能神经兴奋的效应。随着毒扁豆碱在体内缓慢水解,胆碱酯酶活性逐渐恢复,其作用也逐渐消失。①对胃肠平滑肌的收缩作用为最强,其次是支气管、胆管、虹膜和子宫平滑肌,也能促进胃肠道等腺体的分泌,但对唾液腺的分泌作用不如毛果芸香碱,且这些作用都可被阿托品所拮抗。由于其作用强烈,稍一过量就会引起痉挛性疝痛,肠内若有大量内容物存在时,有引起肠管破裂的危险,故须加注意。②对心血管系统的作用比较复杂。小剂量时仅表现出 M-样作用,使心率稍慢。大剂量时表现为 N-样作用,血压微降,心率稍慢,但随之又可出现血压升高和心率加速的现象。这主要是由于交感神经节兴奋和肾上腺髓质分泌肾上腺素所致。③因其具有 N-样作用,也能兴奋骨骼肌,故有拮抗竞争型骨骼肌松弛药的作用。此外,本品还能对抗阿托品对中枢神经系统的兴奋作用。

本品临床上可用于治疗前胃弛缓、瘤胃不全麻痹等。用其 0.5%～1.0%溶液点眼,可作为缩瞳药,与扩瞳药配合可治疗虹膜粘连。此外,还可作为中药麻醉药的苏醒剂,其作用迅速,临床效果较好。

【应用注意】在胃、肠臌气时,有破裂的危险,对痉挛疝、妊娠动物禁用。

【用法与用量】水杨酸毒扁豆碱注射液,皮下注射,马、牛 30～50 mg,猪、羊 5.0～10.0 mg。

新斯的明

【基本概况】本品又名普洛色林,是人工合成的抗胆碱酯酶药,为白色结晶粉末,易溶于水,可溶于乙醇,常制成注射液。临床上常使用的是溴化新斯的明和甲基硫酸新斯的明两种盐。

【作用与用途】新斯的明的作用与毒扁豆碱相似,也能可逆性地抑制胆碱酯酶的活性,呈现全部胆碱能神经兴奋的效应。其特点是:对胃、肠、膀胱和骨骼肌的作用最强。尤其是对骨骼肌,除能抑制胆碱酯酶增强乙酰胆碱的作用外,还能直接作用于骨骼肌的运动终板。另外,本品和毒扁豆碱还能促进运动神经末梢释放乙酰胆碱。由于这些原因,所以兴奋骨骼肌的作用最强,但对各种腺体、心血管系统、支气管平滑肌和虹膜括约肌的作用较弱。

本品在临床上可用于治疗牛羊前胃弛缓、马肠弛缓、子宫收缩无力和重症肌无力症等,也可用于治疗因膀胱弛缓所致的尿潴留。

【应用注意】①腹膜炎、肠道或尿道机械性阻塞患畜及年老、瘦弱、妊娠后期的动物,患有心、肺疾病的动物禁用。②癫痫、哮喘患畜慎用。③本品作用强烈,须严格掌握使用剂量。若用药过量发生本品中毒时,可肌内注射硫酸阿托品进行拮抗,也可静脉注射硫酸镁以直接抑制骨骼肌兴奋。

【用法与用量】皮下注射,马 4~10 mg,牛 4~20 mg,猪 2~5 mg,犬 0.25~1 mg。

加兰他敏

【基本概况】本品为从石蒜科植物石蒜或黄花石蒜中提取的一种生物碱,也能人工合成,为白色结晶性粉末,无臭,味苦,溶于水,微溶于乙醇。

【作用与用途】加兰他敏能可逆性地抑制胆碱酯酶的活性,作用与新斯的明相似,但作用稍弱,毒性也较低。此外,本品还能提高胆碱受体的敏感性,恢复骨骼肌受阻的神经肌肉间的传导,改善脊髓灰质炎及末梢神经肌肉的麻痹状态,从而增强其运动功能。因本品能透过血脑屏障,所以其中枢作用较强。

本品适用于治疗重症肌无力症、进行性肌肉营养不良、脊髓灰质炎和由于神经系统机能障碍所致的感觉和运动机能障碍等。

【用法与用量】氢溴酸加兰他敏注射液,肌内或皮下注射,马、牛 20~40 mg,猪、羊 10~15 mg。

2.抗胆碱药

抗胆碱药能与递质乙酰胆碱竞争胆碱受体,但与胆碱受体结合后并不引起受体发生构型变化,也不产生药理效应,却能阻断胆碱受体再与乙酰胆碱或拟胆碱药结合,因此表现出与胆碱能神经兴奋相反的现象,即不出现 M-样作用或 N-样作用。按照其对胆碱受体的选择性不同,可分为 M-受体阻断药、NN-受体阻断药和 NM-受体阻断药 3 类。因 NN-受体阻断药主要用于重症高血压症,在兽医临床上不用。

阿托品

【基本概况】阿托品是从茄科植物颠茄、莨菪、曼陀罗等植物中提取的生物碱,具有旋光性。莨菪碱为其左旋体,左旋体较右旋体作用强许多倍。阿托品为其消旋品,也可人工合成,为无色或白色结晶性粉末,常用其硫酸盐,有风化性,遇光易变质,应密封避光保存。

【作用与用途】阿托品主要通过竞争 M-胆碱受体而阻断乙酰胆碱或拟胆碱药的 M-样作用。其作用广泛而复杂,除对平滑肌器官、腺体和心血管系统作用外,对中枢神经系统也有作用。①对平滑肌的作用:可松弛内脏平滑肌,但这一作用与内脏平滑肌的功能状态有关,即治疗量的阿托品对正常活动的平滑肌影响较小。而当平滑肌过度收缩或痉挛时,其松弛作用就格外明显。一般来说,阿托品对胃肠道、输尿管和膀胱括约肌等作用较强,而对胆管、支气管平滑肌等作用较弱,对子宫一般无作用。②对腺体的作用:阿托品能抑制唾液腺、支气管腺、胃腺、肠腺等的分泌,可引起口干舌燥、皮肤干燥、吞咽困难等症状。但对胃酸、乳腺的分泌影响不大,对汗腺分泌的影响因动物而异。③对眼的作用:无论是全身用药还是局部点眼,阿托品都能使虹膜括约肌松弛,瞳孔扩大,眼压升高,故青光眼患畜禁用。④对心血管系统的作用:本品在治疗剂量时对正常心血管系统无明显影响,大剂量时能使血管平滑肌松弛,解除小动脉痉挛,使微循环血流通畅,使外周和内脏血管及小血管扩张,改善组织循环,增加回心血量和升高血压。⑤对中枢神经系统的作用:大量的阿托品被吸收后,对中枢神经系统有明显的兴奋作用。除兴奋迷走神经中枢、呼吸中枢外,也能兴奋大脑皮层运动区和感觉区。中毒剂量可强烈兴奋大脑和脊髓,动物表现兴奋不安、运动亢进和不协调,随之由兴奋转入抑制,以致昏迷,终因呼吸麻痹而死。多数拟胆碱药对阿托品的外周作用虽有一定的拮抗作用,但对其中枢作用则无效,毒扁豆碱可对抗阿托品的中枢兴奋作用。

【应用注意】①大剂量用于消化道疾病时,可使肠蠕动减弱,分泌减少,而全部括约肌却收缩,故易致肠鼓气和肠便秘等,尤其是胃肠道过度充盈或饲料剧烈发酵时,可使胃肠过度扩张,甚至破裂。②治疗量时有口干、便秘、皮肤干燥等不良反应。一般停药后可逐渐消失。③剂量过大,易引起中毒。常出现口腔干燥、脉搏、呼吸次数增加、瞳孔散大、视觉模糊、兴奋不安、肌肉震颤,进而体温下降、昏迷、感觉和运动麻痹等症状。中毒后的解救措施主要是对症治疗,如用镇静药或抗惊厥药来对抗中枢兴奋症状;应用毛果芸香碱、新斯的明对抗其周围作用和部分中枢症状。

【用法与用量】内服,禽 0.1～0.25 mg,犬、猫,每千克体重 0.02～0.04 mg。皮下注射,马、牛 15～30 mg,猪、羊 2～4 mg,犬 0.3～1 mg。用于中毒性休克或解救有机磷酸酯中毒时,可肌内或静脉注射,每千克体重,马、牛、猪、羊 0.5～1 mg,犬、猫 0.1～0.15 mg,禽 0.1～0.2 mg。

东莨菪碱

【基本概况】本品为从茄科植物曼陀罗中提取的生物碱,为无色或白色结晶性粉末,无臭,易溶于水,常制成注射液。

【作用与用途】本品散瞳、抑制腺体分泌及兴奋呼吸中枢的作用比阿托品强,而对胃肠道平滑肌及心脏的作用则较弱。对中枢神经系统有抑制作用,对中枢神经系统的作用则因动物种类和剂量不同而异。犬给予小剂量通常表现为抑制作用,但个别情况下也能产生兴奋,大剂量可出现兴奋不安和运动失调;对马则可产生明显的兴奋作用,兴奋之后即可转为抑制。在临床上可配合氯丙嗪作为家畜手术时的麻醉药使用。

本品主要作为麻前给药,或配合氯丙嗪用作马、牛及犬的麻醉药。本品也可缓解动物下痢,减少肠壁细胞分泌,减少体液及电解质流失及肠管剧烈的蠕动。

【应用注意】不良反应及应用注意均与阿托品相同。

【用法与用量】氢溴酸东莨菪碱注射液,1 mL:0.3 mg;1 mL:0.5 mg。皮下注射,马、牛1~3 mg,猪、羊 0.2~0.5 mg,犬 0.1~0.3 mg。

山莨菪碱

【基本概况】本品是我国首先从茄科植物唐古特莨菪中提取出的生物碱,称为 654-1,其人工合成品为 654-2,是天然山莨菪碱的消旋异构体。本品为白色结晶性粉末,无臭,味苦,能溶于水及乙醇。

【作用与用途】山莨菪碱具有明显的外周抗胆碱作用,能解除平滑肌痉挛和对抗乙酰胆碱对心血管系统的抑制作用,作用与阿托品相似或稍弱。本品也能解除小血管痉挛,改善微循环。但抑制唾液腺分泌的作用、散瞳作用、中枢作用比阿托品弱,故在大剂量使用时也很少出现阿托品引起的动物兴奋作用。本品能对抗或缓解有机磷酸酯类药物引起的中毒症状。本品排泄较快,在体内无蓄积,副作用小。

临床主要用于严重感染所致的中毒性休克、有机磷酸酯类药物中毒、内脏平滑肌痉挛等。在动物下痢时使用本品,可减少肠壁细胞分泌,减少体液及电解质流失,缓解肠管蠕动。

【应用注意】不良反应及应用注意均与阿托品相同。

【用法与用量】其用量为阿托品的 5~10 倍。

3.拟肾上腺素药

拟肾上腺素药是一类化学结构与肾上腺相似的胺类药物,其作用与交感神经兴奋效应相似。交感神经节后纤维属肾上腺素能神经,其递质是去甲肾上腺素和少量肾上腺素,当此递质与效应器细胞膜上的肾上腺素受体结合时,就会产生心脏兴奋、血管收缩、支气管和胃肠道平滑肌收缩、瞳孔散大等作用。

肾上腺素受体根据其对拟肾上腺素药及抗肾上腺素药反应的不同而分为 α-受体和 β-受体。α-受体兴奋时可使皮肤及内脏、黏膜血管收缩,瞳孔散大;β-受体兴奋时可产生心脏兴奋、冠状血管和骨骼肌血管扩张、肝糖原和脂及分解增加等作用。

临床上常用的拟肾上腺素药主要有肾上腺素、去甲肾上腺素、麻黄碱、异丙肾上腺素等。

肾上腺素

【基本概况】肾上腺素为肾上腺髓质分泌的主要激素。药用的肾上腺素可从家畜肾上腺中提取或人工合成。本品为白色或淡棕色的结晶性粉末,无臭,味微苦,难溶于水及乙醇。其性质不稳定,遇氧化物、碱性化合物、光、热等易发生氧化而逐渐变成淡粉红色而失效。临床上常用其盐酸盐和酒石酸盐,两者均易溶于水,水溶液不稳定,易被氧化。

【作用与用途】肾上腺素能直接与α-受体和β-受体结合,产生较强的α作用和β作用,主要表现为兴奋心血管系统和抑制支气管平滑肌。另外,对代谢也有较明显的作用。①对心脏的作用:能提高心肌的兴奋性,使心肌收缩力加强,心率加快,传导加速,心输出量增多,心肌耗氧量也增加。②收缩或扩张血管:使皮肤、黏膜及肾脏血管收缩,使冠状血管和骨骼肌血管舒张,此外,还能降低毛细血管的通透性。③升高血压的作用:小剂量使收缩压升高,舒张压不变或下降;大剂量使收缩压和舒张压均升高。肾上腺素对血压的影响因剂量和给药途径的不同而异。皮下注射治疗剂量或低速静脉滴注时,会因心脏兴奋、心输出量增加而使收缩压上升。如果骨骼肌的血管扩张作用能抵消或超过皮肤黏膜及内脏血管收缩作用的影响,则舒张压不变或下降。④对平滑肌器官的作用:本品对支气管平滑肌有松弛作用,当支气管平滑肌痉挛时,作用更为明显。此外,还能抑制胃肠平滑肌蠕动,使幽门和回盲括约肌收缩,但当括约肌痉挛时又有抑制作用。由于能使虹膜辐射肌收缩,故可使瞳孔散大。对有瞬膜的动物可引起瞬膜收缩。⑤对代谢的影响:肾上腺素能促进肌糖原和肝糖原的分解,使血糖升高。同时还能促进脂肪水解,使血中游离脂肪酸增多。由于糖和脂肪代谢加速,故细胞耗氧量也随之增加。⑥其他作用:肾上腺素能使马、犬等家畜出汗,降低毛细血管的通透性;收缩脾脏被膜平滑肌,使脾脏中贮存的红细胞进入血液循环,增加血中的红细胞数。因本品不能透过血脑屏障,故普通治疗量并不呈现中枢神经系统反应,但大剂量静脉注射发生中毒时,可使中枢神经抑制,随之呼吸停止。

临床上肾上腺素可作为急救药以恢复心跳及麻醉、手术意外、药物中毒、窒息、过敏性休克、心脏传导阻滞等原因引起的心跳骤停。也可与局部麻醉药并用以延长局部麻醉药的作用时间或作为局部止血药。本品也可缓解荨麻疹、支气管哮喘、休克、血清病和血管神经性水肿等过敏性疾患的症状。

【应用注意】①急救时可根据病情将0.1%盐酸肾上腺素注射液用生理盐水或等渗葡萄糖注射液作10倍稀释后进行静脉滴注,必要时还可作心内注射。对一般不甚紧急的急性心力衰竭,不必作静脉滴注,可作10倍稀释后皮下或肌内注射。②本品与洋地黄、氯化钙配合时,由于协同作用的结果,可使心肌极度兴奋而转为抑制,甚至发生心脏停搏,故为配伍禁忌。

【用法与用量】皮下注射,一次量,马、牛2~5 mL,羊、猪0.2~51.0 mL,犬0.1~50.5 mL,猫0.1~50.2 mL。静脉注射,一次量,马、牛1~53 mL,羊、猪0.2~50.6 mL,犬0.1~50.3 mL,猫0.1~50.02 mL。用时以生理盐水稀释10倍。心室内注射,犬、猫用量及浓度同皮下注射。

当与局部麻醉药并用时,可在100 mL局部麻醉药液中加入0.1%盐酸肾上腺素注射液1 mL,使含肾上腺素的浓度为1:100 000。局部止血时,可将0.1%盐酸肾上腺素溶液作5~100倍稀释后使用。

$$\boxed{\text{麻黄碱}}$$

【基本概况】麻黄碱又称麻黄素,是从麻黄科植物草麻黄和木贼麻黄的茎枝中提取出的生物碱,现也可人工合成。本品性质稳定,为白色针状结晶性粉末,易溶于水,常制成片剂和注射液。

【作用与用途】本品能作用于肾上腺素能神经末梢,促使其递质释放。此外,由于麻黄碱的化学结构与肾上腺素相似,也能直接与肾上腺素受体结合,从而产生与肾上腺素能神经兴奋相类似的作用,并且既有 α 作用,也有 β 作用。麻黄碱吸收后能兴奋心脏和收缩血管而使血压升高,但其升压作用缓和而持久。其收缩血管作用虽比肾上腺素弱,但作用持久,故常作为黏膜止血药。本品对各种平滑肌的松弛作用也较肾上腺素弱,如支气管平滑肌的松弛作用就不如肾上腺素强而迅速,但作用持久,故可作为平喘药用于缓解支气管痉挛和治疗支气管哮喘等。麻黄碱的中枢兴奋作用远比肾上腺素强,剂量稍大即能兴奋大脑皮层和皮层下中枢,出现兴奋不安等症状。对呼吸中枢和血管运动中枢也有兴奋作用,所以在麻醉药中毒时可作为苏醒药使用。

本品主要用于治疗支气管痉挛和荨麻疹等过敏性疾病,与苯海拉明配伍应用,效果更好;可解救麻醉药中毒,如吗啡、巴比妥类及其他麻醉药中毒;外用 1%～2% 溶液可治疗鼻炎,减轻充血、消除肿胀。

【应用注意】①用药过量时易引起精神兴奋、失眠、不安、神经过敏震颤等症状。②有严重器质性心脏病或接受洋地黄治疗的患畜,也可引起意外的心律紊乱。③麻黄碱短期内连续应用,易产生快速耐药性。

【用法与用量】皮下注射,马、牛 50～300 mg,猪、羊 20～50 mg,犬 10～30 mg。

去甲肾上腺素

【基本概况】去甲肾上腺素是肾上腺素能神经末梢释放的主要递质。药用品为人工合成,白色至灰白色结晶性粉末,无臭,味苦,遇光和空气易变质。本品易溶于水,在中性或碱性溶液中可迅速氧化变色失去活性,故忌与碱性药物配伍,应避光密封保存。常用其重酒石酸盐。

【作用与用途】本品主要兴奋 α-受体而产生很强的血管收缩作用,使全身小动脉和小静脉都收缩,外周阻力增高,而产生较强的升压作用。对 β-受体也有兴奋作用,但较肾上腺素弱,本品兴奋心脏和抑制平滑肌的作用都比肾上腺素弱。

临床上主要作升压药而用于各种休克,如失血性休克、创伤性休克及感染性休克等,也用于因麻醉药中毒引起血管扩张所致的休克、中毒性休克、心源性休克等。但应注意,本品虽有强心作用,但远较肾上腺素弱,而且与肾上腺素稍有不同:肾上腺素兴奋心脏的结果,使心肌收缩力加强,心率加快;而去甲肾上腺素兴奋心脏的结果,虽也能使心肌收缩力加强,但心率减慢。

【用法与用量】静脉注射,马、牛 8～12 mg,猪、羊 2～4 mg。临用前用 5% 葡萄糖注射液稀释为每毫升含 4～8 μg 的注射液,猪、羊以每分钟 2 mL 的速度进行静脉滴注,马、牛可酌情加快。

异丙肾上腺素

【基本概况】本品为人工合成药,临床常用其盐酸盐和硫酸盐。盐酸盐为白色或类白色结晶性粉末,无臭,味苦,遇光逐渐变色。两种盐均易溶于水,水溶液在空气中逐渐变色,遇碱变色更快。

【作用与用途】本品是典型的 β-受体激动剂,主要作用于 β-受体,对 α-受体几乎无作用。因此,本品对心血管系统具有兴奋心脏、增强心肌收缩力、加速房室传导、增加心输出量、扩张骨骼肌血管、解除休克时的小动脉痉挛和改善微循环等作用;对支气管和胃肠平滑肌有强力松弛作用,特别是解除支气管痉挛的作用比肾上腺素强,其作用短暂而迅速。

临床上主要用于:①抗休克,如感染性休克、心源性休克。对血容量已补足,而心输出量不足的休克较适用。②抢救心跳骤停,如溺水、麻醉意外引起的心跳停止。③治疗重度房室传导阻滞、心动过缓。④治疗支气管痉挛所致的喘息。

【应用注意】本品用于抗休克时,应先输液或输血以补充血容量,因血容量不足时,本品可导致血压下降而发生危险。

【用法与用量】静脉滴注,马、牛 1～4 mg,猪、羊 0.2～0.4 mg。一般溶于 5% 葡萄糖注射液 500 mL 内进行缓慢静脉滴注。

■ 复习思考题

一、选择题

1. 新斯的明最强的作用是(　　　)。

　　A. 膀胱逼尿肌兴奋　　　　　　　　B. 心脏抑制

　　C. 胃肠平滑肌兴奋　　　　　　　　D. 骨骼肌兴奋

2. 治疗重症肌无力,应首选(　　　)。

　　A. 毛果芸香碱　　　　　　　　　　B. 阿托品

　　C. 琥珀胆碱　　　　　　　　　　　D. 新斯的明

3. 过量氯丙嗪引起的低血压,选用对症治疗药物是(　　　)。

　　A. 异丙肾上腺素　　　　　　　　　B. 麻黄碱

　　C. 肾上腺素　　　　　　　　　　　D. 去甲肾上腺素

4. 抢救心跳骤停的主要药物是(　　　)。

　　A. 麻黄碱　　　　　　　　　　　　B. 肾上腺素

　　C. 多巴胺　　　　　　　　　　　　D. 间羟胺

二、简答题

1. 比较中枢神经兴奋药咖啡因、尼可刹米、士的宁的作用和应用有何不同。

2. 比较全身麻醉药、镇静药、抗惊厥药、化学保定药的概念及其作用有何不同。

3. 比较地西泮、氯丙嗪、静松灵和硫喷妥钠的作用有何不同,临床上如何应用?

4. 解热镇痛抗炎药的作用机理是什么? 常用药的作用特点和用途是什么?

5. 拟胆碱药有哪些? 临床上如何应用?

6. 简述局麻药的概念及临床应用。局麻方式有哪些? 如何操作?

学习情境 7
解热镇痛抗炎药

▶▶知识目标◀◀

　掌握解热镇痛抗炎药的作用机制。

　掌握阿司匹林的药理作用、抗血小板聚集机制及不良反应。

　熟悉扑热息痛、安乃近、吲哚美辛、奈普生、布洛芬的作用特点及应用。

　了解保泰松、芬那酸的药理作用、特点及不良反应,布洛芬等药物的作用特点。

▶▶技能目标◀◀

　掌握氯丙嗪的降温作用和非甾体类解热镇痛药对发热家兔体温的影响。

学习单元 1　概　述

　　解热镇痛抗炎药是一类具有解热和减轻局部慢性钝痛,多数还有抗炎、抗风湿作用的药物。解热镇痛抗炎药种类很多,化学结构各不相同,但都能抑制体内前列腺素(PG)的生物合成,目前认为这是它们共同的作用基础。由于其特殊的抗炎作用,故本类药物又称为非甾体抗炎药。

一、解热镇痛抗炎药的共同药理作用

　　1.解热作用

　　解热镇痛药能降低发热动物的体温,而对体温正常者几乎无影响。解热镇痛药的解热作用主要是中枢性的,解热镇痛药可抑制前列腺素合成酶(环加氧酶),减少前列腺素的合成,选择性地抑制体温调节中枢的病态兴奋性,使其降到正常的调节水平。在解热镇痛药的作用下,机体的产热过程没有显著改变,主要是增加散热过程,表现为皮肤血管显著扩张,出汗增加和加强散热,使体温趋于正常。本类药物只能使过高的体温下降到正常,而不能使正常体温下降,这与氯丙嗪等不同。

2. 镇痛作用

解热镇痛药具有中等程度的镇痛作用,对慢性钝痛(神经痛、肌肉痛、关节痛等)有良好的镇痛效果,对创伤性疼痛、肠变位等剧烈性疼痛几乎无效。连续使用无成瘾性。

解热镇痛药的镇痛作用部位主要在外周。解热镇痛药抑制前列腺素的合成,因而有镇痛作用。另外,解热镇痛药作用于中枢下丘脑,能阻断痛觉经丘脑向大脑皮层的传递,也起镇痛作用。

3. 抗炎、抗风湿作用

解热镇痛药除苯胺类外,大多数具有抗炎、抗风湿作用。对控制风湿性及类风湿性关节炎的症状有一定疗效,但不能根治,也不能阻止疾病的发展以及合并症的发生。PG 是参与炎症反应的重要生物活性物质,它们不仅能使小血管扩张,通透性增加,引起局部充血、水肿和疼痛,还能增强缓激肽等物质的致炎作用。将极微量 PGE 皮内或静脉或动脉内注射均能引起炎症反应,而炎症组织中也存在大量 PG,PG 与缓激肽等致炎物质有协同作用,本类药物抑制炎症反应时 PG 的合成而缓解炎症,不能防止疾病的发展及合并症的发生。

4. 其他作用

长期服用小剂量的阿司匹林可防治血栓性疾病,预防心肌梗死和脑血栓形成。另外,近年来的研究报道,长期服用解热镇痛药对肿瘤的发生、发展及转移均有抑制作用,并且与其他抗肿瘤药有协同作用,尤其对消化道肿瘤如结肠癌、直肠癌和胃癌,可降低发病率和死亡率。

二、解热镇痛抗炎药的分类

按照化学结构,解热镇痛抗炎药可分为乙酰苯胺类、吡唑酮类、水杨酸类、吲哚(乙酸)类、苯丙酸(丙酸)类和芬那酸类等。各类药物均有镇痛作用,其中吲哚类和芬那酸类对炎性疼痛的效果好,其次为吡唑酮类和水杨酸类。在解热和抗炎作用上各类有差别,乙酰苯胺类、吡唑酮类和水杨酸类解热作用好。阿司匹林、吡唑酮类和吲哚类的抗炎、抗风湿作用较强,其中阿司匹林疗效确实,不良反应少,为抗风湿首选药。乙酰苯胺类几乎无抗风湿作用。

三、解热镇痛抗炎药的不良反应

1. 胃肠系统损害

当合成或分泌受阻后(阿司匹林等为前列腺素抑制剂),即可诱发一系列的胃肠道反应。在多数的非甾体消炎药中,吲哚美辛(消炎痛)所引起的胃肠道反应最为常见。常见有恶心、呕吐、腹痛、腹泻、溃疡,并可引起胃出血和穿孔。常引起上述不良反应的药物还有阿司匹林。

2. 肾脏损害

可引起急性肾功能不全、间质性肾炎、肾乳头坏死、水钠潴留,一些有潜在肾功能低下者如老龄动物,心、肝有慢性疾病患者更易发生,但停药后多数能恢复。对肾功能的损害仅次于氨基糖苷类,为所有能引致肾功能不全药物的 37%。吲哚美辛、保泰松可引起蛋白尿、管型尿、血尿、急性间质性肾炎、肾乳头坏死等,布洛芬、萘普生可致肾病综合征,酮洛芬可致肾病,非那西丁可致肾乳头癌。

3.肝损害

大多数从轻度的肝脏转氨酶升高到严重的肝细胞损害致死。大剂量使用保泰松可致肝损害，产生黄疸、肝炎。长期或大剂量服用对乙酰氨基酚，常易导致严重肝毒性，以肝坏死为常见。

4.心血管损害

在临床试验中发现急性心肌梗死的病例，发生率为40％，故2004年9月美国默克制药公司宣布主动从全球撤回罗非昔布。兽药禁用。

5.过敏反应

一些解热镇痛药如阿司匹林、消炎痛、安乃近、布洛芬、萘普生等都有引起不同程度的过敏反应。表现为过敏性皮疹、瘙痒、剥脱性皮炎、血管神经性水肿、哮喘，严重的可发生过敏性休克。

6.造血系统反应

一些解热镇痛药如安乃近、扑热息痛、阿司匹林、复方氨基比林等均能引起造血系统功能异常，主要是引起粒细胞缺乏症。

学习单元 2　常见解热镇痛药

一、乙酰苯胺类

乙酰苯胺类药物有较强的解热镇痛作用，但毒性较大，能破坏红细胞，使红细胞失去携氧能力。目前，在临床上使用的是对血液毒性相对较小的扑热息痛。

对乙酰氨基酚（Acetaminophen）

【基本概况】本品别名扑热息痛，为白色结晶或结晶性粉末，味微苦，在热水或乙醇中易溶，在丙酮中溶解，微溶于冷水。饱和水溶液呈酸性，pH约为6。

【作用与用途】用作中小动物的解热镇痛药。

【应用注意】①猫禁用本品，因给药后易引起严重的毒性反应。②治疗量的不良反应较少，偶见发绀、厌食、恶心、呕吐等副作用。③大剂量引起肝、肾损害，可在给药后12 h内应用乙酰半胱氨酸或蛋氨酸以预防肝损害。肝、肾功能不全患畜或幼畜慎用。

【用法与用量】内服，一次量，马、牛10～20 g，羊1～4 g，猪1～2 g，犬0.1～0.5 g。肌内注射，一次量，马、牛5～10 g，羊0.5～2 g，猪0.5～1 g，犬0.1～0.5 g。

【制剂与规格】对乙酰氨基酚片，0.3 g，0.5 g。对乙酰氨基酚注射液，1 mL：75 mg；2 mL：250 mg。

二、吡唑酮类

吡唑酮类常用的是氨基比林、安乃近、保泰松、经布宗（经基保泰松）等。

氨基比林（Aminopyrine）

【基本概况】本品又名匹拉米洞，为白色或几乎白色的结晶性粉末，无臭，味微苦，在空气中稳定，易溶于水，水溶液呈碱性反应。遇氧化剂易被氧化，遇光易变质，应避光保存。

【作用与用途】本品广泛用作动物的解热镇痛和抗风湿药，治疗肌肉痛、关节痛和神经痛。也用于马、骡疝痛，但疗效欠佳。本品是多种复方制剂的组成部分。

【应用注意】长期连续用药，可能引起粒细胞减少症。

【用法与用量】氨基比林片，内服，一次量，马、牛 8～20 g，羊、猪 2～5 g，犬 0.1～0.44 g。氨基比林注射液，皮下、肌内注射，一次量，马、牛 0.6～1.2 g，羊、猪 50～200 mg。复方氨基比林注射液，皮下、肌内注射，一次量，马、牛 20～50 mL，羊、猪 5～10 mL。安痛定注射液，皮下、肌内注射，一次量，马、牛 20～50 mL，羊、猪 5～10 mL。

【制剂与规格】氨基比林片，0.3 g，0.5 g。氨基比林注射液，10 mL：0.2 g；20 mL：0.2 g。复方氨基比林注射液（含氨基比林 7.15%，巴比妥 2.85%），2 mL，5 mL，10 mL。安痛定注射液（含氨基比林 5%、安替比林 2%、巴比妥 0.9%），2 mL，5 mL，10 mL。

安乃近（Analgin）

【基本概况】本品别名罗瓦尔精，为白色或略带微黄色的结晶或结晶性粉末，味微苦，水中易溶，乙醇中微溶。本品水溶液易氧化变成黄色，故其注射液内均含有还原剂。

【作用与用途】临床上常用于解热、镇痛、抗风湿，也常用于肠痉挛及肠臌气等症。曾发现其注射剂（含苯甲醇）可在个别病人中引起严重的不良反应，如虚脱、过敏性休克乃至死亡，家畜中尚未见。

【应用注意】①本品长期应用，可引起粒细胞减少，应经常检查白细胞数。②不宜用于穴位注射，尤不适用于关节部位，以防引起肌肉萎缩及关节功能障碍。③不能与氯丙嗪合用，以防引起体温剧降。④不能与巴比妥类及保泰松合用，因其互相作用影响微粒体酶。⑤可抑制凝血酶原的形成，加重出血倾向。

【用法与用量】内服，一次量，马、牛 4～12 g，羊、猪 2～5 g，犬 0.5～1 g。皮下、肌内注射，一次量，马、牛 3～10 g，羊、猪 1～3 g，犬 0.3～0.6 g。静脉注射，一次量，马、牛 3～6 g。

【制剂与规格】安乃近片，0.5 g。安乃近注射液，5 mL：1.5 g；10 mL：3 g；20 mL：6 g。

保泰松（Phenylbutazone）

【基本概况】保泰松又名布他酮，为白色或微黄色结晶性粉末，味微苦，难溶于水，能溶于酒精和醚，易溶于碱，性质较稳定。

【作用与用途】解热作用比氨基比林弱，对非风湿性疼痛的镇痛作用比乙酰水杨酸弱。保泰松能抑制前列腺素合成，有较强的抗炎作用，可用来治疗风湿性和类风湿性关节炎（需连续用药）。本品有轻度的排尿酸作用，故也可用于痛风患畜。

【应用注意】保泰松的毒性较大，但治疗剂量一般不致中毒。不良反应包括胃肠道反应、肝肾损害、水钠潴留等,故剂量不宜过大,使用时间亦不宜过长。血象异常,胃肠溃疡,心、肝、肾患畜,食品生产动物,泌乳奶牛等禁用。

三、水杨酸类

水杨酸类药物是苯甲酸类衍生物,生物活性部分是水杨酸阴离子。兽医常用的药物有水杨酸钠和阿司匹林。水杨酸有抗真菌和溶解角质的作用,刺激性大,仅供外用。

水杨酸类包括乙酰水杨酸和水杨酸钠。乙酰水杨酸(acetylsalicylic acid)、阿司匹林(aspirin)是目前最常用的解热镇痛药之一。水杨酸因其刺激性大,仅作外用。

阿司匹林(Aspirin)

【基本概况】本品为白色针状结晶,无臭,微带醋酸味,微溶于水,在乙醇中易溶。本品遇湿气即缓慢水解,游离出水杨酸及醋酸。

【作用与用途】本品用于发热、风湿症和神经、肌肉、关节疼痛及痛风症的治疗。

【应用注意】①本品能抑制凝血酶原的合成,连续长期使用时若发生出血倾向,可用维生素 K 防治。②对消化道有刺激作用,剂量较大时易致食欲不振、恶心、呕吐乃至消化道出血,故不宜空腹投药;胃炎、胃溃疡患畜慎用。与碳酸钙同服可减少对胃的刺激性。③治疗痛风时,可并服等量的碳酸氢钠,以防尿酸在肾小管内沉积。④本品为酚类衍生物,对猫毒性较大。

【用法与用量】阿司匹林片,内服,一次量,马、牛 15～30 g,羊、猪 1～3 g,犬 0.2～1 g。复方阿司匹林片,内服,一次量,马、牛 30～100 片,羊、猪 2～10 片。

【制剂与规格】阿司匹林片,0.3 g,0.5 g。复方阿司匹林片,每片含阿司匹林 0.226 8 g、非那西丁 0.162 g、咖啡因 0.032 4 g。

四、吲哚(乙酸)类

吲哚类属芳基乙酸类抗炎药,特点是抗炎作用较强,对炎性疼痛镇痛效果显著。药物有吲哚美辛、阿西美辛、硫茚酸(舒林酸)、托美丁(痛灭定)和类似物节达明。

吲哚美辛(Indometacin)

【基本概况】本品为类白色或微黄色的结晶性粉末,几乎不溶于水,可溶于丙酮及氢氧化钠溶液中。

【作用与用途】用于术后外伤、关节炎、腱鞘炎、肌肉损伤等炎性疼痛。

【应用注意】①常见副作用有恶心、呕吐、腹泻、腹痛等胃肠症状,有时引起胃出血和穿孔。②犬有致死报道,一般不用。③可引起肝脏和造血系统功能损害。④并用阿司匹林、吲哚美辛时血药浓度有下降现象,疗效并不增强而且胃肠道反应的发生率增加。⑤并用氢氯噻嗪或速尿时,能使后者排钠利尿作用减弱。

【用法与用量】内服,一次量,每千克体重,马、牛 1 mg,羊、猪 2 mg。

【制剂与规格】吲哚美辛片,25 mg。

五、苯丙酸(萘丙酸)类

丙酸类是一类较新型的非甾体抗炎药,为阿司匹林类似物,含苯丙酸衍生物(药物有布洛芬、酮洛芬、吡洛芬、苯氧洛芬等)和萘丙酸衍生物(萘普生)。本类药物对消化道的刺激比阿司匹林轻,不良反应比保泰松少。

萘普生(Naproxen)

【基本概况】本品又名消痛灵、萘洛芬,为白色或类白色结晶性粉末,无臭或几乎无臭,几乎不溶于水,常制成片剂和注射液。本品抗炎作用明显,也有镇痛、解热作用,药效比保泰松强。

【作用与用途】用于解除肌炎及软组织炎症的疼痛及跛行、关节炎。

【应用注意】①抑制白细胞的游走,对血小板黏着和聚集反应亦有抑制作用,可延长出血时间。②副作用较阿司匹林、消炎痛、保泰松轻,但仍有胃肠反应,甚至引起出血,消化道溃疡患畜禁用。③偶可致黄疸和血管神经性水肿。④长期使用应注意肾功能损害。⑤与口服抗血凝药并用时,由于萘普生能优先与蛋白质结合,使抗凝血药在血中的游离型增多,易出现中毒和出血反应。⑥与速尿或氢氯噻嗪类利尿药并用时,可使利尿药排钠利尿效果下降。这是因为萘普生除能抑制肾脏 PGs 合成,还能抑制利尿药从肾小管排出。

【用法与用量】内服,一次量,每千克体重,马 5~10 mg,犬 2~5 mg。静脉注射,一次量,每千克体重,马 5 mg。

【制剂与规格】萘普生片,0.1 g,0.125 g,0.25 g。萘普生注射液,2 mL：0.1 g；2 mL：0.2 g。

布洛芬(Ibuprofen)

【基本概况】本品又名异丁苯丙酸、芬必得,为白色结晶性粉末,稍有特臭,几乎无味,易溶于乙醇、丙酮、氯仿或乙醚,几乎不溶于水。

【作用与用途】本品主要用于犬的肌肉骨骼系统功能障碍。

【应用注意】偶见视力减退、皮肤过敏。犬用 2~6 d 可见呕吐,2~6 周可见胃肠受损。

【用法与用量】内服,一次量,每千克体重,犬 10 mg。

【制剂与规格】布洛芬片,0.1 g,0.2 g。

六、芬那酸类

芬那酸类为邻氨基苯甲酸衍生物。1950 年本品被发现有镇痛、解热和消炎作用,药物有甲芬那酸、氯芬那酸、甲氯芬那酸、氟芬那酸、双氯芬酸等。

甲芬那酸(Mefenamic Acid)

甲芬那酸又名甲灭酸、扑湿痛,具有镇痛、消炎和解热作用。其镇痛作用比阿司匹林强

2.5 倍,抗炎作用比阿司匹林强 5 倍,比氨基比林强 4 倍,但不及保泰松。解热作用较持久。本品用于解除犬肌肉、骨骼系统慢性炎症。长期内服可产生嗜眠、消化障碍。

甲氯芬酸(Meclofenamic Acid)

甲氯芬酸义名甲氯灭酸、抗炎酸。其消炎作用比阿司匹林、氨基比林、保泰松强,镇痛作用与乙酰水杨酸相似,而较氨基比林弱。本品用于治疗风湿性关节炎、类风湿性关节炎及其他骨骼、肌肉系统障碍。胃肠道反应较轻。

七、Cox-2 抑制剂

塞来昔布(Celecoxib)

塞来昔布具有抗炎、镇痛和解热作用。其抑制 Cox-2 的作用较 Cox-1 高 375 倍,是选择性的 Cox-2 抑制药。在治疗剂量时对人体内 Cox-1 无明显影响,也不影响血栓素($TXA2$)的合成,但可抑制 PGI2 合成。本品用于风湿性、类风湿性关节炎和骨关节炎的治疗。

罗非昔布

罗非昔布为果糖的衍生物,对 Cox-2 有高度的选择性抑制作用,具有解热、镇痛和抗炎作用,但不抑制血小板聚集。但是,近年来已有证据证实,罗非昔布有心血管不良反应。

尼美舒利

尼美舒利是一种新型非甾体抗炎药,具有抗炎、镇痛和解热作用。对 Cox-2 的选择抑制作用较强。因其抗炎作用强,副作用较小,常用于退热、类风湿关节炎症和骨关节炎的治疗。胃肠道不良反应少而轻微。

八、其他解热镇痛药

氟尼辛葡甲胺(Flunixin Meglumine,FM)

【基本概况】本品为白色或类白色结晶性粉末,无臭,有引湿性。在水、甲醇、乙醇中溶解,在乙酸、氯仿中几乎不溶。FM 在国外已被广泛用于治疗数种动物的多种病症,如马疝痛、内毒血症和骨骼肌肉紊乱,反刍动物乳腺炎、肺炎,猪子宫炎、乳腺炎和无乳综合征,犬腐败性腹膜炎、骨关节炎和骨骼肌紊乱。我国也已批准其为 3 类新兽药,动物专用。

【作用与用途】本品用于家畜及小动物的发热性、炎性疾患,肌肉痛和软组织痛等。注射给药可控制牛呼吸道疾病和内毒素血症所致的高热,马和犬的发热,马、牛、犬的内毒素血症所致的炎症,马属动物的骨骼肌炎症及疼痛。内服可治疗马属动物的肌肉炎症及疼痛。

【应用注意】①大剂量或长期使用,马可发生胃肠溃疡。按推荐剂量连用 2 周以上,马也可能发生口腔和胃溃疡。②牛连用超过 3 d,可能会出现便血和血尿。③犬的主要不良反应为呕吐和腹泻,在极高剂量成长期应用时可引起胃肠溃疡。④氟尼辛葡甲胺不得与抗炎性镇痛药、非甾体抗炎药等合用,因为与非甾体抗炎药合用会加重对胃肠道的毒性作用,如溃疡、出血。⑤因血浆蛋白结合率高,与其他药物联合应用时,氟尼辛葡甲胺可能置换与血浆蛋白结合的其他药物或者自身被其他药物所置换,以致被置换的药物的作用增强,甚至产生毒性。

【用法与用量】以氟尼辛葡甲胺计,内服,一次量,每千克体重,犬、猫 2 mg,每天 1～2 次,连用不超过 5 d。

以氟尼辛葡甲胺计,肌内、静脉注射,一次量,每千克体重,猪 2 mg,犬、猫 1～2 mg,每天 1～2 次,连用不超过 5 d。

【制剂与规格】氟尼辛葡甲胺颗粒,10 g:0.5 g;100 g:5 g;200 g:10 g;1 000 g:50 g。

氟尼辛葡甲胺注射液,50 mL:0.25 g;50 mL:2.5 g,100 mL:0.5 g;100 mL:5 g。

复习思考题

1.简述解热镇痛抗炎药的作用机制。

2.比较解热镇痛药与镇痛药在镇痛作用方面的异同点。

3.比较解热镇痛药与氯丙嗪在降温方面的不同点。

4.为什么阿司匹林长期服用有时会引起胃肠道出血?

5.常用解热镇痛抗炎药分哪几类?每类举一药名。

6.为什么选择性 Cox-2 抑制剂解热镇痛药副作用小?

7.简述各类解热镇痛药的作用特点。

8.简述解热镇痛药的不良反应和应对措施。

学习情境 8
水盐代谢调节药和营养药

▶知识目标◀

    掌握水盐代谢调节药的作用与应用。

    掌握钙、磷代谢调节药的作用与应用。

    掌握维生素的作用与应用。

    掌握常见生化制剂的作用与应用。

▶技能目标◀

    掌握体液补充药的临床应用。

学习单元 1　体液补充药

    体液是动物机体细胞正常代谢所需要的相对稳定的内环境,主要由水分和溶于水中的电解质、葡萄糖和蛋白质等构成,占成年动物体重的 $60\%\sim70\%$,分为细胞内液(约占体液的 2/3)和细胞外液(约占体液的 1/3)。其中,细胞内液主要含有 K^+、Mg^{2+}、HPO_4^{2-} 等,细胞外液(包括血管内液、组织间质液、淋巴液、胃肠道分泌液、腹腔液、脑脊髓液、胸膜腔液等)主要含有 Na^+、Cl^-、HCO_3^- 等。细胞正常代谢需要相对稳定的内环境,这主要指体液容量和分布、各种电解质的浓度及彼此间比例和体液酸碱度的相对稳定性,此即体液平衡。虽然动物每日摄入水和电解质的量变动很大,但在神经-内分泌系统调节下,体液的总量、组成成分、酸碱度和渗透压总是在相对平衡的范围内波动。在很多疾病过程中,尤其是胃肠道疾病、高热、创伤、疼痛、休克时,体液平衡常被破坏,导致机体脱水、缺盐和酸碱中毒等一系列变化,影响正常机能活动,严重时可危及生命。因此,我们必须掌握动物体液平衡的规律,依据体液成分的改变,应用水和电解质平衡药、酸碱平衡药、能量补充药、血容量扩充药等给予纠正,以保证动物的健康。

一、血容量扩充药

    机体在大量失血或失血浆时,由于血容量的降低,可导致休克。迅速补足和扩充血容量是抗休克的基本疗法。全血、血浆等血液制品是理想的血容量扩充剂,但其来源有限,应用受到一定限制。葡萄糖和生理盐水有扩容作用,但维持时间短暂,而且只能补充水分、部分能量和电解质,不能代替血液和血浆的全部功能。目前最常用的血容量扩充药是血液代用品(如右旋糖酐等)。

右旋糖酐(Dextran)

【基本概况】本品为白色或类白色无定形粉末或颗粒。本品分为中分子(平均相对分子质量 7 万,又称右旋糖酐 70)、低分子(平均相对分子质量 4 万,又称右旋糖酐 40)和小分子(平均相对分子质量 1 万)3 种右旋糖酐,均易溶于水,常制成注射液。

【作用与用途】①补充有效循环血容量。静脉滴注中分子右旋糖酐,可增加血浆胶体渗透压,吸引组织中水分进入血管中,从而扩充血容量。因分子体积大,不易透过血管,在血液循环中存留时间较长,由肾脏排泄缓慢(1 h 约排出 30%,24 h 内约排出 50%),扩容作用较持久(约 12 h)。低分子右旋糖酐静脉注射后也有扩充血容量的作用,但自肾脏排泄较快,扩容作用维持时间较短(约 3 h)。②改善微循环,防止弥散性血管内凝血。静脉滴注低分子右旋糖酐,红细胞表面覆盖右旋糖酐,能增加红细胞膜外负电荷,由于相同电荷相互排斥,可使聚合或淤塞血管的红细胞解聚,降低血液黏滞性;同时抑制凝血因子Ⅱ的激活,使凝血因子Ⅰ和Ⅲ活性降低,产生防止弥散性血管内凝血和抗血栓形成的作用。小分子右旋糖酐扩容作用弱,改善微循环效果较好。③渗透性利尿作用。右旋糖酐在肾小管中不被重吸收,可使其渗透压升高,产生渗透性利尿作用,但维持时间短。

本品中分子右旋糖酐用于低血容量性休克,低分子右旋糖酐用于低血容量性休克、预防术后血栓和改善微循环,小分子右旋糖酐用于解除弥散性血管内凝血和急性肾中毒。

【应用注意】①静脉注射应缓慢,用量过大可致出血。②充血性心力衰竭和有出血性疾患动物禁用,肝、肾疾患动物慎用。③偶见过敏反应,可用苯海拉明或肾上腺素药物治疗。④与维生素 B_{12} 混合可发生变化,与卡那霉素、庆大霉素合用可增强其毒性。

【用法与用量】右旋糖酐 70 葡萄糖注射液,静脉注射,一次量,牛、马 500～1 000 mL,猪、羊 250～500 mL。右旋糖酐 40 葡萄糖注射液,同右旋糖酐 70 葡萄糖注射液。

二、能量补充药

能量是维持机体生命活动的基本要素。碳水化合物、脂肪和蛋白质在体内经生物转化变为能量。体内 50% 的能量被转化为热能以维持体温,其余以三磷酸腺苷(ATP)形式贮存供生理和生产之需。能量代谢过程中的释放、贮存、利用任一环节发生障碍,都会影响机体的功能活动。能量补充药有葡萄糖、ATP 等,其中以葡萄糖最常用。

葡萄糖(Glucose)

【基本概况】本品为白色或无色结晶粉末,易溶于水,常制成注射液。

【作用与用途】①供给能量,补充血糖。葡萄糖是机体重要能量来源之一,在体内氧化代谢释放出能量,供机体需要。②等渗补充体液,高渗可消除水肿。5% 葡萄糖溶液与体液等渗,输入机体后,葡萄糖很快被吸收、利用,并供给机体水分。25%～50%葡萄糖溶液为高渗液,大量输入机体后能提高血浆渗透压,使组织水分吸收入血,经肾脏排出带走水分,从而消除水肿。但作用较弱,维持时间较短,且可引起颅内压回升。③强心利尿。葡萄糖可供给心肌能量,改善心肌营养,从而增强心脏功能。胰岛素可提高心肌细胞对葡萄糖的利用率。因此以每 4 g 葡萄糖加入 1 IU 的胰岛素的比例混合静注,疗效更好。大量输入葡萄糖溶液,尤其是高渗液,由于体液容量的增加和部分葡萄糖自肾排出并带走水分,因而产生渗透性利尿作用。④解毒。肝脏的解毒能力与肝内糖元含量有关。另外,某些毒物通过与葡萄糖的氧化产物葡萄糖醛酸结合或依靠糖代谢的中间产物乙酰基的乙酰化作用而使毒物失效,故具有一定的解毒作用。

本品用于重病、久病、体质虚弱的动物以补充能量,也用作脱水、失血、低血糖症、心力衰竭、酮血症、妊娠中毒症、药物与农药中毒、细菌毒素中毒等的辅助治疗。

【应用注意】本品的高渗性注射液静脉注射应缓慢,以免加重心脏负担,并勿漏到血管外。

【用法与用量】静脉注射,一次量,牛、马 50～250 g,猪、羊 10～50 g,犬 5～25 g。

学习单元 2　电解质与酸碱平衡调节药

一、电解质平衡调节药

细胞的正常代谢需要在相对稳定的内环境中进行。水和电解质摄入过多或过少,或排泄过多或过少,均对机体的正常机能产生影响,使机体出现脱水或水肿。腹泻、呕吐、大面积烧伤、过度出汗、失血等,往往引起机体丢失大量水和电解质。水和电解质若按比例丢失,细胞外液的渗透压无大变化的称为等渗性脱水。水丢失多,电解质丢失少,细胞外液渗透压升高称为高渗性脱水,反之称为低渗性脱水。因此,补充体液,既要纠正体液丧失的液量,更要注重纠正体液质的变动,盲目补液往往对疾病的转归带来隐患。机体内的钠大部分以氯化钠的形式存在于细胞外液,细胞内液中的钠很少。

氯化钠(Sodium Chloride)

【基本概况】本品为无色、透明的立方形结晶或白色结晶性粉末,无臭,味咸,易溶于水,常制成注射液。

【作用与用途】①调节细胞外液的渗透压和容量。细胞外液中 Na^+ 占阳离子含量的 92% 左右,Cl^- 是细胞外液的主要阴离子,因此细胞外液中 90% 的晶体渗透压由氯化钠维持,具有调节细胞内外水分平衡的作用。0.9%氯化钠水溶液等于哺乳动物体液的等渗压,故名生理盐水。②参与酸碱平衡的调节。血浆缓冲体系中以碳酸氢钠/碳酸组成的缓冲系统最重要,碳酸氢根离子又常因钠离子的增减而升降,因此钠盐能影响酸碱平衡的调节。③维持神经肌肉的兴奋性。静脉注射 10%的高渗氯化钠溶液,血液中 Na^+、Cl^- 增加,可刺激血管壁的化学感受器,反射性兴奋迷走神经,促进胃肠蠕动和分泌,对于反刍动物还能增强反刍机能。临床上可用于反刍动物的前胃弛缓、瘤胃积食、瓣胃阻塞,单胃动物的肠臌气、胃扩张和便秘等。

本品主要用于防治各种原因所致的低血钠综合征,也用于失水兼失盐的脱水症。

【应用注意】①脑、肾、心脏功能不全及血浆蛋白过低症患畜慎用,肺水肿动物禁用。②生理盐水所含有的氯离子比血浆氯离子浓度高,已发生酸中毒的动物若应用大量的生理盐水可引起高氯性酸中毒,此时可改用碳酸氢钠-生理盐水或乳酸钠-生理盐水。

【用法与用量】生理盐水,静脉注射,一次量,牛、马 1 000～3 000 mL,猪、羊 250～500 mL,犬 100～500 mL。

氯化钾(Potassium Chloride)

【基本概况】本品为无色长菱形、立方形结晶或白色结晶性粉末,无臭,味咸涩,易溶于水,常制成注射液。

【作用与用途】①K^+ 是细胞内的主要阳离子,是维持细胞内渗透压的重要成分。钾离子通过与细胞外的氯离子交换参与酸碱平衡的调节。②K^+ 在维持心肌、骨骼肌、神经系统的正常功能方面也具有重要作用。适当浓度的钾离子可保持神经肌肉的兴奋性,缺钾则导致神经肌肉间的传导阻滞、心肌的自律性增高。③K^+ 还参与糖、蛋白质的合成及二磷酸腺苷转化为三磷酸腺苷的能量代谢。

本品主要用于钾摄入不足或排钾过量所致的低血钾症和强心苷中毒的解救。

【应用注意】①内服对胃肠道有刺激性,不宜在空腹时内服给药。②使用时必须用5％葡萄糖注射液稀释成0.3％以下的浓度。应用剂量过大或静脉滴注过快易引起高钾血症或导致心跳骤停。③肾功能减退或动物尿少时慎用,无尿时忌用。④脱水病例一般应先给予不含钾的液体,等排尿后再补钾。⑤糖皮质激素可促进尿钾排泄,应用时会降低钾的疗效;抗胆碱药物可抑制胃肠蠕动,合并应用时会增强钾的刺激性。

【用法与用量】静脉注射,一次量,牛、马 2～5 g,羊、猪 0.5～1 g。

二、酸碱平衡调节药

家畜体液(以血浆为代表)呈弱碱性反应,pH 一般为 7.24～7.54,各种家畜之间差别不大。机体的正常活动要求相对稳定的体液酸碱度,体液 pH 的相对稳定性称为酸碱平衡。血液的缓冲系统、呼吸和肾脏,能维持和调节体液的酸碱平衡。肺、肾脏功能障碍,机体代谢失常,高热、缺氧和腹泻等,都会引起酸碱平衡紊乱。当体液 pH 超出其极限值范围时(pH 6.8～7.8),动物即会死亡。因此,给予酸碱平衡调节药,使其恢复正常的体液酸碱平衡是十分重要的治疗措施。

碳酸氢钠(Sodium Bicarbonate)

【基本概况】本品又称小苏打,为白色结晶性粉末,无臭,味咸,易溶于水,常制成注射液和片剂。

【作用与用途】①本品能直接增加机体的碱贮。由于碳酸氢根离子与氢离子结合成碳酸,再分解为二氧化碳和水,二氧化碳由肺排出体外,致使体液的氢离子浓度降低,代谢性酸中毒得以纠正。②本品还具有碱化尿液、中和胃酸、祛痰、健胃等作用。

本品主要用于解除酸中毒、胃肠卡他;也用于碱化尿液,以防止磺胺代谢物等对肾脏的刺激性,以及加速酸性药物的排泄等。

【应用注意】①静脉注射碳酸氢钠应避免与酸性药物混合应用。②过量静脉注射时,可引起代谢性碱中毒和低血钾。③充血性心力衰竭、肾功能不全、水肿、缺钾等病畜慎用。④本品与糖皮质激素合用,易发生高血钠症和水肿等。

【用法与用量】静脉注射,一次量,牛、马 15～30 g,猪、羊 2~6 g,犬 0.5～1.5 g。

乳酸钠(Sodium Lactate)

【基本概况】本品为无色或几乎无色透明液体,易溶于水,常制成注射液。

【作用与用途】本品在体内经乳酸脱氢酶转化为丙酮酸,再经三羧酸循环氧化脱羧生成二氧化碳,继而转化为碳酸根离子而纠正酸中毒,但作用不及碳酸氢钠迅速和稳定。

本品用于治疗代谢性酸中毒,尤其是高血钾症等引起的心律失常伴有酸血症的病畜。

【应用注意】①水肿、肝功能障碍、休克、缺氧、心功能不全动物慎用。②一般不宜用生理盐水或其他含氯化钠溶液稀释本品,以免形成高渗溶液。

【用法与用量】静脉注射,一次量,牛、马 200～400 mL,羊、猪 40～60 mL。使用时需 5 倍稀释。

学习单元 3　钙、磷等代谢调节药

钙、磷和微量元素是动物机体不可缺少的重要组成成分,在动物生长发育和组织新陈代谢过程中具有重要的作用。当机体缺乏时,会引起相应的缺乏症,从而影响动物的生产性能和健康。生产中一般通过在饲料中添加微量元素予以预防,但当动物机体处于特殊生理阶段或严重缺乏时,应使用药物进行治疗。

一、钙、磷调节药

钙、磷是动物机体所必需的常量元素,具有重要的生理功能。钙占体重的 1%～2%,磷占 0.7%～1.1%。体内 99% 的钙和 80%～85% 的磷存在于骨骼和牙齿中,其余的钙与磷存在于体液中。

氯化钙(Calcium Chloride)

【基本概况】本品为白色坚硬的碎块或颗粒,极易溶于水,常制成注射液。

【作用与用途】①促进骨骼和牙齿钙化,保证骨骼正常发育。②维持神经肌肉的正常兴奋性。血浆钙离子浓度的稳定是神经肌肉正常功能的必要条件。当血浆中钙离子浓度过高,神经肌肉兴奋性降低,肌肉收缩无力;反之,神经肌肉兴奋性升高,骨骼肌痉挛,动物表现抽搐。③增加毛细管的致密度,降低其通透性。④参与正常凝血过程。钙是重要的凝血因子,是正常凝血过程所必需的物质,可促进机体凝血。⑤具有对抗镁离子的作用。钙离子能对抗因镁离子浓度过高而引起的中枢抑制和横纹肌松弛等症状。

本品用于缺钙而引起的佝偻病、骨软化症、产后瘫痪等,也用于毛细管渗透性升高所致的荨麻疹、渗出性水肿、瘙痒性皮肤病等过敏性疾病,也用于硫酸镁中毒的解毒剂。

【应用注意】①本品注射剂刺激性强,只适宜静脉注射。静脉注射应避免漏出血管,防止引起局部肿胀或坏死。②禁止与强心苷、肾上腺素等药物合用。③静脉注射速度宜缓慢,以防止血钙浓度骤升导致心律失常乃至心搏骤停等。④常与维生素 D 合用,提高佝偻病、骨软化症、产后瘫痪等疗效。

【用法与用量】静脉注射,一次量,马、牛 5～15 g,羊、猪 1～5 g,犬 0.1～1 g。

葡萄糖酸钙(Calcium Gluconmate)

【基本概况】本品为白色颗粒型粉末,无臭,无味,溶于水,常制成注射液。

【作用与用途】同氯化钙。

【应用注意】①对组织刺激性小,比氯化钙安全。②注射液若析出沉淀,宜微温溶解使用。③静脉注射速度宜缓慢,且禁止与强心苷、肾上腺素等药物合用。

【用法与用量】静脉注射,一次量,马、牛 20～60 g,羊、猪 5～15 g,犬 0.5～2 g。

碳酸钙(Calcium Carbonate)

【基本概况】本品为白色极细微的结晶性粉末,无味,不溶于水,常制成粉剂。

【作用与用途】①内服补充钙。②有吸附性止泻作用。

本品为钙补充药,用于治疗钙缺乏引起的佝偻病、骨软化症及产后瘫痪等疾病;也用作治疗动物腹泻;还作抗酸药,治疗胃酸过多。

【应用注意】本品在防治佝偻病、骨软化症及产后瘫痪等时,最好与维生素 D 联用。

【用法与用量】内服,一次量,马、牛 30～120 g,羊、猪 3～10 g,犬 0.5～2 g,每天 2～3 次。

磷酸氢钙(Calcium Hydrogen Phosphate)

【基本概况】本品为白色极细微的结晶性粉末,无味,不溶于水,常制成片剂。

【作用与用途】具有补充钙、磷的作用。

本品主要用于防治动物钙、磷等缺乏症。

【应用注意】同碳酸钙。

【用法与用量】内服,一次量,马、牛 12 g,羊、猪 2 g,犬、猫 0.6 g。

乳酸钙(Calcium Lactate)

【基本概况】本品为白色极细微的结晶性粉末,几乎无臭,溶于水,常制成片剂。

【作用与用途】同碳酸钙。

【应用注意】同碳酸钙。

【用法与用量】内服,一次量,马、牛 10～30 g,羊、猪 0.5～2 g,犬 0.2～0.5 g。

磷酸二氢钠(Sodium Dihydrogen Phosphate)

【基本概况】本品为无色结晶或白色粉末,易溶于水,常制成注射液、片剂。

【作用与用途】①磷是骨骼和牙齿的主要成分。②本品可维持细胞膜的正常结构和功能。③磷是体内磷酸盐缓冲液的组成成分,参与调节体内酸碱平衡。④磷是核酸的组成成分,可参与蛋白质的合成。⑤参与体内脂肪的转运与贮存。

本品为磷补充药,用于磷缺乏引起的佝偻病、骨软化症及产后瘫痪等。

【应用注意】本品与补钙剂合用,可提高疗效。

【用法与用量】内服,一次量,马、牛 90 g,每天 3 次。静脉注射,一次量,牛 30～60 g。

二、微量元素

微量元素是指占动物体重 0.01% 以下的元素。动物机体所必需的微量元素有铁、铜、锌、硒、碘、锰及钴等,它们是酶、激素和维生素等的组成成分,对体内的生化反应起着重要的调节作用,当机体缺乏或摄入过多时,均会影响其生长发育甚至引起疾病。

亚硒酸钠(Sodium Selenite)

【基本概况】本品为白色结晶性粉末,无臭,溶于水,常制成注射液和预混剂。

【作用与用途】①硒有抗氧化作用。硒是谷胱甘肽过氧化物酶的组成成分,此酶能分解细胞内过氧化物,保护生物膜免受损害。②本品可参与辅酶 Q 的合成。辅酶 Q 在呼吸链中起递氢的作用,参与 ATP 的生成。③提高抗体水平,增强机体的免疫力。④有解毒功能。硒能与汞、铅、镉等金属形成不溶性的硒化物,降低重金属对机体的毒害作用。⑤维持精细胞的结构和功能。公猪缺硒可导致睾丸曲细精管发育不良,精子数量减少。

本品主要用于防治羔羊、犊牛、驹、仔猪等幼畜白肌病和雏鸡渗出性素质病。

【应用注意】①本品常与维生素 E 联用,提高治疗效果。②本品安全范围很小,在饲料中添加时,要注意混合均匀。③肌内或皮下注射有局部刺激性,动物往往表现不安,注射部位肿胀、脱毛等。④休药期,亚硒酸钠维生素 E 注射液,牛、羊、猪 28 d。

【用法与用量】亚硒酸钠注射液,肌内注射,一次量,马、牛 30～50 mg,驹、犊 5～8 mg,羔羊、仔猪 1～2 mg。亚硒酸钠维生素 E 注射液,肌内注射,一次量,驹、犊 5～8 mL,羔羊、仔猪 1～2 mL。亚硒酸钠维生素 E 预混剂,混饲,每 1 000 kg 饲料 500～1 000 g。

硫酸铜(Copper Sulfate)

【基本概况】本品为深蓝色结晶性颗粒或粉末,无臭,易溶于水,常制成粉剂。

【作用与用途】①铜是机体利用合成血红蛋白所必需的物质,能促进骨髓生成细胞。②铜作为细胞色素氧化酶、过氧化物化酶及络氨酸酶等多种酶成分参与机体代谢。如细胞色素氧化酶能催化磷脂的合成,使脑和骨髓的神经细胞形成髓鞘;络氨酸酶可使络氨酸化成黑色素,又能在角蛋白合成中将巯基氧化成双硫键,促进羊毛的生长和保持一定的弯曲度。③参与机体骨骼的形成并促进钙、磷在软骨基质上的沉积。④铜可参与血清免疫球蛋白的构成,提高机体免疫力。

本品用于促进动物生长发育,防治铜的缺乏症;也可浸泡或喷洒治疗奶牛的腐蹄。

【应用注意】铜对绵羊和犊牛较敏感,灌服或摄取大量铜能引起溶血性贫血、血红蛋白尿、黄疸和肝损害为主要症状的急性或慢性中毒,严重时可因缺氧和休克而死。若绵羊铜中毒,采取每天内服钼酸铵 50~100 mg、硫酸钠 0.1 g,连用 3 周,可减少小肠对铜的吸收,加速血液和肝中铜的排泄。

【用法与用量】治疗铜缺乏症,内服,一天量,牛 2 g,犊 1 g;每千克体重,羊 20 mg。作生长促进剂,混饲,每 1 000 kg 饲料,猪 800 g,禽 20 g。

氯化钴(Cobaltous Chloride)

【基本概况】本品为红色或深红色单斜系结晶,极易溶于水,常制成片剂、溶液。

【作用与用途】①钴是维生素 B_{12} 的组成成分,维生素 B_{12} 能促进血红素的形成,具有抗贫血的作用。②钴作为核苷酸还原酶和谷氨酸变位酶的组成成分,参与 DNA 的生物合成和氨基酸的代谢等。

本品用于治疗钴缺乏引起的反刍动物食欲减退、生长缓慢、消瘦、腹泻、贫血等。

【应用注意】①本品只能内服,若注射给药,钴不能被瘤胃微生物利用。②钴摄入过量可导致红细胞增多症。

【用法与用量】内服,一次量,治疗,牛 500 mg,犊 200 mg,羊 100 mg,羔羊 50 mg;预防,牛 25 mg,犊 10 mg,羊 5 mg,羔羊 2.5 mg。

硫酸亚铁(Ferrour Sulfate)

【基本概况】本品为淡蓝色结晶或颗粒,无臭,味咸涩,易溶于水,常制成粉剂。

【作用与用途】①铁是动物机体所必需的微量元素,是合成血红蛋白和肌红蛋白不可缺少的原料。动物体内 60%~70% 的铁存在于血红蛋白中,2%~20% 分布于肌红蛋白中。其中,血红蛋白是体内运输氧和二氧化碳的最重要载体,肌红蛋白是肌肉在缺氧条件下做功的供氧源。②铁是细胞中色素氧化酶、过氧化物酶、过氧化氢酶及黄嘌呤氧化酶等的成分和碳水化合物代谢酶的激活剂,参与机体内的物质代谢与生物氧化过程,催化各种生化反应。③转铁蛋白除运载铁、锰和铬外,还有预防机体感染疾病的作用。

本品用于缺铁性贫血,如孕畜及哺乳仔猪慢性失血、营养不良等的缺铁性贫血。

【应用注意】①铁盐对胃肠道黏膜具有刺激作用,内服量大可引起呕吐、腹痛、出血乃至肠坏死等,宜饲喂后投药。②在服用期间,禁喂高钙、高磷及含鞣质较多的饲料。③禁与抗酸药、四环素类药物等合用。④铁可与肠道内硫化氢结合生成硫化铁,减少硫化氢对肠蠕动的刺激作用,但易便秘,并排出黑粪。⑤休药期 7 d。

【用法与用量】内服,一次量,马、牛 2~10 g,羊、猪 0.5~3 g,犬 0.05~0.5 g,猫 0.05~0.1 g。

硫酸锌(Zinc Sulfate)

【基本概况】本品为无色透明的棱柱状或细针状结晶或颗粒状结晶性粉末,无臭,味涩,极易溶于水,常制成注射液、粉剂。

【作用与用途】①锌是动物体内多种酶(如 DNA 聚合酶、RNA 聚合酶、胸腺嘧啶核苷酸酶、碱性硫酸镁等)的成分或激活剂,可催化多种生化反应。②锌是胰岛素的成分,可参与碳水化合物的代谢。③参与蛋白质和核酸合成,维持 RNA 的结构与构型,影响体内蛋白质的生物合成和遗传信息的传递。④参与胱氨酸和黏多糖代谢,维持上皮组织健康与被毛正常生长。⑤参与骨骼和角质的生长并能增强机体免疫力,促进创伤愈合。

本品主要用于防治锌缺乏症;也可用作收敛药,治疗结膜炎等。

【应用注意】①锌摄入过多可影响蛋白质代谢和钙的吸收,并导致铜缺乏症等。②休药期,水产动物 500℃·d。

【用法与用量】内服,一天量,牛 0.05～0.1 g,羊、猪 0.2～0.5 g,禽 0.05～0.1 g。

硫酸锰(Manganous Sulfate)

【基本概况】本品为浅红色结晶性粉末,易溶于水,常制成预混剂。

【作用与用途】①锰既是动物体内精氨酸酶和脯氨酸肽酶的成分,又是碱性磷酸酶、磷酸葡萄糖变位酶的激活剂,参与蛋白质、碳水化合物、脂肪及核酸的代谢。②可参与骨骼基质中硫酸软骨素的形成,从而影响到骨骼的发育。③催化性激素的前体胆固醇的合成,影响畜禽的繁殖。

【应用注意】畜禽很少发生锰中毒,但日粮中锰含量超过 2 000 mg/kg 时,可影响钙的吸收和钙、磷的体内停留。

【用法与用量】混饲,每 1 000 kg 饲料,禽 100～200 g。

碘化钾(Potassium Iodide)

【基本概况】本品为无色结晶或白色结晶粉末,无臭,味咸苦,极易溶于水,常制成片剂。

【作用与用途】①碘是机体甲状腺素的组成成分,能促进蛋白质的合成,提高基础代谢率;可活化 100 多种酶,促进动物生长发育,维持正常的繁殖机能等。②体内一些特殊蛋白质(如角蛋白)的代谢和胡萝卜素向维生素 A 的转化都离不开甲状腺素。

本品用于碘缺乏症;也可作为祛痰药,用于动物亚急性及慢性支气管炎的治疗等。

【应用注意】①碘化钾在酸性溶液中能析出游离碘。②碘化钾溶液与生物碱能产生沉淀。③肝、肾病患畜慎用。

【用法与用量】混饲,一天量,猪 0.03～0.36 mg。

学习单元 4　维生素

维生素是维持动物正常生理功能所必需的低分子有机化合物,其本身不是构成机体的主要物质和能量的来源。但它们主要以辅酶和催化剂的形式广泛参与机体新陈代谢,保证机体组织器官的细胞结构和功能的正常,以维持动物的正常生长和健康。动物对维生素的需要量虽少,但如果长期缺乏,可影响生长发育和生产性能,降低对疾病的抵抗力,产生各种病状,严重时可导致动物死亡。动物机体中的维生素的来源广泛。动物机体所需要的维生素主要由饲料供应,少数在体内合成。常用的维生素类药物按其溶解性分为水溶性维生素和脂溶性维生素两大类。其中,水溶性维生素包括 B 族维生素和维生素 C 等,它们都能溶于水,在饲料中的分布和溶解度大体相同,体内存量不大,摄入过多即从尿中排出;脂溶性维生素包括维生素 A、维生素 D、维生素 E、维生素 K 等,它们可溶于脂或油类溶剂而不溶于水,在肠道内随脂肪一同被吸收,吸收后可在体内尤其是肝内贮存,但矿物油(液状石蜡等)、新霉素能干扰其吸收。

一、脂溶性维生素

维生素 A(Vitamin A)

【基本概况】本品为淡黄色的油溶液,不溶于水,常制成注射液、微胶囊。

【作用与用途】①本品是视觉细胞内有维持暗视觉作用的感光物质视紫红质合成的原料,可维持正常的视觉功能。维生素 A 缺乏时,弱光下的视紫红质合成不足,可出现在弱光下视物不清,即夜盲症。②维持上皮组织正常的结构和功能。维生素 A 能促进黏液分泌上皮黏多糖的合成。维生素 A 不足时,黏多糖的合成受阻,引起上皮组织干燥和过度角质化,易受细菌感染,发生多种疾病。③促进动物的生长发育。维生素 A 能调节脂肪、碳水化合物、蛋白质及矿物质的代谢。缺乏时,可影响体蛋白的合成和骨组织的发育,导致幼龄动物生长发育受阻。重者出现肌肉、脏器萎缩乃至死亡。④促进类固醇激素的合成减少,公畜性欲下降,睾丸及附睾退化,精液品质下降。母畜发情不正常,不易受孕;妊娠母畜流产、难产,产下弱胎、死胎或瞎眼仔畜。

本品主要用于防治维生素 A 缺乏症,如干眼症、眼盲症、角膜软化症和皮肤硬化症等;也用于体质虚弱的畜禽、妊娠及泌乳的母畜,以增强机体免疫力。

【应用注意】本品大剂量对抗糖皮质激素的抗炎作用,且过量可致中毒。

【用法与用量】维生素 AD 油,内服,一次量,马、牛 20~60 mL,羊、猪 10~15 mL,犬 5~10 mL,禽 1~2 mL。维生素 AD 注射液,肌内注射,一次量,马、牛 5~10 mL,驹、犊、羊、猪 2~4 mL,仔猪、羔羊 0.5~1 mL。

维生素 D(Vitamin D)

【基本概况】本品为无色针状结晶或白色结晶性粉末,无臭,无味,不溶于水,常制成注射液。种类有很多,主要有维生素 D_2 和维生素 D_3 两种形式。

【作用与用途】本品被动物机体吸收后并无活性,维生素 D_2 和维生素 D_3 须在肝内羟化酶的作用下,分别转变成 25-羟胆钙化醇,然后随血液转运到肾脏,在甲状旁腺素的作用下进一步羟化形成 1,25-二羟麦角钙化醇或 1,25-二羟胆钙化醇后,能促进小肠对钙、磷的吸收,调节血液中钙、磷的浓度,维持骨骼的正常钙化。缺乏时,动物机体肠道对钙、磷的吸收减少,血钙、磷的浓度下降,骨骼钙化异常,引起佝偻病和骨软化症等,奶牛产乳量下降,蛋壳易碎等。

本品用于防治维生素 D 缺乏症,如佝偻病、骨软化症等。

【应用注意】①长期应用大剂量维生素 D,可使骨骼脱钙变脆,易于变形和骨折等。②应注意与钙、磷合用。③休药期,维生素 D_3 注射液,28 d,弃奶期 7 d。

【用法与用量】维生素 D_2 注射液,肌内、皮下注射,一次量,每千克体重,家畜 1 500～3 000 U。维生素 D_3 注射液,肌内注射,一次量,每千克体重,家畜 1 500～3 000 U。

维生素 E(Vitamin E)

【基本概况】本品又称生育酚,为微黄色透明的黏稠液体,几乎无臭,不溶于水,遇氧迅速氧化,常制成注射液、预混剂。

【作用与用途】①抗氧化作用。维生素 E 是一种细胞内抗氧化剂,可阻止过氧化物的产生,保护和维持细胞结构的完整和改善膜的通透性。与硒合用可提高作用效果。②维持正常的繁殖机能。维生素 E 可促进性激素分泌,调节性机能。缺乏时,公畜睾丸变性萎缩,精细胞形成受阻,甚至不产生精子;母畜性周期失常,不受孕。③保证肌肉的正常发育。缺乏时,动物肌肉中能量代谢受阻,肌肉营养不良,易患白肌病。④维持毛细血管结构的完整和中枢神经系统的机能健全。雏鸡缺维生素 E 时,毛细血管通透性增强,易患渗出性素质病。⑤增强机体免疫力。维生素 E 可促进抗体的形成和淋巴细胞的增殖,提高细胞免疫反应,降低血液中免疫抑制剂皮质醇的含量,提高机体的抗病力。

本品主要用于防治维生素 E 缺乏症,如羔羊、仔猪等的白肌病、雏鸡渗出性素质病和脑软化以及猪的肝坏死和黄脂病等。

【应用注意】①本品的毒性小,但过高剂量可诱导雏鸡、犬凝血障碍。日粮中高浓度可抑制雏鸡生长,并可加重钙、磷缺乏引起的骨钙化不全。②偶尔可引起过敏反应。

【用法与用量】内服,一次量,驹、犊 0.5～1.5 g,犬 0.03～0.1 g,禽 5～10 mg。皮下、肌内注射,一次量,驹、犊 0.5～1.5 g,羔羊、仔猪 0.1～0.5 g,犬 0.01～0.1 g。

维生素 K_1(Vitamin K_1)

【基本概况】本品为黄色至澄清的黏稠液体,不溶于水,常制成注射液。

【作用与用途】维生素 K_1 能促进肝脏合成凝血酶原(凝血因子 Ⅱ)、凝血因子 Ⅶ,Ⅸ,Ⅹ,并起激活作用,从而参与机体的凝血过程。若动物缺乏维生素 K_1 可导致内出血、凝血时间延长或流血不止。

本品主要用于防治维生素 K 缺乏所引起的出血性疾病,如长期使用抗菌药物引起维生素 K 缺乏而导致的出血;也用于霉烂的干草或青饲料中所含双香豆素引起的低凝血酶症而发生的出血等。

【应用注意】①本品静脉注射时可出现包括死亡在内的严重反应,应缓慢注射。注射液可用生理盐水、5%葡萄糖注射液或5%葡萄糖生理盐水稀释,稀释后应立即注射,成年家畜每分钟不应超过10 mg,新生仔畜或幼畜每分钟不应超过5 mg。②维生素 K_1 注射液如有油滴析出或分层,则不宜使用,但可在遮光条件下加热至70~80℃,振摇使其自然冷却,若澄明度正常仍可使用。

【用法与用量】肌内、静脉注射,一次量,每千克体重,家畜0.5~2.5 mg,猫0.5~2.0 mg。

二、水溶性维生素

维生素 B_1(Vitamin B_1)

【基本概况】本品又称硫胺素,为白色结晶或结晶性粉末,有微弱的特臭味。人工合成的常为其盐酸盐,易溶于水,常制成片剂和注射液。

【作用与用途】①参与糖代谢。维生素 B_1 与焦磷酸缩合成硫胺焦磷酸酯,参与碳水化合物的代谢过程,促进体内糖代谢的正常进行,对维持神经组织和心肌的正常功能、促进生长发育、提高免疫力等起着重要作用。②增强乙酰胆碱的作用。维生素 D_1 可轻度抑制胆碱酯酶的活性,使乙酰胆碱作用加强。维生素 B_1 缺乏时,动物机体内丙酮酸和乳酸蓄积,表现食欲不振,生长发育缓慢,雏鸡易患多发性神经炎等。

本品用于防治维生素 B_1 缺乏症或作为食欲不振、胃肠道功能障碍、神经炎、心肌炎、牛酮血病等辅助治疗药物;此外,高热、重度使役和大量输注葡萄糖时,也应补充本品。

【应用注意】①本品对多种抗生素(如氨苄西林、多黏菌素等)均有不同程度的灭活作用。②生鱼肉、某些海鲜产品中含有硫胺素酶,能破坏维生素 B_1 活性,故不可生喂。③可影响氨丙啉的抗球虫活性。

【用法与用量】内服、皮下或肌内注射,一次量,马、牛100~500 mg,羊、猪25~50 mg,犬10~50 mg,猫5~30 mg。

维生素 B_2(Vitamin B_2)

【基本概况】本品又称核黄素,为橙黄色结晶性粉末,微臭,味微苦,易溶于水,常制成注射液和片剂。

【作用与用途】本品是机体内黄素酶类的两种辅基即黄素腺嘌呤二核苷酸(FAD)和黄素单核苷酸(FMN)的合成原料,在生物氧化中起着递氢的作用,参与物质代谢。缺乏时,雏鸡患曲趾病,用跗关节行走,腿麻痹。母鸡产蛋率、孵化率及雏鸡成活率下降;猪发生皮炎,皮毛粗糙,脱毛,妊娠母猪早产,胚胎死亡及胎儿畸形等。

本品主要用于防治维生素 B_2 缺乏症,如口炎、脂溢性皮炎、角膜炎及雏鸡曲趾病等。

【应用注意】①本品对多种抗生素(如氨苄青霉素、四环素、金霉素、土霉素、链霉素、卡那霉素、林可霉素、多黏菌素等)均有不同程度的灭活作用。②内服后尿液呈黄绿色。③常与维

生素 B_1 合用。

【用法与用量】内服、皮下或肌内注射,一次量,马、牛 100～500 mg,羊、猪 20～30 mg,犬 10～20 mg,猫 5～10 mg。

维生素 B_6(Vitamin B_6)

【基本概况】本品包括吡哆醇、吡哆醛、吡哆胺 3 种吡啶衍生物,为白色或类白色结晶或结晶性粉末,无臭,味酸苦,易溶于水,常制成片剂和注射液。

【作用与用途】①维生素 B_6 在机体内是以转氨酶和脱羧酶等多种酶系统的辅酶形式参与氨基酸、蛋白质、脂肪和碳水化合物的代谢。②本品可促进血红蛋白中原卟啉的合成。③本品可提高抗体水平。缺乏维生素 B_6 时,动物生长缓慢或停滞,皮肤发炎,脱毛,心肌变性。鸡表现为异常兴奋,惊跑,脱毛,下痢,产蛋率及种蛋孵化率降低等;猪表现为腹泻,贫血,运动失调,阵发性抽搐或痉挛,肝脏发生脂肪性浸润等。

本品主要用于防治维生素 B_6 缺乏症,如皮炎、周围神经炎等。

【应用注意】本品常用于配合治疗维生素 B_1、维生素 B_6 及烟酸或烟酰胺等缺乏症。

【用法与用量】内服、皮下、肌内或静脉注射,一次量,马、牛 3～5 g,羊、猪 0.5～1 g,犬 0.02～0.08 g。

维生素 B_{12}(Vitamin B_{12})

【基本概况】本品又称钴胺素,为深红色结晶或结晶性粉末,无臭,无味,略溶于水,常制成注射液。

【作用与用途】①参与动物体内一碳基团的代谢,是传递甲基的辅酶,参与核酸和蛋白质的生物合成以及碳水化合物和脂肪的代谢。②促进红细胞的发育和成熟,维持骨髓的正常造血机能。③维生素 B_{12} 还能促进胆碱的生成。缺乏时,动物表现营养不良,贫血,生长发育障碍,猪四肢共济失调,患巨幼红细胞性贫血症;雏鸡骨骼异常,生长缓慢,孵化率降低。④还促使甲基丙二酸转变为琥珀酸,参与三羧酸循环。此作用关系到神经髓鞘脂类的合成及维持有鞘神经纤维功能完整。

本品多用于治疗维生素 B_{12} 缺乏症,如猪巨幼红细胞性贫血等;也可用于神经炎、神经萎缩、再生障碍性贫血及肝炎等辅助治疗。

【应用注意】①本品在防治巨幼红细胞性贫血症时,常与叶酸合用。②反刍动物瘤胃内微生物可直接利用饲料中的钴合成维生素 B_{12},故一般较少发生缺乏症。

【用法与用量】肌内注射,一次量,马、牛 1～2 mg,羊、猪 0.3～0.4 mg,犬、猫 0.1 mg。

维生素 C(Vitamin C)

【基本概况】本品又称抗坏血酸,为白色结晶或结晶性粉末,无臭,味酸,易溶于水,常制成注射液和片剂。

【作用与用途】①本品在体内参与氧化还原反应而发挥递氢作用,如可使 Fe^{3+} 还原为易

吸收的 Fe^{2+}，促进铁的吸收；可使红细胞的高铁血红蛋白还原为有携氧功能的低铁血红蛋白；使叶酸还原成二氢叶酸，继而还原成有活性的四氢叶酸等。②促进胶原纤维和细胞间质的合成，增加毛细血管的致密性。本品是脯氨酸羟化酶和赖氨酸羟化酶的辅酶，参与胶原蛋白合成，促进胶原组织、骨骼、结缔组织、软骨、牙齿和皮肤等细胞间质的形成，可增加毛细血管致密性，降低其通透性和脆性。③解毒作用。本品可使氧化型谷胱甘肽还原为还原型谷胱甘肽，还原型谷胱甘肽的巯基(—SH)可与铅、汞、砷等金属离子及苯等毒物结合而排出体外，保护含巯基酶的—SH 不被毒物破坏，从而发挥解毒功能。④抗炎及抗过敏作用。本品具有拮抗组胺和缓激肽的作用，可直接作用于支气管受体而松弛支气管平滑肌，还能抑制糖皮质激素在肝脏中的分解破坏，故具有抗炎与抗过敏的作用。⑤增强机体抵抗力。本品能促进抗体的形成，增强白细胞的吞噬能力和肝脏的解毒能力，从而提高机体免疫功能和抗应激能力。

本品除用于维生素 C 缺乏症治疗外，可作为急性或慢性传染病、热性病、中毒、贫血、高铁血红蛋白血症、慢性出血、心源性和感染性休克等的辅助治疗；也可用于风湿病、关节炎、骨折与愈合不良及过敏性疾病等的辅助治疗。

【应用注意】①本品在瘤胃中易被破坏，故反刍动物不宜内服。②不宜与钙制剂、氨茶碱等药物混合注射。③对氨苄西林、四环素、金霉素、土霉素、强力霉素、红霉素、卡那霉素、链霉素、林可霉素和多黏菌素等均有不同程度的灭活作用。

【用法与用量】内服，一次量，马 1~3 g，猪 0.2~0.5 g，犬 0.1~0.5 g。肌内、静脉注射，一次量，马 1~3 g，牛 2~4 g，羊、猪 0.2~0.5 g，犬 0.02~0.1 g。

维生素 B₅ (Vitamin B₅)

【基本概况】本品又称维生素 PP，包括尼克酸(烟酸)与尼克酰胺(烟酰胺)，为白色结晶或结晶性粉末，无臭或微臭，味微酸，溶于沸水，常制成注射液和片剂。

【作用与用途】烟酸和烟酰胺具有相同的生理功能。烟酸在动物体内可转化为烟酰胺，烟酰胺在体内与核糖、磷酸、腺嘌呤构成辅酶Ⅰ(NAD)和辅酶Ⅱ(NADP)，成为许多脱氢酶的辅酶，起着传递氢的作用，可维持皮肤和消化器官的正常功能。缺乏时，动物表现生长缓慢，食欲下降。如鸡可表现口炎、羽毛生长不良和坏死性肠炎等。

本品主要用于烟酸缺乏症。

【应用注意】①鸡烟酸超剂量可引起脚趾明显发红、腹痛性痉挛等症。②常与维生素 B₁ 和维生素 B₂ 合用，对多种疾病进行综合治疗。

【用法与用量】烟酸，内服，一次量，每千克体重，家畜 3~5 mg。烟酰胺，内服，一次量，每千克体重，家畜 3~5 mg，幼畜 3 mg；混饲，每 1 000 kg 饲料，雏鸡 15~30 g。肌内注射，一次量，每千克体重，家畜 0.2~0.6 mg，幼雏不得超过 0.3 mg。

泛酸钙 (Calcium Pantothenate)

【基本概况】本品为白色粉末，无臭，味微苦，易溶于水，常制成片剂。

【作用与用途】泛酸是辅酶 A 的组成成分，参与糖、脂肪和蛋白质 3 大营养物质的代谢，促进脂肪代谢及类固醇和抗体的合成，是动物生长所必需的元素。泛酸缺乏，雏鸡表现生长缓慢,皮炎,眼内分泌物增多,眼睑周围结痂;母鸡产蛋率及孵化率下降等;猪表现鳞片状皮炎,脱毛,呕吐,胃肠功能紊乱,腹泻,便血,腿内弯,呈"鹅行步伐"。

本品主要用于动物泛酸缺乏症。

【应用注意】本品在 B 族维生素中最易缺乏,单胃动物易缺乏,反刍动物不易缺乏。

【用法与用量】混饲,一次量,每 1 000 kg 饲料,猪 10～13 g,禽 6～15 g。

叶酸(Folic Acid)

【基本概况】本品为黄色或橙黄色结晶性粉末,无臭,无味,不溶于水,常制成注射液和片剂。

【作用与用途】①本品在动物体内先被还原酶还原为四氢叶酸,再以四氢叶酸的形式参与物质代谢,通过对一碳基团的传递参与嘌呤、嘧啶的合成及氨基酸的代谢,从而影响核酸的合成和蛋白质的代谢。②可促进正常血细胞和免疫球蛋白的形成。缺乏时,动物表现生长缓慢,贫血,慢性下痢,繁殖性能和免疫机能下降。鸡出现脱羽,脊柱麻痹,孵化率下降等;猪患皮炎,脱毛,消化、呼吸及泌尿器官黏膜损伤等。

本品用于防治叶酸缺乏症,如犬、猫等的巨幼红细胞性贫血、再生障碍性贫血等。

【应用注意】①本品对甲氧苄啶、乙胺嘧啶等所致的巨幼红细胞性贫血无效。②可与维生素 B_6、维生素 B_{12} 等联用,以提高疗效。

【用法与用量】内服或肌内注射,一次量,犬、猫 2.5～5 mg;每千克体重,家禽 0.1～0.2 mg。混饲,每 1 000 kg 饲料,畜禽 10～20 g。

三、其他维生素

氯化胆碱(Choline Chloride)

【基本概况】本品为白色结晶粉末,味咸苦,极易溶于水,常制成溶液。

【作用与用途】①胆碱是卵磷脂的重要组分,是维护细胞膜正常结构和功能的关键物质。②胆碱可提高肝脏对脂肪酸的利用,促进脂蛋白的合成和脂肪酸的转运,防止脂肪在肝脏中蓄积。③胆碱是体内甲基的供体,参与一碳基团代谢。④胆碱还是神经递质乙酰胆碱的重要构成部分,可维持正常神经冲动传导。动物体内胆碱不足,表现生长缓慢,脂肪代谢和转运障碍,发生脂肪变性、脂肪浸润、骨骼及关节畸变等。鸡易患骨短粗症,跗关节肿胀变形,运动失调;猪呈犬坐姿势,运动失调,母猪繁殖力下降。

本品主要用于防治畜禽胆碱缺乏症及脂肪肝;也用于治疗家禽的急、慢性肝炎,马的妊娠毒血症等;此外,也用于动物的促生长。

【应用注意】饲料中充足的胆碱可减少蛋氨酸的添加量。叶酸和维生素 B_{12} 可促进蛋氨酸和丝氨酸转变成胆碱,这两种维生素缺乏时,也可引起胆碱的缺乏。

【用法与用量】内服,一次量,马 3～4 g,牛 1～8 g,犬 0.2～0.5 g,鸡 0.1～ 0.2 g。混饲,每 1 000 kg 饲料,猪 250～300 g,鸡 500～800 g。

甜菜碱(Betaine)

【基本概况】本品为白色或淡黄色结晶性粉末,味甜,易溶于水,常制成预混剂。

【作用与用途】①作为高效的甲基供体,替代蛋氨酸和胆碱的供甲基功能,参与酶促反应。②促进脂肪代谢,提高瘦肉率,防止脂肪肝。本品可通过促进体内磷脂的合成,降低肝脏中脂肪合成酶的活性,促进肝脏中载脂蛋白的合成,加速肝中脂肪的迁移,降低肝脏中甘油三酯的含量,有效地防止肝中脂肪蓄积。③本品具有甜味和鱼虾敏感的鲜味以及适合鱼类嗅觉和味觉感受器的化学结构,并增加其他氨基酸的味感受效应,具有诱食作用。④具有抗应激和提高免疫力的作用。

本品主要用于动物促生长,防治脂肪肝;也用作水产诱食剂。

【应用注意】本品与盐霉素、莫能霉素等聚醚类离子载体抗球虫药同时使用,能够保护肠道细胞的正常功能和营养吸收,提高抗球虫药疗效。

【用法与用量】盐酸甜菜碱预混剂,混饲,每 1 000 kg 饲料 1.5～4 kg。

二氢吡啶(Dihydropyridine)

【基本概况】本品呈淡黄色粉末或针状结晶,无味。本品最早被用作动植物油的抗氧化剂,我国 1996 年被批准为新兽药类添加剂。本品几乎不溶于水,常制成预混剂。

【作用与用途】①本品具有抗氧化功能,能显著提高血清中 SOD 活性,从而有效清除体内超氧自由基对白细胞、吞噬细胞等免疫细胞生物膜的氧化危害,以保持生物膜的完整性。②调节动物内分泌,提高繁殖性能。甲状腺激素-三碘甲腺原氨酸(T3)对动物机体的正常生长发育以及维持正常生殖有重要的作用,饲料中添加本品可显著提高血清中 T3 水平,明显升高血清促卵泡激素(FSH)和促黄体激素(LH)含量,间接地促进卵泡的生长和发育。此外,本品还可通过提高下丘脑、腺垂体中 cAMP 的含量,激活蛋白激酶(PK)系统,从而提高颗粒细胞中芳香化酶的活性,提高雌二醇(E2)含量,直接进入细胞核与其受体蛋白质结合,从而促进卵泡的生长发育和排卵。③本品可促进 T 淋巴细胞的增殖,提高血清抗体水平,降低皮质醇的浓度而增强机体的抵抗力。

本品用于提高奶牛受胎率、公牛的精液品质及种肉鸡的受精率等畜禽的繁殖性能。

【应用注意】①本品与饲料现用现配。②休药期,牛、肉鸡 7 d,弃奶期 7 d。

【用法与用量】混饲,每 1 000 kg 饲料,牛 100～150 g,种肉鸡 150 g。

学习单元 5　生化制剂

生化制剂系指自生物体中经分离提取、生物合成、生物化学合成、DNA 重组等生物技术获得的一类防病、治病的药物,主要包括蛋白质、多肽类、氨基酸、酶、辅酶、核苷、核苷酸及其衍生物、脂质及多糖类等。这些物质能直接参加动物机体的新陈代谢,补充、调整、增强、抑制、替代或纠正代谢失调。

三磷酸腺苷(腺三磷)(Adenosine Triphosphate,ATP)

【基本概况】本品为白色无定形粉末,无臭,无味,易溶于水,不溶于乙醇、乙醚等有机溶剂。

【作用与用途】三磷酸腺苷为一种辅酶,是体内生化代谢中的主要能量来源,体内脂肪、蛋白质、糖、核酸等的合成都需要三磷酸腺苷供给能量。在体内生化反应等过程中需要能量时,三磷酸腺苷即分解为二磷酸腺苷(ADP)及磷酸基,同时释放出大量的自由能,以供体内需能反应的进行。

本品可用于治疗犬的进行性肌肉萎缩、心力衰竭、心肌炎、心肌梗死和血管痉挛等,也可用于犬的传染性肝炎的辅助治疗。

【用法与用量】肌注或静脉滴注,一次量,小型犬 10～20 mg,中大型犬 20～40 mg(静脉滴注速度要慢)。

三磷酸腺苷二钠注射液,2 mL:20 mg。注射用三磷酸腺苷,20 mg。

细胞色素 C(Cytochrome C)

【基本概况】注射用细胞色素 C(冻干型)为桃红色海绵状物。

【作用与用途】本品为生物氧化过程中的电子传递体。其作用原理为在酶存在的情况下,对组织的氧化、还原有迅速的酶促作用。通常外源性细胞色素 C 不能进入健康细胞,但在缺氧时,细胞膜的通透性增加,细胞色素 C 便有可能进入细胞及线粒体内,增强细胞氧化,提高氧的利用。

本品单独或与三磷酸腺苷、辅酶 A 联合用于组织缺氧的急救和辅助用药。

【用法与用量】肌内或静脉注射,一次量,犬 15～30 mg,每 24 h 一次。

细胞色素 C 注射液,2 mL:15 mg。注射用细胞色素 C,15 mg。

肌苷(Inosine)

【基本概况】本品为无色或几乎无色的澄明液体。

【作用与用途】本品参与体内能量代谢及蛋白质的合成,提高辅酶 A 的活性,改善肝功能,刺激体内产生抗体。

本品常用于各种类型肝脏疾患、白细胞减少症及血小板减少症。在犬病中用于多种传染病、心肌炎的辅助治疗,常与三磷酸腺苷配合使用。

【用法与用量】肌内注射或静脉注射,一次量,犬 25～50 mg,每 8～24 h 一次。

肌苷注射液,5 mL:100 mg。

辅酶 A(Coenzyme A)

【基本概况】本品为白色或微黄色粉末,有吸湿性,易溶于水或生理盐水。

【作用与用途】本品为体内乙酰化反应的辅酶,对脂肪、蛋白质及糖的代谢起重要作用。动物体内三羧酸循环的进行、肝糖原的贮存、乙酰胆碱的合成及血浆脂肪含量的调节等均与辅酶 A 有密切关系,同时辅酶 A 与机体解毒过程的乙酰化有关。

本品主要用于治疗白细胞减少症及原发性血小板减少性紫癜,以及各种肝炎、脂肪肝、心肌炎、慢性肾功能衰退等引起的肾病综合征、尿毒症的辅助治疗。与细胞色素 C、三磷酸腺苷合用效果更佳。

【用法与用量】肌内注射,一次量,犬 35～50 IU,每 12～24 h 一次。

注射用辅酶 A,50 IU,100 IU。

复习思考题

一、选择题

1.缺铁性贫血的患畜可服用哪种药物进行治疗?（　　）

　A.叶酸　　　　　　　B.维生素 B_{12}　　　　　C.硫酸亚铁　　　　　D.华法林

2.可预防阿司匹林引起的凝血障碍的维生素是（　　）。

　A.维生素 A　　　　　B.维生素 B_1　　　　　C.维生素 K　　　　　D.维生素 E

3.下列哪种维生素能促进机体合成某些凝血因子?（　　）

　A.维生素 A　　　　　B.维生素 B_1　　　　　C.维生素 K_3　　　　　D.维生素 E

二、简答题

1.血容量扩充药有哪些临床应用?

2.右旋糖酐的药理作用有哪些? 应用时需注意哪些问题?

3.葡萄糖的药理作用有哪些?

4.等渗性脱水的概念是什么? 电解质平衡药有哪些?

5.氯化钠和氯化钾的药理作用分别有哪些? 应用时需注意哪些问题?

6.酸碱平衡用药有哪些? 碳酸氢钠解除酸中毒的机理是什么?

7.简述氯化钙在临床上的作用及注意事项。写出奶牛患产后瘫痪的用药处方。

8.在兽医临床上,常见动物佝偻病、夜盲症、巨幼红细胞性贫血,羔羊白肌病,雏鸡多发神经炎、滑腱症,应采用哪些药物予以治疗?

9.维生素 E、维生素 C 在临床上有哪些作用? 应用维生素 B_1 应注意哪些问题?

10.简述铜在兽医临床上的作用。为什么初生仔猪容易发生贫血? 如何进行防治?

11.甜菜碱、二羟吡啶在动物生产中有哪些作用?

学习情境 9
糖皮质激素药与抗过敏药

▶▶知识目标◀◀

　　掌握糖皮质激素药的作用与应用。
　　掌握抗过敏药的分类。

▶▶技能目标◀◀

　　掌握抗过敏药的临床应用。

学习单元 1　糖皮质激素药

　　肾上腺皮质激素为肾上腺皮质所分泌的激素的总称。根据其作用不同可分为两类:一类主要作用于水盐代谢,维持机体的电解质平衡和体液容量,称为盐皮质激素,以醛固酮和脱氧皮质酮为代表;另一类对糖、脂肪、蛋白质代谢起调节作用,并能提高机体对各种不良刺激的抵抗力,常称为糖皮质激素,以可的松和氢化可的松、甲基强的松龙等为代表。

一、作用

　　1.抗感染作用

　　糖皮质激素类药对各种因素(物理性、化学性、生物性、免疫性)引起的炎症都具有强大的非特异性抗感染作用。糖皮质激素减轻炎症的症状,只能是保护机体组织免受有害刺激引起的损伤,降低机体对致炎因子引起的病理性反应,而不能消除引起炎症的原因,同时糖皮质激素可降低机体的抵抗力,可诱发或加重感染,要注意防止感染的发生;要定期检查血糖、尿糖,尤其是有糖尿病或糖尿病倾向者;在停药时,应采取逐渐减量的方式,避免突然停药。

　　2.免疫抑制作用

　　糖皮质激素能干扰免疫过程,是临床上常用的免疫抑制剂之一。小剂量时,能抑制巨噬细胞对抗原的吞噬和处理,阻碍淋巴母细胞的生长,加速小淋巴细胞的解体,从而抑制迟发性过敏反应和异体排斥反应;大剂量时,可抑制浆细胞合成抗原,减少抗体生成,干扰体液免疫。另外,还可干扰补体参与免疫反应,影响补体激活。此外,糖皮质激素也能抑制巨噬细胞对细菌和真菌的灭活作用。

3.抗毒素作用

糖皮质激素能提高机体对细菌内毒素的耐受力,但不能中和内毒素,糖皮质激素对细菌外毒素所引起的损害无保护作用。

4.抗休克作用

糖皮质激素对各种休克如过敏性休克、中毒性休克、低血容量休克等都有一定的疗效,可增强机体对休克的抵抗力。此外,大剂量的糖皮质激素能降低外周血管的阻力,改善微循环阻滞,增加回心血量,对休克也能起到良好的治疗作用。

5.影响代谢

①糖代谢。增加肝脏的糖原异生作用,降低外界对葡萄糖的利用,使肌糖原和肝糖原含量增多,血糖升高。②蛋白质代谢。加速蛋白质分解,抑制蛋白质的合成和增加尿氮的排出,导致负氮平衡。③脂肪代谢。加速脂肪分解,抑制其合成。长期使用能使脂肪重新分布,即四肢脂肪可以向面部和躯干积聚,出现向心性肥胖。④水盐代谢。对水盐代谢的影响小,尤其是人工半合成品。但长期使用仍可引起水、钠潴留而导致水肿,可引起低血钾,并促进钙、磷的排出,从而导致骨质疏松。

6.对血细胞的作用

概括起来为"三多两少",即红细胞、血小板、嗜中性粒细胞三者增多,而淋巴细胞和嗜酸性白细胞两者减少。此外,还能增加血红蛋白和纤维蛋白原的数量。

二、临床应用

(1)治疗代谢性疾病,如牛的酮血病、羊妊娠毒血症等。

(2)治疗严重的感染性疾病,如各种败血症、中毒性肺炎、中毒性菌痢、腹膜炎、产后急性子宫内膜炎等,但必须配伍足量有效的抗菌药物。

(3)治疗过敏性疾病,如荨麻疹、血清病、过敏性皮炎、过敏性哮喘、过敏性湿疹等。

(4)治疗局部性炎症,如乳腺炎、关节炎、腱鞘炎、黏膜囊炎、结膜炎、角膜炎等。

(5)治疗休克,如中毒性休克、创伤性休克和过敏性休克等。

(6)引产。糖皮质激素的引产作用,可使雌激素分泌增加,黄体浓度下降。地塞米松在怀孕后期的适当时候(牛多在怀孕第285天后)给予,一般可在48 h内分娩。因此,地塞米松可用于牛、羊、猪的同步分娩。

三、不良反应与注意事项

(1)抑制机体的防御机能,降低机体的抵抗力。易引起继发感染或加重感染,使病灶扩大或散播,导致病情恶化,故对严重感染性疾病应与足量的抗菌药物配合使用。在激素停药后,仍需继续抗菌治疗。

（2）扰乱代谢平衡。其保钠排钾的作用常导致动物出现水肿和低血钾症；具有增加钙、磷排泄和加强蛋白质的异化作用，易引起动物肌肉萎缩无力、骨质疏松、幼畜生长抑制，影响创口愈合等。故用药期间应注意补充维生素 D、钙及蛋白质；幼畜不宜长期使用，骨软化症、骨折和外科手术后均不宜使用。

（3）免疫抑制作用。机体免疫过程受到干扰，因此结核菌素或鼻疽菌素在诊断期和疫苗接种期等均不宜使用。

（4）皮质激素的负反馈调节作用。长期用药可使肾上腺皮质机能受到抑制，而使皮质激素的分泌减少或停止。如突然停药，可出现停药综合征，如发热、无力、精神沉郁、食欲不振、血糖和血压下降等。因此，必须采取逐渐减量、缓慢停药的方法，以促进肾上腺皮质机能的恢复。

四、常用药物

氢化可的松（Hydrocortisone）

【基本概况】本品又名可的索，为天然糖皮质激素，白色或类白色的结晶性粉末，无臭，初无味，随后有持续的苦味，遇光渐变质，不溶于水，略溶于乙醇或丙酮。遮光、密封保存。

【作用与用途】本品用于炎症性、过敏性疾病、牛酮血症和羊妊娠毒血症的治疗。临床多用其静注制剂治疗严重的中毒性感染或其他危急病例。局部应用有较好疗效，用于乳腺炎、眼科炎症、皮肤过敏性炎症，对牛皮癣、湿疹、接触性皮炎可局部外用，但对天疱疮和剥脱性皮炎等严重皮肤病则需全身给药；还可用于关节炎和腱鞘炎等的治疗。本品作用时间不足 12 h。另外，本品对恶性肿瘤如恶性淋巴瘤、晚期乳腺癌、前列腺癌等均有效。

【应用注意】①本品的醋酸盐混悬液，肌内注射吸收不良，局部作用的时间持久，仅供乳室、关节腔、鞘内注入等局部应用。②有较强的免疫抑制作用，细菌感染必须配合大剂量有效的抗菌药物。③妊娠后期大剂量使用可引起流产，妊娠早期及后期母畜禁用。④严重肝功能不良、骨软化症、骨折治疗期、创伤修复期、疫苗接种期患畜禁用。⑤长期用药不能突然停药，应逐渐减量，直至停药。⑥苯巴比妥、苯妥英钠、利福平等肝药酶诱导剂可促进本类药物的代谢，使药效降低。⑦有较强的水、钠潴留和排钾作用，而噻嗪类利尿药或两性霉素 B 也能促进钾排泄，与本品合用时应注意补钾。⑧本品可使内服抗凝血药的疗效降低，两者合用时应适当增加抗凝血药的剂量。⑨休药期 0 d。

【用法与用量】氢化可的松注射液，2 mL：10 mg；5 mL：25 mg；20 mL：100 mg。静脉注射，一次量，马、牛 0.2～0.5 g，猪、羊 0.02～0.08 g，犬 0.005～0.02 g。用前用生理盐水或 5% 葡萄糖注射液稀释，缓慢静脉注射，每天 1 次。醋酸氢化可的松注射液，滑囊、腱鞘或关节腔内注射，一次量，马、牛 50～250 mg。

地塞米松（Dexamethasone）

【基本概况】地塞米松又称氟美松、德沙美松，为白色或类白色的结晶性粉末，无臭，味微苦,不溶于水。其醋酸盐常被制成片剂,磷酸钠盐则被制成注射液。

【作用与用途】①与氢化可的松基本相似,但作用较强,显效时间长,副作用较小。抗炎作用与糖原异生作用为氢化可的松的 25 倍,而水钠潴留和排钾的作用仅为氢化可的松的 3/4。对垂体-肾上腺皮质轴的抑制作用较强。②具有使母畜同期分娩的作用。如在母畜妊娠后期,一次肌内注射地塞米松,牛(一般于妊娠 235~285 d)、羊和猪一般可在 48 h 内分娩;对马无此作用。

本品用于炎症性、过敏性疾病及牛酮血病、羊妊娠毒血症等;也用于母畜牛、羊和猪的同期分娩。

【应用注意】①本品对母畜牛、羊和猪有引产效果,引产可使胎盘滞留率升高,泌乳延迟,子宫恢复到正常状态较晚。②其他参见氢化可的松。③休药期:地塞米松磷酸钠注射液,牛、羊、猪 21 d,弃奶期 72 h;醋酸地塞米松片,马、牛 0 d。

【用法与用量】地塞米松磷酸钠注射液,肌内、静脉注射,一天量,马 2.5~5 mg,牛 5~20 mg,羊、猪 4~12 mg,犬、猫 0.125~1 mg。关节囊内注射,马、牛 2~10 mg。醋酸地塞米松片,内服,一次量,马、牛 5~20 mg,犬、猫 0.5~2 mg。

醋酸氟轻松(Fluocinolone Acetonide)

【基本概况】本品又称丙酮化氟新龙、醋酸肤轻松、仙乃乐,为白色或类白色的结晶性粉末,无臭,无味,不溶于水,常制成乳膏剂。

【作用与用途】①本品外用可使真皮毛细血管收缩,抑制表皮细胞增殖或再生,抑制结缔组织内纤维细胞的新生,稳定细胞内溶酶体膜,防止溶酶体膜释放所引起的组织损伤。②本品具有较强的抗炎及抗过敏作用。局部涂敷,对皮肤、黏膜的炎症,皮肤瘙痒和过敏反应等都能迅速显效,止痒效果尤其好。

本品主要用于各种皮肤病,如湿疹、过敏性皮炎、皮肤瘙痒等。

【应用注意】①本品对并发细菌感染的皮肤病,应与相应的抗生素合用,若感染未改善应停用。②真菌性或病毒性皮肤病禁用。③长期或大面积应用,可引起皮肤萎缩及毛细血管扩张,发生痤疮样皮炎和毛囊炎,口周皮炎,偶尔可引起变态反应性接触性皮炎。④本品作用强而副作用小,但用量过大时可引起中枢神经先兴奋后抑制,甚至造成呼吸麻痹等毒性反应。解救可采取对症治疗,兴奋期可给予小剂量的中枢抑制药,若转为抑制期则不能用兴奋药解救,只能采用人工呼吸等措施。

【用法与用量】外用,涂患处。

醋酸泼尼松(Prednisone Acetate)

【基本概况】本品又称强的松,为白色或几乎白色的结晶性粉末,无臭,味苦,不溶于水,常制成片剂和眼膏。

【作用与用途】①本品需在体内转化为氢化泼尼松后显效,其作用与氢化可的松相似。其抗炎作用与糖原异生的作用是氢化可的松 5 倍,而水钠潴留及排钾作用却比氢化可的松小。②能促进蛋白质转变为葡萄糖,减少机体对糖的利用,使血糖及肝糖原增加,出现糖尿。③能增加胃液分泌。

本品用于炎症性、过敏性疾病、牛酮血症和羊妊娠毒血症等。

【应用注意】①本品因抗炎、抗过敏作用强,副作用较小,故较常用。②眼部有感染时应与抗菌药物合用,角膜溃疡忌用。③其他同氢化可的松。④休药期 0 d。

【用法与用量】内服,一次量,马、牛 100～300 mg,羊、猪 10～20 mg,每千克体重,犬、猫 0.5～2 mg,每天 2～3 次。

> ## 倍他米松(Betamethasone)

【基本概况】本品为白色或类白色的结晶性粉末,无臭,味苦,几乎不溶于水,常制成片剂。

【作用与用途】与地塞米松的作用相似,但其抗炎作用与糖原异生作用较后者强,为氢化可的松的 30 倍;钠潴留作用稍弱于地塞米松。

本品常用于犬、猫的炎症性、过敏性疾病等。

【应用注意】参见氢化可的松。

【用法与用量】内服,一次量,犬、猫 0.25～1 mg。

> ## 泼尼松龙(Prednisolone)

【基本概况】本品又称氢化泼尼松、强的松龙,为人工合成品,白色或类白色结晶性粉末,几乎不溶于水,微溶于乙醇或氯仿。

【作用与用途】作用与醋酸泼尼松基本相似或略强。可供静脉注射、肌内注射、乳房内注入和关节腔内注射等。应用较醋酸泼尼松广泛,用于皮肤炎症、眼炎、乳腺炎、关节炎、腱鞘炎及牛的酮血病等。给药后作用时间为 12～36 h。

【用法与用量】氢化泼尼松注射液,2 mL:10 mg。静脉注射,一次量,牛、马 50～150 mg,猪、羊 10～20 mg;关节腔内注射,牛、马 20～80 mg。每天 1 次。

醋酸氢化泼尼松注射液,5 mL:125 mg。关节腔内或局部注射,牛、马 20～80 mg,每天 1 次;乳房内注射,每乳室 10～20 mg,每 3～4 d 1 次。

学习单元 2　抗过敏药

临床上常用的抗过敏药物主要包括 4 种类型:抗组胺药、过敏反应介质阻滞剂(如咽泰、色羟丙钠、酮替芬等)、钙剂(如葡萄糖酸钙、氯化钙)和免疫抑制剂(如强的松、地塞米松等)。糖皮质激素可非特异性地抑制免疫反应的多个环节,适用于各种过敏反应,但主要用于治疗顽固性外源性过敏反应性疾病、自身免疫病和器官移植等,但作用不是立即产生。拟肾上腺素药物可用于伴有组胺、慢反应物质释放的过敏反应,但可引起心动过速或心律紊乱。钙剂能降低毛细血管的通透性,减少渗出,减轻炎症和水肿,常用作治疗过敏反应的辅助药物,主要有葡萄糖酸钙、氯化钙等,通常采用静脉注射,见效快。钙剂注射时有热感,宜缓慢推注,注射过快或剂量过大时,可引起心律紊乱,严重的可致心室纤颤或心脏停搏。

一、组胺

组胺是发生过敏反应时释放的致敏物质。组胺可与组胺 1 型受体结合产生一系列过敏反应,如与组胺 2 型受体结合,则可引起胃酸分泌增加。组胺是由体内组氨酸脱羧而成,广泛分布于动物体内,存在于动物的各种组织(主要是肥大细胞)内。其中以皮肤、胃肠黏膜及肺含量最高,组织中的组胺大多数与蛋白质、肝素结合,以复合物形式贮存于肥大细胞和嗜碱性粒细胞中,当寒冷、外伤、炎症等破坏组织或发生变态反应时,受刺激局部组织中的肥大细胞释放组胺,立即作用于临近组织的靶器官上,产生各种相应的反应。休克时,全身性释放组胺。另外,表皮细胞、胃黏膜细胞和神经元也能生成和贮存组胺。

组胺具有广泛的生物活性,其效应是通过兴奋靶细胞上的组胺受体而实现的,组胺受体分为 H_1 受体、H_2 受体和 H_3 受体。H_1 受体兴奋时,毛细血管和小动脉扩张,血浆渗出随血管壁通透性增加而增加,血压下降,支气管、胃肠道和子宫平滑肌收缩,称为 H_1 效应;H_2 受体兴奋时,胃酸分泌增加,心率加快,称 H_2 效应;H_3 受体兴奋时,负反馈性调节组胺的合成与释放。这些效应可被组胺受体拮抗药所对抗。目前,组胺在医学临床上应用已逐渐减少,但其受体拮抗药在临床上却有重要价值。

二、抗组胺药

抗组胺药又称组胺拮抗药,是指能与组胺竞争靶细胞上组胺受体,使组胺不能与受体结合,从而阻断组胺作用的药物。抗组胺药主要是组胺 1 型受体拮抗剂,最适用于 1 型过敏反应。根据其对组胺受体的选择性作用不同,分为 3 类:H_1 受体阻断药,有苯海拉明、异丙嗪、氯苯那敏、吡苄明、去敏灵、阿斯咪唑等;H_2 受体阻断药,有西咪替丁、雷尼替丁、法莫替丁、尼扎替丁等;H_3 受体阻断药,目前仅作为工具药在研究中使用,临床应用尚待研究。第一代抗组胺药物价格低廉,但具有较强的中枢神经镇静和抗胆碱等副作用。单胃动物内服抗组胺药容易吸收,经 20 min 呈现作用;反刍动物不易吸收,故不应内服。抗组胺药对支气管哮喘疗效较差,对有关节痛和高热者无效。

(一)H_1 受体阻断药

H_1 受体阻断药的基本结构是乙胺,与组胺相似,这是与组胺竞争特定受体的必需结构。X 和侧链的不同,决定着药物的效应强度和副作用类型。

本类药物能选择性地对抗组胺兴奋 H_1 受体所致的血管扩张及平滑肌痉挛等作用,用于皮肤、黏膜的变态反应性疾病,如荨麻疹、接触性皮炎。临床上也用于怀疑与组胺有关的非变态性疾病,如湿疹、营养性或妊娠蹄叶炎、肺气肿。本类药物吸收良好,在给药后 30 min 显效,分布广泛,能进入中枢神经系统,有抑制中枢的副作用。几乎在肝内完全代谢,代谢物由尿排泄,作用持续 3~12 h。常用药物有苯海拉明、异丙嗪、氯苯那敏、吡苄明、氯苯吡胺、去敏灵、阿斯咪唑等。抗过敏作用的强度和持续时间，氯苯那敏＞异丙嗪＞苯海拉明。对中枢的抑制作用，异丙嗪＞苯海拉明＞氯苯那敏。各种 H_1 受体阻断药的药理作用与临床应用见表 9-1。常用 H_1 受体阻断药的比较见表 9-2。

表 9-1　H_1 受体阻断药的药理作用与临床应用

药理作用	临床应用	不良反应	药物
抗组胺 H_1 型作用支气管及胃肠道平滑肌松弛，血管收缩毛细血管通透性↓，血压↑	对荨麻疹、枯草热、过敏性鼻炎和血管神经性水肿等有良好效果，对支气管哮喘和过敏性休克无效		苯海拉明、异丙嗪、吡苄明、氯苯那敏、苯茚胺等
中枢抑制作用	镇静催眠，尤其因变态反应性疾病所致的失眠	镇静，嗜睡，乏力，驾驶员或高空作业者工作时不宜使用	苯海拉明、异丙嗪、吡苄明、氯苯那敏、苯茚胺略有中枢兴奋作用，特非那定、阿斯咪唑无此作用
抗晕动，止吐作用	防治晕动病和镇吐		苯海拉明、异丙嗪、氯苯丁嗪
其他抗胆碱、局部麻醉作用		头痛，头晕，口干	

表 9-2　常用 H_1 受体阻断药的比较

药物	抗 H_1 受体作用	中枢抑制	止吐	抗胆碱	作用时间/h	临床应用
苯海拉明	++	+++	++	+++	4～6	变态反应性疾病
异丙嗪	+++	+++	++	+++	4～6	过敏性疾病，防治晕动病和镇吐，人工冬眠，复方镇咳祛痰药的成分
吡苄明（去敏灵）	+++	++	—	—	4～6	变态反应性疾病
氯苯那敏（扑尔敏）	++++	+	—	++	4～6	皮肤黏膜的变态反应性疾病中枢抑制作用轻
布克利嗪（安其敏）	+++	+	+++	+	16～18	变态反应性疾病
苯茚胺						变态反应性疾病
赛庚啶	++++	+	+	+		荨麻疹，瘙痒性皮肤病，过敏性鼻炎
阿斯咪唑（息斯敏）	+++	—	—	—	＞24	第 2 代 H_1 阻断药，用于变态反应性疾病
特非那定	+++	—	—	—	12～24	

盐酸苯海拉明(Diphenhydramine Hydrochloride)

【基本概况】本品又称苯那君、可他明,为白色结晶性粉末,无臭,味苦,随后有麻木感。在水中极易溶解,在乙醇或氯仿中易溶。应遮光、密闭保存。

【作用与用途】本品可解除支气管平滑肌和肠道平滑肌痉挛,降低毛细血管的通透性,减弱变态反应。本品还有镇静、抗胆碱、止吐和轻度局麻作用,但对组胺引起的腺体分泌无拮抗作用。

本品主要用于皮肤黏膜的过敏性疾病,如荨麻疹、血清病、湿疹、接触性皮炎所致的皮肤瘙痒、水肿、神经性皮炎及药物过敏反应等;用于组织损伤并伴有组胺释放的疾病,如烧伤、冻伤、脓毒性子宫炎;用于小动物运输晕动、止吐。还可用于过敏性休克,因饲料过敏引起的腹泻和蹄叶炎等。本品是有机磷中毒的辅助治疗药,对过敏性胃肠痉挛和腹泻也有一定的疗效,但对过敏性支气管痉挛效果较差。本品常与氨茶碱、维生素 C 或钙剂配合应用。

【不良反应】盐酸苯海拉明有中枢抑制和局部麻醉作用,故用药后动物精神沉郁或昏睡,不需停药。

【用法与用量】 盐酸苯海拉明片,25 mg。内服,一次量,牛 0.6~1.2 g,马 0.2~1.0 g,猪、羊 0.08~0.12 g,犬 0.03~0.06 g,猫 0.01~0.03 g,每天 2 次。

盐酸苯海拉明注射液,1 mL:20 mg;5 mL:100 mg。肌内注射,一次量,马、牛 0.1~0.5 g,猪、羊 0.04~0.06 g;每千克体重,犬 0.5~1 mg。

盐酸异丙嗪(Promethazine Hydrochloride)

【基本概况】本品又称非那根、抗胺荨等,为人工合成品,白色或几乎白色的粉末或颗粒,几乎无臭,味苦,在空气中日久变为蓝色,在水中极易溶解,在乙醇或氯仿中易溶。本品应遮光、密封保存。

【作用与用途】异丙嗪的抗组胺作用较苯海拉明强而持久,持续 12 h 以上,可加强局麻药、镇静药和镇痛药的作用,还有降温、止吐的作用。

本品应用同苯海拉明。

【不良反应】盐酸苯海拉明有中枢抑制和局部麻醉作用,故用药后动物精神沉郁或昏睡,不需停药。

【用法与用量】盐酸异丙嗪片,12.5 g,25 g。马、牛 0.25~1 g,羊、猪 0.1~0.5 g,犬 0.05~0.1 g。

盐酸异丙嗪注射液,2 mL:0.05 g;10 mL:0.25 g。肌内注射,一次量,马、牛 0.25~0.5 g,猪、羊 0.05~0.1 g,犬 0.025~0.05 g。

阿斯咪唑(Astemizole)

【基本概况】本品又称息斯敏,为新型 H_1 受体阻断药。本品抗组胺作用强而持久,口服吸收快而完全,15~60 min 生效,血药浓度 2.5~6 h 达峰值,首过效应明显,药效达 24 h。本品不透入血脑屏障,主要经肝脏代谢,代谢物无药理活性,部分原形自尿排出。

【作用与用途】本品为无中枢镇静和较强的抗胆碱作用的强效抗过敏药物。由于其作用时间持久,故适用于季节性和常年过敏性鼻炎、过敏性眼结膜炎、慢性荨麻疹、血管神经性水肿和其他过敏反应的治疗,也可缓解皮肤病所致的瘙痒。

【不良反应】H_1 受体激动时可引起支气管及胃肠道平滑肌收缩,血管平滑肌舒张,心房肌收缩加强,房室传导减慢等。息斯敏对心脏的毒性较强,可引起心律失常,偶有眩晕、嗜睡、口干等现象。由于红霉素、酮康唑可抑制本品的代谢,故可导致过量吸收,引起室性心律不齐。

马来酸氯苯那敏(Chlorphenamine Maleate)

【基本概况】本品又称扑尔敏、氯苯吡胺、马来那敏。抗组胺作用比苯海拉明、异丙嗪强而持久。

【作用与用途】本品能解除支气管肌和肠道平滑肌痉挛,降低毛细血管的通透性,减弱变态反应。此外,本品还有镇静、抗胆碱、止吐和轻度局麻作用。

本品主要用于皮肤黏膜的过敏性疾病,如荨麻疹、血清病、湿疹、接触性皮炎所致的皮肤瘙痒、水肿、神经性皮炎及药物过敏反应等。

【不良反应】主要是中枢神经系统抑制,表现为乏力、头昏、困倦,嗜睡等。本品还有胃肠道功能紊乱及光敏性皮炎、血象紊乱等反应。

【用法与用量】马来酸氯苯那敏片,4 mg。马、牛 80～100 mg,羊、猪 10～20 mg,犬 2～4 mg,猫 1～2 mg。

马来酸氯苯那敏注射液,1 mL:10 mg;2 mL:20 mg。肌内注射,一次量,马、牛 60～100 mg,猪、羊 10～20 mg。

(二)H_2 受体阻断药

与 H_1 受体阻断药不同,H_2 受体阻断药在结构上保留组胺的咪唑环,侧链上变化大。目前在兽医临床上应用较广,较新的药物有西咪替丁、雷尼替丁、法莫替丁和尼扎替丁。

近年兽医临床上用于中、小动物胃炎,胃、皱胃及十二指肠溃疡、应激或药物引起的糜烂性胃炎等。各种 H_2 受体阻断药的药理作用与临床应用见表 9-3。

表 9-3　H_2 受体阻断药的药理作用与临床应用

药物	抑制胃酸分泌	临床应用	不良反应
西咪替丁 (甲氰咪胍)	+	胃、十二指肠溃疡,尤其对十二指肠溃疡疗效更佳。卓-艾氏综合征及其他病理性胃酸分泌过多症	老年畜禽或肾功能不良者大剂量应用出现中枢神经系统症状。内分泌紊乱:雄性动物出现乳房发育,雌性动物出现溢乳、性欲减退等。抑制肝药酶活性,增强合用药如苯妥英钠、华法林的作用
雷尼替丁	++		比西咪替丁少,不引起中枢神经及精神症状,不易发生药物相互作用
法莫替丁	+++		不良反应少
尼扎替丁	++		

西咪替丁(Cimetidine)

【基本概况】本品又名甲氰咪胍、甲氰咪胺,为人工合成品,白色或类白色结晶性粉末,几乎无臭,味苦。在甲醇、稀盐酸中易溶,在乙醇中溶解,在水中微溶,在异丙醇中略溶。

【作用与用途】本品为较强的 H_2 受体拮抗药,通过与组胺争夺胃壁细胞上的 H_2 受体而阻断组胺作用,能减少胃液的分泌量和降低胃液中氢离子浓度,还可抑制胃蛋白酶和胰酶的分泌,无抗胆碱作用。

本品主要用于治疗中、小动物胃肠的溃疡、胃炎、胰腺炎、急性胃肠(消化道前段)出血和扁平疣、带状疱疹等皮肤病。其能与肝微粒体酶结合而抑制酶的活性,降低肝血流量,并能干扰其他许多药物的吸收。

【不良反应】不良反应发生率为 1% 或更高,主要是由于其抗雄激素活性和中枢神经系统的作用,抑制肝脏混合功能氧化酶的活性。其他不良反应有心搏迟缓、传导阻滞、血小板及粒细胞计数减少、间质性肾炎、中度肝功能异常及头痛。由于胃酸屏障的丧失,常出现肠感染、肌痛、单胺氧化酶样的相互作用、视觉和周围神经异常,但发生率均较低。

【用法与用量】西咪替丁片,200 mg。内服,每千克体重,牛 8～16 mg,每天 3 次;猪 300 mg,每天 2 次(胃溃疡);犬、猫 5～10 mg,每天 2 次。

雷尼替丁(Ranitidine)

【基本概况】本品又名硝呋呱、呋喃硝胺,为类白色或淡黄色结晶性粉末,有异臭,味微苦带涩,极易潮解,吸潮后颜色变深。在水或甲醇中易溶,在乙醇中略溶,在丙酮中几乎不溶。熔点 137～143℃。在注射用含氨基酸的营养液中,置室温下 24 h 内可保持稳定,溶液的颜色、pH、药物含量等均无明显变化。

【作用与用途】本品抑制胃酸分泌的作用是西咪替丁的 5 倍,且毒副作用较轻,作用维持时间较长。本品在肾脏与其他药物竞争肾小管分泌。应用同西咪替丁。

本品主要用于治疗中、小动物胃肠的溃疡、胃炎、胰腺炎和急性胃肠(消化道前段)出血。在治疗复发性口腔溃疡等疾病时也有较好的疗效。

【不良反应】常见的有恶心、皮疹、便秘、乏力、头痛、头晕等。与西咪替丁相比,损伤肾功能、性腺功能和中枢神经的不良作用较轻。偶见静脉注射后出现心动过缓。长期服用可持续降低胃液酸度,有利于细菌在胃内繁殖,从而使食物内硝酸盐还原为亚硝酸盐,形成 N-亚硝基化合物。

【用法与用量】雷尼替丁片,150 mg。内服,一次量,驹 150 mg,每天 3 次;每千克体重,犬 0.5 mg,每天 3 次。

法莫替丁(Famotidine Tablets)

【基本概况】本品为白色的粉末或颗粒,应遮光、密闭保存。其在消化道、肝、肾、颌下腺及胰腺中较高。80% 原形物从尿中排出,对肝药酶的抑制作用较轻微。

【作用与用途】本品对胃酸分泌具有明显的抑制作用,也可抑制胃蛋白酶的分泌,对动物实验性溃疡有一定保护作用。本品适用于消化性溃疡(胃、十二指肠溃疡)、急性胃黏膜病变、反流性食管炎以及胃泌素瘤。

【不良反应】少数患畜有皮疹、口腔干燥、头晕、失眠、便秘、腹泻、面部潮红、白细胞减少等不良反应。偶有轻度一过性转氨酶增高等。

尼扎替丁(Nizatidine)

【基本概况】本品为浅黄色的粉末或颗粒,应遮光、密闭、置阴凉处保存。

【作用与用途】本品适用于预防和缓解因膳食引发的发作性烧心和胃食管反流性疾病等;治疗内镜诊断的食道炎、良性胃溃疡、活动性十二指肠溃疡。

【不良反应】尼扎替丁具有一定的不良反应,最常见的不良反应为贫血和荨麻疹,其发生率分别为 0.2％和 0.5％;有时出现震颤、流涎、呕吐、共济失调或运动过缓。本品长期服用易产生耐药性,导致药效下降而不能起到抗过敏的作用。另外,长期服用会对动物机体产生较大的危害,产生慢性毒性。因此,不宜将同一种抗过敏药长期使用。

三、过敏反应介质阻滞剂

色甘酸钠(咽泰)(Sodium Cromoglicate)

【基本概况】本品又称噻喘酮、咳乐钠,为白色结晶性粉末,无臭,初无味,后微苦,有引湿性,遇光易变色。在水中溶解,在乙醇或氯仿中不溶。以吸入法给药后 15～20 min 即达血浆峰浓度,作用持续时间可达 3～6 h。

【作用与用途】平喘药,对外源性哮喘特别是季节性哮喘有效,可用于预防过敏性哮喘的发作,但本品起效较慢,需连用数天甚至数周后才起作用,故对正在发作或已发作的哮喘无效,不适用于减轻急性哮喘症。

【不良反应】病畜有咽部刺激感、咳嗽、胸部紧迫感及恶心等不良反应。

【用法与用量】吸入或滴鼻喷雾,对眼部过敏也可滴眼,每天 4～6 次。

酮替芬(Ketotifen Fumarate Tablets)

【基本概况】本品为白色或类白色粉末或颗粒,应遮光、密闭保存。本品在胃肠道吸收迅速,作用持续时间较长,最大疗效见于用药后 6～12 周。未见耐受性,中断用药亦未见复发。

【作用与用途】本品用于过敏性鼻炎,过敏性支气管哮喘,急性或慢性荨麻疹,食物、药物及昆虫的变态反应等,对过敏性紫癜亦有一定的疗效。

【不良反应】常见有嗜睡、倦怠、口干、恶心等胃肠道反应。偶见头痛、头晕、迟钝以及体重增加。与多种中枢神经抑制剂或酒精并用,可增强本品的镇静作用,应予以避免。

四、钙剂

葡萄糖酸钙（Calcium Gluconate）

【基本概况】本品为白色结晶或颗粒性粉末，无臭、无味，在沸水中易溶，在常温水中缓慢溶解，在无水乙醇、氯仿或乙醚中不溶。本品水溶液为中性。

【作用与用途】①促进骨骼和牙齿的钙化和保证骨骼正常发育，常用于钙、磷不足引起的骨软化症和佝偻病。②维持神经、肌肉的正常兴奋性。③降低毛细血管的通透性，使渗出减少，有消炎、消肿及抗过敏作用。临床上用于炎症初期及某些过敏性疾病的治疗，如皮肤瘙痒、血清病、荨麻疹、血管神经性水肿等。④对抗血镁过高引起的中枢抑制和横纹肌松弛作用，可解救镁盐中毒；可与氟化物生成不溶性氯化钙，用于氟中毒的解救。

【不良反应】口服无不良反应，胃肠刺激性较小。静脉给药时可能出现全身发热感，静注速度过快时，可产生心律失常甚至心脏骤停、恶心和呕吐。静注时药液外渗，可致注射部位皮肤发红、皮疹和疼痛，并可随后出现脱皮和皮肤坏死。

【用法与用量】葡萄糖酸钙注射液，20 mL：1 g；50 mL：5 g；100 mL：10 g；500 mL：50 g。静脉注射，一次量，马、牛 20～60 g，猪、羊 5～15 g，犬 0.5～2 g。

氯化钙（Calcium Chloride）

【基本概况】本品为白色、坚硬的碎块或颗粒，无臭、味微苦，易溶于水，极易潮解。在密封、高燥处保存。

【作用与用途】作用与用途同葡萄糖酸钙，但刺激性大，没葡萄糖酸钙安全。

【用法与用量】氯化钙注射液，10 mL：0.3 g；10 mL：0.5 g；20 mL：0.6 g；20 mL：1 g。静脉注射，一次量，马、牛 5～15 g，猪、羊 1～5 g，犬 0.1～1 g。

复习思考题

1. 药理剂量的糖皮质激素有哪些作用？长期使用糖皮质激素的不良反应有哪些？

2. 糖皮质激素的临床应用及注意事项有哪些？

3. 糖皮质激素的抗炎作用的机理有哪些？

4. 糖皮质激素为什么具有抗休克作用？

5. 糖皮质激素的常用药物有哪些？

6. 地塞米松的作用及临床应用有哪些？

7. 临床上如何合理使用抗过敏药？

8. 组胺受体阻断药主要分哪两类？它们的作用有何特点？各应用在哪些场合？

9. H_1 受体阻断药的药理作用、临床应用和主要不良反应是什么？苯海拉明、异丙嗪、氯苯那敏、布克利嗪、阿司咪唑、苯茚胺、赛庚啶有何特点？

10. 简述 H_2 受体阻断药西咪替丁、雷尼替丁、法莫替丁、尼扎替丁的作用特点。

学习情境 10
解 毒 药

▶知识目标◀

掌握有机磷类中毒的机理及其解救药物。

掌握亚硝酸盐中毒的机理及其解救药物。

掌握氰化物中毒的机理及其解救药物。

掌握有机氟中毒的机理及其解救药物。

掌握金属及类金属中毒的机理及其解救药物。

▶技能目标◀

掌握有机磷酸酯类中毒及其解救。

凡用于解救中毒的药物称为解毒药,通常分为非特异性解毒药和特异性解毒药。非特异性解毒药(又称一般解毒药)是指能阻止毒物继续被吸收、中和或破坏以及促进其排出的药物,如催吐剂、吸附剂、泻药、氧化剂和利尿药等。该类药对多种毒物或药物中毒不具特异性,仅用作解毒的辅助治疗。特异性解毒药则是指可特异性地对抗或阻断毒物的毒作用或效应而发挥解毒作用,而其本身多不具有与毒物相反的效应。本类药物特异性强,在中毒的治疗中占有重要地位。根据解救毒物的性质,一般可分为金属络合剂、胆碱酯酶复活剂、高铁血红蛋白还原剂、氰化物解毒剂和其他解毒剂等。

学习单元 1　有机磷类中毒的特异性解毒药

一、中毒症状

有机磷酸酯类化合物可与体内胆碱酯酶相结合形成磷酰化胆碱酯酶,使胆碱酯酶失去水解乙酰胆碱的能力,使乙酰胆碱在体内蓄积,出现胆碱能神经机能亢进的中毒症状。轻度中毒时乙酰胆碱与 M-受体(毒蕈碱受体)结合,动物表现为流涎、呕吐、腹痛、腹泻、出汗、瞳孔缩小、心率减慢、呼吸困难、发绀等;中度中毒时乙酰胆碱同时与 N-受体(烟碱受体)结合,动物表现为肌肉震颤、抽搐等;严重中毒时乙酰胆碱兴奋中枢神经系统的 M-受体和 N-受体,动物出现兴奋不安、惊厥等,最后转入昏迷、血压下降、呼吸中枢麻痹而死亡。

二、解毒机理

根据上述中毒机理,有机磷酸酯类中毒的特异性解毒药分为生理阻断剂与胆碱酯酶复活剂。①生理阻断剂又称 M-受体阻断剂,如阿托品、东莨菪碱、山莨菪碱等,它们可竞争性地阻断乙酰胆碱与 M-受体的结合,迅速解除有机磷酸酯类造成的 M-样中毒症状,大剂量应用时也能进入中枢消除中枢神经样中毒症状,并对呼吸中枢产生兴奋作用,可解除呼吸抑制等中毒症状,但对骨骼肌震颤等 N-受体兴奋样中毒症状无效,也不能使胆碱酯酶复活。②胆碱酯酶复活剂,包括碘解磷定、氯解磷定、双解磷、双复磷等,它们在化学结构上均属季胺类化合物,具有强大的亲磷酸酯作用,能与游离的及已与胆碱酯酶结合的有机磷酸根离子相结合,故能使胆碱酯酶复活而达到解毒作用。但对中毒过久,已经"老化"的磷酰化胆碱酯酶则几乎无复活作用。因此,在应用中毒解救时,应尽早应用。鉴于胆碱酯酶复活剂对有机磷的 N-样作用治疗效果明显,而阿托品对有机磷引起的 M-样作用解除效果较强,因此在解救有机磷化合物严重中毒时,两种药物常合用。

三、解救药物

硫酸阿托品(Atropine Sulfate)

【基本概况】见作用于传出神经药物相关叙述。

【作用与用途】见作用于传出神经药物相关叙述。

【应用注意】①本品单独应用仅适用于轻度有机磷中毒;中度及严重有机磷中毒时,应配合胆碱酯酶复活剂使用,才能取得满意的效果。②用药 1 h 后,症状未见好转时应重复用药,直至病畜出现口腔干燥、瞳孔散大、呼吸平稳、心跳加快,即所谓"阿托品化"时,剂量减半,每隔 4～6 h 用药一次,继续治疗 1～2 d。

【用法与用量】见作用于传出神经药物相关叙述。

碘解磷定(Pralidoxime Iodide)

【基本概况】本品又称派姆,为黄色颗粒状结晶或结晶性粉末,常制成注射液。

【作用与用途】①本品对由有机磷引起的 N-样症状的治疗作用明显,对 M-样症状治疗作用较弱,对中枢神经症状治疗作用不明显,对体内已蓄积的乙酰胆碱无作用。②对轻度有机磷中毒,可单独应用本品或阿托品控制中毒症状;中度或重度中毒时,则必须并用阿托品。③对有机磷的解毒作用有一定的选择性,如对内吸磷、对硫磷、特普、乙硫磷中毒的疗效较好,而对马拉硫磷、敌敌畏、敌百虫、乐果、甲氟磷、丙胺氟磷和八甲磷等中毒的疗效较差,对氨基甲酸酯类杀虫剂中毒则无效。

本品用于解救有机磷中毒。

【应用注意】①有机磷内服中毒的动物应先以 2.5％碳酸氢钠溶液彻底洗胃。②用药过程中定时测定血液胆碱酯酶水平,作为用药监护指标。血液胆碱酯酶应维持在 50％～60％或以上。必要时应及时重复应用本品。③应用本品至少维持 48～72 h,以防吸收的有机磷使中毒症状加重、反复或引起动物致死。④早期用药的效果好,对中毒超过 36 h 时的效果差。⑤禁止与碱性药物配伍,因在碱性溶液中易生成毒性更强的敌敌畏;与阿托品有协同作用,合用时可适当减少阿托品剂量。⑥本品注射速度过快可引起呕吐、心率加快、动作不协调以及血压波动、呼吸抑制等。⑦药液刺激性强,应防止漏至皮下。

【用法与用量】静脉注射,一次量,每千克体重,家畜 15～30 mg。中毒症状缓解前,每 2 h 注射 1 次;中毒症状消失后,每天 4～6 次,连用 1～2 d。

氯解磷定(Pralidoxime Chloride)

【基本概况】本品又称氯磷定,为微带黄色的结晶或结晶粉末,常制成注射液。

【作用与用途】①本品作用与碘解磷定相似,但作用较强(1 g 氯解磷定的作用相当于 1.53 g 碘解磷定)。②毒性较碘解磷定低,肌内、静脉注射皆可。

本品是目前胆碱酯酶复活剂中的首选药物,主要用于解救有机磷中毒。

【应用注意】①肌内注射局部可有轻微疼痛。②其他同碘解磷定。

【用法与用量】同碘解磷定。

学习单元 2　亚硝酸盐中毒的特异性解毒药

一、中毒症状

亚硝酸盐吸收入血后,形成的亚硝酸根离子可与血液中的血红蛋白相结合,使血红蛋白转变成高铁血红蛋白,引起血红蛋白失去运氧能力,导致血液不能供给组织充足的氧而中毒;同时吸收入血后形成的亚硝酸根离子还可直接抑制血管运动中枢,使血管扩张、血压下降。

二、解毒机理

在解救时采用高铁血红蛋白还原剂(如亚甲蓝),使高铁血红蛋白还原为低铁血红蛋白,恢复其运氧能力,解除组织缺氧的中毒症状;同时还需使用中枢兴奋药,如尼可刹米,以提高疗效。

三、解救药物

亚甲蓝(Methylthioninium Chloride)

【基本概况】本品又称美蓝,为深绿色的柱状结晶或结晶性粉末,常制成注射液。

【作用与用途】①本品小剂量可产生还原作用。小剂量（1～2 mg/kg）的亚甲蓝进入机体后,在体内 6-磷酸-葡萄糖脱氢过程中的氢离子传递给亚甲蓝（MB）,使其被迅速还原成还原型白色亚甲蓝（MBH_2）,能将高铁血红蛋白还原为低铁血红蛋白,恢复其运氧能力,同时,还原型白色亚甲蓝又被氧化成为氧化型亚甲蓝（MB）,如此循环进行。②大剂量可产生氧化作用。给予大剂量（5～10 mg/kg）的亚甲蓝时,体内 6-磷酸-葡萄糖脱氢过程中的氢离子来不及迅速、完全地将氧化型亚甲蓝转变为还原型白色亚甲蓝,未被转化的氧化型亚甲蓝可将正常的低铁血红蛋白氧化成高铁血红蛋白,有解除氰化物中毒的作用（因氰化物中的氰离子与高铁血红蛋白具有非常强的亲和力）。

本品小剂量常用于亚硝酸盐中毒及苯胺类等药物所致的高铁血红蛋白症,大剂量的亚甲蓝则用于氰化物中毒的解救。

【应用注意】①本品刺激性大,可引起组织坏死,故禁止皮下或肌内注射。②静脉注射过快可引起呕吐、呼吸困难、血压降低、心率加快。③用药后尿液呈蓝色,有时可产生尿路刺激症状。④与强碱性溶液、氧化剂、还原剂、碘化物有配伍禁忌。⑤葡萄糖能促进亚甲蓝的还原作用,故应用亚甲蓝解除亚硝酸盐中毒时,常与高渗葡萄糖溶液合用以提高疗效。

【用法与用量】静脉注射,一次量,每千克体重,家畜 1～2 mg。

学习单元 3　氰化物中毒的特异性解毒药

一、中毒症状

含氰苷的植物（如玉米、高粱的幼苗）被动物大量食入后,在胃内氰苷被水解释出氢氰酸,氢氰酸中的氰离子（CN^-）与线粒体中的细胞色素氧化酶结合形成氰化细胞色素氧化酶,使该酶失去传递氧的能力,使组织细胞不能利用氧,形成"细胞内窒息",导致细胞缺氧而中毒。

二、解毒机理

使用氧化剂（如亚硝酸钠、大剂量的亚甲蓝等）可将部分低铁血红蛋白氧化为高铁血红蛋白,高铁血红蛋白中的 Fe^{3+} 与 CN^- 有很强的结合力,不但能与血液中游离的氰离子结合,形成氰化高铁血红蛋白,使氰离子不能产生其毒性作用,还能夺取已与细胞色素氧化酶结合的氰离子,使细胞色素氧化酶复活而发挥解毒作用。但形成的氰化高铁血红蛋白不稳定,一定时间后,可解离出部分氰离子而再次产生毒性。所以,一般在应用亚硝酸钠、亚甲蓝 15～25 min 后,使用供硫剂硫代硫酸钠,在体内转硫酶的作用下,与氰离子形成稳定而毒性很小的硫氰酸盐,随尿液排出而彻底解毒。

三、解救药物

亚硝酸钠（Sodium Nitrite）

【基本概况】本品为无色或白色至微黄色结晶,作为氧化剂,常制成注射液。

【作用与用途】本品可将血红蛋白中的二价铁氧化成三价铁,形成高铁血红蛋白而解救氰化物中毒。

本品用于解救氰化物中毒。

【应用注意】①本品仅能暂时性地延迟氰化物对机体的毒性,静脉注射数分钟后,应立即使用硫代硫酸钠。②本品容易引起高铁血红蛋白症,故不宜大剂量或反复使用。③有扩张血管作用,注射速度过快时,可致血压降低、心动过速、出汗、休克、抽搐。

【用法与用量】静脉注射,一次量,马、牛 2 g,羊、猪 0.1~0.2 g。

> ### 硫代硫酸钠(Sodium Thiosuifate)

【基本概况】本品又称大苏打,为无色结晶或结晶性细粒,常制成注射液。

【作用与用途】①本品在肝脏内硫氰酸生成酶(又称转硫酶)的催化下,能与游离的或已与高铁血红蛋白结合的 CN^- 结合,生成无毒的且比较稳定的硫氰酸盐,并由尿排出。②有还原性,可使高铁血红蛋白还原为低铁血红蛋白,并可与多种金属离子结合形成无毒硫化物排出。③用作一般解毒药,吸收后能增加体内硫的含量,增强肝脏的解毒机能。

本品主要用于解救氰化物中毒,也可用于砷、汞、铅、铋、碘等中毒。

【应用注意】①本品不易由消化道吸收,静脉注射后可迅速分布到全身各组织,故临床以静注或肌内注射方式给药。②本品解毒作用产生较慢,故应先静脉注射氧化剂如亚硝酸钠或亚甲蓝数分钟后,再缓慢注射本品,但不能与亚硝酸钠混合静脉注射。③对内服氰化物中毒的动物,还应使用 5% 本品溶液洗胃,洗胃后保留适量溶液于胃中。

【用法与用量】静脉、肌内注射,一次量,马、牛 5~10 g,羊、猪 1~3 g,犬、猫 1~2 g。

学习单元 4　有机氟中毒的特异性解毒药

一、中毒症状

有机氟类毒物(如氟乙酰胺、氟乙酸钠等)被动物误食后,在体内生成氟乙酸,后者与细胞内线粒体的辅酶 A 作用生成氟乙酰辅酶 A,再与草酰乙酸作用生成氟柠檬酸。氟柠檬酸竞争性地抑制三羧酸循环中的乌头酸脱羧酶,从而阻断了三羧酸循环的顺利进行,使柠檬酸堆积,细胞的正常代谢功能被破坏,造成动物的心脏及中枢神经系统损害。

二、解毒机理

使用化学结构与氟乙酰胺、氟乙酸钠等相似的乙酰胺,在体内与氟乙酰胺、氟乙酸钠等争夺酰胺酶,使氟乙酰胺、氟乙酸钠等不能转化为氟乙酸,阻止氟乙酸对三羧酸循环的干扰,恢复组织正常代谢功能,从而消除有机氟对机体的毒性。

三、解救药物

乙酰胺（Acetamide）

【基本概况】本品又称解氟灵，为白色结晶，极易溶于水，常制成注射液。

【作用与用途】本品对氟乙酰胺、氟乙酸钠等的中毒具有解毒作用。

本品主要用于有机氟中毒的解救。

【应用注意】①本品宜早用且用足量。②本品刺激性较大，肌内注射时需与普鲁卡因或利多卡因合用，以减轻疼痛；剂量过大可引起血尿。③与解痉药、半胱氨酸合用较好。

【用法与用量】静脉、肌内注射，一次量，每千克体重，家畜 50～100 mg。

学习单元 5　金属及类金属中毒的特异性解毒药

一、中毒症状

金属及类金属进入体内后解离出金属、类金属离子，后者除直接对组织产生刺激、腐蚀作用外，尚能与体内的巯基酶系统的巯基相结合，阻碍了组织细胞中的新陈代谢而中毒。

二、解毒机理

使用与金属、类金属离子有很强亲和力的络合剂（如依地酸钙钠），形成无活性难解离的可溶性络合物，随尿排出而达到解毒效果。而巯基酶复活剂（如二巯基丙醇）与金属、类金属离子的亲和力大于巯基酶与金属、类金属离子的亲和力，其不仅可与金属及类金属离子直接结合，而且还能夺取已经与巯基酶结合的金属及类金属离子，使组织细胞中的巯基酶复活，恢复其机能而呈解毒作用。

三、解救药物

二巯基丙醇（Dimercaprol）

【基本概况】本品为无色或几乎无色的液体，溶于水，常制成注射液。

【作用与用途】①本品能竞争性地与金属离子结合，形成较稳定的水溶性络合物随尿排出，使巯基酶复活。②对急性金属中毒有效；慢性中毒时，疗效不佳。

本品属巯基酶复活剂，主要用于治疗砷中毒；也可用于汞和金中毒。

【应用注意】①巯基酶与金属离子结合的越久，酶的活性越难恢复，动物接触金属后 1～2 h 内用药，效果较好，超过 6 h 则作用减弱。②为竞争性解毒剂，应及早足量使用。与金属离子形成的络合物在动物体内有一部分可重新逐渐解离出金属离子，必须反复给药，使血液中的二巯基丙醇与金属离子浓度保持 2:1 的优势,使解离出的金属离子再度与本品结合,直至由尿排出为止。③由于注射后会引起剧烈疼痛,故仅供深部肌内注射。④对机体其他酶系统也有一定的抑制作用,如可抑制过氧化物酶系的活性。⑤与依地酸钙钠合用,可治疗幼小动物的急性铅脑病。⑥可与镉、硒、铁、铀等金属形成有毒络合物,故应避免同时应用硒和铁盐等。在停用后至少经过 24 h 才能应用硒、铁制剂。⑦碱化尿液可减少络合物的重新解离,减轻肾损害。⑧过量使用可引起动物呕吐、震颤、抽搐、昏迷甚至死亡;对肝、肾具有伤害,肝肾功能不全动物应慎用;因药物排出迅速,一般不良反应可耐过。

【用法与用量】肌内注射,一次量,每千克体重,家畜 2.5～5 mg。用于砷中毒,第 1～2 天每 4～6 h 一次,第 3 天开始,每天 2 次至痊愈。

二巯丙磺钠(Sodium Dimercaptopropanesulfonate Injection)

【基本概况】本品又称解砷灵,为白色结晶性粉末,易溶于水,常制成注射液。

【作用与用途】本品作用与二巯基丙醇相似,但解毒作用较强、较快,毒性较小(约为二巯基丙醇的 1/2),除对汞、砷中毒有效外,对铅、镉中毒亦有效。

本品主要用于解救汞、砷中毒,也用于铅、镉中毒。

【应用注意】①一般多采用肌内注射;静脉注射速度宜慢,否则可引起呕吐、心跳加快等。②不用于砷化氢中毒。

【用法与用量】静脉、肌内注射,一次量,每千克体重,马、牛 5～8 mg,猪、羊 7～10 mg。中毒后,前 2 d,每 4～6 h 一次,从第 3 天开始,每天 2 次。

依地酸钙钠(Calcium Disodium Edetate,EDTACa-Na$_2$)

【基本概况】本品又称解铅乐,为白色结晶性或颗粒性粉末,常制成注射液。

【作用与用途】本品分子中的钙离子可被铅和其他二价、三价金属离子结合成为稳定且可溶的络合物,并逐渐随尿排出而呈解毒作用。

本品为急、慢性铅中毒的首选解毒药,主要用于铅中毒的解救。

【应用注意】①本品对无机铅的中毒解毒效果好,但对四乙基铅中毒无效;很少用于汞中毒的解毒。②大剂量可致肾小管水肿等,用药期间应注意检查尿。对肾功能不全动物禁用,对肾病患畜和肾毒性金属中毒动物慎用。③长期用药有一定致畸作用。

【用法与用量】静脉注射,一次量,马、牛 3～6 g,猪、羊 1～2 g,每天 2 次,连用 4 d。临用时,用生理盐水或 5% 葡萄糖注射液稀释成 0.25%～0.5% 浓度,缓慢注射。皮下注射,每千克体重,犬、猫 25 mg。

复习思考题

一、填空题

1. 有机氟中毒的解毒药为_____。

2. 有机磷中毒的一般解毒药为_____,其剂量为_____,给药途径_____;

特效解毒药为＿＿＿＿＿＿＿,其剂量为＿＿＿＿＿＿＿,给药途径＿＿＿＿＿＿＿。

二、简答题

1.简述常见毒物的中毒机理。

2.简述常见特异性解毒药的解毒机理。

3.试述每个解毒药的作用特点及应用注意事项。

4.有机磷轻度中毒者可用什么药解救？严重中毒者必须用哪两类药配伍应用？

5.巯基酶复活剂在解除金属中毒时,为何不能大剂量应用？

6.亚甲蓝的小剂量与大剂量应用于中毒解救有何不同？

技能训练

实验实训一　实验动物的抓取保定与给药方法训练

一、实验动物的抓取保定

(一)小鼠

1.徒手抓取与保定

(1)用右手抓住鼠尾提起,放在实验台上。

(2)在其向前爬行时,用左手的拇指和食指抓住小鼠的两耳和头颈部皮肤,固定其头部。

(3)将鼠置于左手手心中,用右手把后肢拉直,用左手的无名指及小指按住尾巴和后肢,前肢可用中指固定,完全固定好后松开右手。

(4)对于操作熟练者,可采用左手一手抓取法。

2.固定器保定

(1)准备一个 15～20 cm 的方木板或方纸板,边缘楔入 5 枚钉子。

(2)用上述方法将小鼠保定在左手。

(3)用 20～30 cm 长的线绳分别捆住小鼠的四肢。

(4)将捆住小鼠四肢的线绳固定到钉子上,并在头部上切齿处穿一根线绳固定头部。

(5)尾静脉给药时,可用专用的小鼠固定器,小鼠放在里面只露出尾巴。

(二)大鼠

大鼠的牙齿很尖锐,初次抓取大鼠者可戴厚帆布手套,不可突然袭击式地去抓大鼠。

1.徒手抓取与保定

(1)右手慢慢伸向大鼠尾巴,尽量向尾根部靠近,抓住其尾巴后提起,置于实验台上。

(2)右手轻轻抓住尾巴向后拉,在其向前爬行时,用左手掌心轻扣大鼠背部,左手的拇指和其余 4 指相对,由耳后抓住大鼠的颈背部皮肤,翻转手腕使其腹部朝上。

(3)对于个体较小的大鼠,可将左手拇指和食指插入大鼠腋下环绕,其余 3 指和掌心握住大鼠身体,翻转手腕使其腹部朝上,调整左手拇指抵住下颌固定头部。

(4)对于个体较大的大鼠,按上述方法抓取后,可再用右手协助保定,将鼠尾折向背部并抓住其背部皮肤,同时控制大鼠身体后部和尾部。

2.固定器保定

同小鼠保定程序。

(三)豚鼠

豚鼠一般不会咬人,但抓取时应注意采用正确的方法,防止对豚鼠造成损伤。

1.徒手抓取与保定

(1)抓取幼小的豚鼠时,用双手捧起来。

(2)成熟的豚鼠抓取时,左手的食指和中指放在颈背部两侧,拇指和无名指放在胁部,分别用手指夹住抓起左右前肢。

(3)翻转左手,用右手的拇指和食指夹住右后肢;用中指和无名指夹住左后肢,使豚鼠整体伸直成一条直线。

(4)抓取保定后,进行后续工作时,操作者可以坐在椅子上,将豚鼠的后肢夹在大腿处,用大腿替代右手夹住。

2.固定器保定

同小鼠保定程序。

(四)兔

1.徒手抓取与保定

(1)用一只手抓住颈背部皮肤并将其提起,另一只手托住臀部及后肢将兔子从笼中取出。

(2)经口给药时,操作者可以坐在椅子上,用一只手抓住颈背部皮肤不动,用另一只手抓住两后肢夹在大腿之间,用大腿夹住兔的身体及两后肢。

(3)用大腿夹住兔的下半身体及两后肢后,再用空着的手抓住两前肢保定。

(4)抓住颈背部的手,同时要捏住两个耳朵,固定其头部。

(5)颈背部皮下用药时,抓住兔的颈背部放在实验台上,另一只手托着腰部。

(6)肌内注射时,一手抓住兔的颈背部皮肤,另一只手抓住两后肢将其保定于实验台上。

2.固定器保定

兔子有专用保定器,均为市售器械。

(1)圆桶或盒式保定器:头部能伸出,用于耳静脉采血、注射等操作。

(2)头颈固定保定器(马蹄式):能促使兔子长时间保持自然体位,主要用于热源检查及皮肤反应检查等。

(3)台式保定器:四肢用细绳固定,头部用金属框卡住,口用金属圈套住,可用于心脏采血或颈动脉放血等操作之用。

(五)犬

(1)抓取比较凶猛的犬时,应使用特制的长柄犬头钳夹住犬颈部,注意不要夹伤嘴或其他部位。

（2）夹住犬颈后，迅速用链绳从犬夹下面圈套住犬颈部，拉紧犬颈部链绳使犬头固定。

（3）对于比格犬或驯服的实验用犬，可略去前两步。

（4）捆绑犬嘴，方法是用粗棉带从下颌绕到上颌打一个结，再绕向下颌再打一个结，最后将棉带牵引到头后，在颈背打活结扎好。也可将棉带横放到犬嘴里，从两嘴角处（将嘴扒开）拉出，绕到下颌打一个结，再绕到上颌打一个活结扎好即可。

（5）右手抓住犬的右前肢，左手抓住左前肢，并搂住犬的颈和肩部，将犬抱到固定台上进行固定。

（6）也可麻醉后用绷带捆住犬的四肢，固定在实验台上。将犬头部用犬头固定器固定好后，可解去嘴上的绷带，以利于犬呼吸和实验人员观察，此时可以进行手术等实验操作。

（六）猴

猴反应灵敏，行动敏捷，抓取猴时应注意人员的安全防护，防止被猴抓伤或感染人畜共患传染病。实验用的猴最好饲养在带有可移动的后隔栏的猴笼中，便于抓取和保定。在大笼或室内抓取时，需两人合作，用长柄网罩，由上而下罩捕。在猴被罩住后，立即将网罩翻转取出笼外，罩猴于地上，由罩外抓住猴的颈部，掀网罩，把猴的两肢胳臂向后背用右手抓紧，用左手抓住两腿的踝关节部位，把腿拉直。也可放到保定台上固定。

二、实验动物的给药方法训练

（一）经口插胃导管给药

（1）固定动物。大鼠、小鼠、豚鼠用手固定，用左手拇指和食指抓住鼠两耳和头部皮肤，其他3指抓住背部皮肤，将鼠抓在手掌内。兔、猫、犬用固定器固定或由助手用手固定。

（2）插入胃管。兔、猫需用开口器使动物口张开。犬则将右侧嘴角轻轻翻开，摸到最后一对大白齿，齿后有一空隙，中指固定在空隙下，不要移动，然后同左手拇指和食指将胃管插入，插入胃管时，轻轻顺着上腭到达咽部，靠动物的吞咽进入食管。胃管插入食管时进针或插管很流畅，动物通常不反抗；若误入气管因阻碍呼吸，动物会有挣扎。

（3）灌药。灌胃针或胃管插入需要到达的位置后，缓慢注入药物。

（4）拔去灌胃针或胃管。灌药完毕后，轻轻拔出灌胃针。为了防止胃管内残留药液，在拔出胃管前需注入少量生理盐水，然后拔出胃管。

（二）皮下注射给药

大鼠、小鼠、豚鼠一般取背部及后肢皮下，兔、猫、犬取后大腿外侧皮下，兔还可在耳根部注射。注射时用左手拇指和食指轻轻提起皮肤，右手持注射器将针头刺入皮下注射，位于皮下的针头，有游离感。

（三）皮内注射给药

将动物注射部位的毛剪（剃）去，不可剪（剃）破皮肤，消毒后用4号细针头先刺入皮肤，然后使针头向上挑起，至可见到透过真皮时为止，或用针尖压迫皮肤，针孔向上平刺入皮内，随之慢慢注入一定量的药液。当药液注入皮内时，可见到皮肤表面鼓起小泡（白色橘皮样），皮肤上的毛孔极为明显。小泡如不很快消失，则证明药液确实注射在皮内。皮内注射，针头的拔出不宜过快，注射后稍停留几秒钟后再拔针，可不用消毒棉球压迫。

(四)肌内注射给药

选择肌肉丰满、无大血管通过的部位,一般采用臀部,大鼠、小鼠等小动物常用大腿外侧肌肉。注射时,由皮肤表面垂直或稍斜刺入肌肉,回抽少许后注射。

(五)腹腔注射给药

在腹部下的 1/3 处,略靠外侧,朝头方向平行刺入皮肤 5 mm 左右,再把针竖起 45°穿过腹膜进入腹腔内,慢慢注入药物。大鼠、小鼠、豚鼠一般一人即可注射,犬、猫、兔等动物可由助手固定好,配合进行。

(六)静脉注射给药

1. 材料

酒精棉球,止血用脱脂棉球或纱布,大鼠、小鼠、兔固定器,犬、猫固定台,针头(小鼠、大鼠、豚鼠用 4 号针头,兔、犬、猫用 6 号针头)。

2. 注意事项

除与皮下注射等注意事项相同以外,还须注意针头在刺入血管后,应将针头固定好,不可晃动,以免刺破血管。此外,静脉注射应慢慢注入药液,连续多次静脉注射时,应变换使用不同位置的血管。

3. 部位与方法

(1)尾静脉注射:适用于大鼠、小鼠。尾静脉注射常用左右两侧的两根尾静脉,背侧的尾静脉因其位置容易移动而不常采用。动物在筒式固定器内固定好后,反复用酒精棉球擦尾部,以达到消毒和使血管扩张的目的。选择靠尾尖扩张的部位,将尾折成一适宜的角度(小于 30°),对准血管中央,针尖轻轻抬起与血管平行刺入,确保针头在血管内推进时无阻力。如注射部位皮下出血、肿胀,表明针头不在血管内。确认针头在血管内后,慢慢注入药液,注射完毕后马上拔出针头,压迫止血。

(2)后肢浅背侧足中静脉注射:适用于大鼠、沙鼠、豚鼠。进行后肢静脉注射时,助手在固定动物的同时应固定好注射一侧的后肢及尾。用酒精棉球洗擦后肢背面,对准扩张血管进针,先刺入皮下,再沿血管方向平行刺入血管,确认后注入药液。

(3)耳缘静脉注射:适用于豚鼠和兔。动物用固定器固定好后,轻拉耳尖,用酒精棉球消毒后,沿血管向耳根部方向进针,准确刺入血管后可看见有回血,然后缓慢注入药液,注射完毕后注意压迫止血。

(4)前(后)肢静脉注射:适用于犬。前肢内侧皮下头静脉靠前肢内侧外缘行走,后肢外侧小隐静脉在后肢胫部下 1/3 的外侧浅表的皮下由前侧方向后行走。犬前(后)肢静脉注射时,将犬侧卧固定,剪去注射部位的毛,用乳胶带(管)绑在犬股部(后肢)或上臂部(前肢),用酒精棉球消毒,待静脉血管明显膨胀时,用静脉针先刺入血管旁的皮下,然后与血管平行刺入血管,看见有回血后松去乳胶带,缓慢注入药液,注射完毕压迫止血。静脉注射针与注射器连接应是一种软连接,可避免因犬挣扎刺破血管。

(5)后肢小隐静脉、皮下静脉或股静脉注射:适用于猴,注射方法与犬的静脉注射相同。

实验实训二　剂量对药物作用的影响

一、材料

1. 动物

青蛙(蟾蜍)。

2. 药品

0.1%硝酸士的宁注射液,0.2%、0.5%、2%安钠咖注射液。

3. 器材

玻璃注射器 1 mL,针头 5 号或 6 号,大烧杯、鼠笼、普通天平、棉球等。

二、步骤

(一)相同浓度不同体积剂量对药物作用的影响

(1)取大小相似的青蛙(蟾蜍)3 只,分别做好记号;

(2)腹淋巴囊分别注射 0.1%硝酸士的宁注射液 0.1、0.4、0.8 mL;

(3)记录开始注射时间(h、min、s)和开始发生惊厥的时间(h、min、s);

(4)填写结果:

蛙号	给药量					
	0.1 mL		0.4 mL		0.8 mL	
	给药时间	惊厥时间	给药时间	惊厥时间	给药时间	惊厥时间
1						
2						
3						

(二)相同体积不同浓度剂量对药物作用的影响

(1)取小白鼠 3 只,称重;

(2)分别放入 3 个大烧杯或鼠笼内,并做好记号;

(3)观察其正常活动;

(4)腹腔注射:甲鼠,0.2%安钠咖注射液 0.2 mL/10 g 体重;乙鼠,0.5%安钠咖注射液 0.2 mL/10 g 体重;丙鼠,2%安钠咖注射液 0.2 mL/10 g 体重。

(5)给药后,分别放入原大烧杯中。

(6)记录给药时间,用物品将杯口盖住,观察有无兴奋、举尾、惊厥、死亡等情况,记录发生作用的时间,比较 3 鼠有何不同。

鼠号	体重	给药浓度、剂量	用药后反应及出现症状时间
甲			
乙			
丙			

三、实验报告

记录实验过程和结果,写出实验报告。

实验实训三　兽药制剂配制

一、溶液剂

(一)目的要求

掌握不同浓度溶液的稀释法和练习溶液的配制法。

(二)材料

天平、量筒或量杯、垂溶漏斗、漏斗、滤纸、漏斗架、下口瓶、纯化水、乙醇、碘片、碘化钾、容器、搅拌棒等。

(三)步骤

1.溶液浓度的表示法

在一定量的溶剂或溶液中所含溶质的量叫溶液的浓度。这里,溶剂或溶液的量可以是一定的重量(克、毫克等),或是一定体积(毫升、升等)。溶质的量也可用重量或体积来表示。因此,有各种不同的浓度表示法。常用的是百分浓度表示法和比例法。

(1)百分浓度表示法:质量分数常以%(g/g)或%(W/W)表示。即在 100 g 溶液中所含溶质的克数。如 10%稀盐酸,即在 100 g 稀盐酸溶液中含 HCl 气体是 10 g。化学上常用。

重量与体积的百分浓度(质量浓度)表示法:常以%(g/mL)或%(W/V)表示。即在 100 mL 溶液中所含溶质的克数。如 10%氯化钠溶液,即 100 mL 氯化钠溶液中含氯化钠 10 g。在药学中,当溶液中的溶质是固体或气体时,一般用克/毫升(g/mL)的百分浓度表示法。

体积与体积的百分浓度(体积分数)表示法:常以%(mL/mL)或(V/V)表示。即在 100 mL 溶液中所含溶质的体积。如 75%的乙醇,即在 100 mL 溶液中含乙醇 75 mL。在药学中,当溶质是液体时,一般常用毫升/毫升(mL/mL)的百分浓度表示。

(2)比例法:有时用于稀释溶液的浓度计算。如高锰酸钾溶液 1:5 000,即表示在 5 000 mL 溶液中含有 1 g 的高锰酸钾。

2.溶液浓度稀释法

(1)反比法:$c_1 : c_2 = V_2 : V_1$

例如,现需75%乙醇1 000 mL,应取95%乙醇多少毫升进行稀释?

按公式

$$95 : 75 = 1\ 000 : x$$
$$95x = 75 \times 1\ 000$$
$$x = 75 \times 1\ 000/95$$
$$= 789.4 (mL)$$

即取95%乙醇789.4 mL,加水稀释至1 000 mL即成75%的乙醇。

(2)交叉法:将高浓度溶液加水稀释成需配浓度溶液。如将95%乙醇用纯化水稀释成70%乙醇,可按右式计算:即取95%乙醇70 mL(或升)加纯化水25 mL(或升)即成70%乙醇。

用高浓度溶液和低浓度同一药物溶液稀释成中间需要浓度的溶液。如用95%乙醇和40%乙醇稀释成70%乙醇,可按右式计算:即95%乙醇取30 mL和40%乙醇40 mL与25 mL相加即成70%乙醇。

简便法:如要将95%乙醇稀释为75%,可取95%乙醇75 mL,蒸馏水加至95 mL即得。同法可用于稀释任何浓溶液。

3.处方举例(学生分组配制)

(1)取95%乙醇用纯化水稀释成70%乙醇95 mL。

按交叉法计算如右:即取95%乙醇70 mL加纯化水25 mL便得。

(2)1%碘甘油的配制

| 碘片 | 1 g | 碘化钾 | 1 g |
| 纯化水 | 1 mL | 甘油 | 适量 |

共制成100 g

制法:取碘化钾溶于约等量的纯化水中,加入碘搅拌(或研磨)使完全溶解后,再加甘油至100 g,搅匀即得。

注意:在配制时必须将碘化钾先溶解,溶解时水不能加得太多。

(四)实验报告

(1)溶液浓度稀释法的计算(由教师出题),学生填写于实习报告上。

（2）学生分组按上述处方举例配制 1～2 个，并填于实习报告上。

二、酊剂

（一）目的要求

掌握酊剂的一般配制方法。

（二）材料

天平、量筒或量杯、大腹瓶、纱布、研钵或粉碎机、碘片、碘化钾、纯化水、95％乙醇。

（三）步骤

1. 酊剂的配制法

分溶解法、稀释法、渗滤法和浸渍法 4 种。这里仅介绍前两种。

（1）溶解法：将某种药物加入适量浓度中的醇中溶解，过滤即得，如碘酊。

（2）稀释法：将浓酊剂用醇稀释至规定浓度，静置 24 h，过滤即得。

2. 处方举例

5％碘酊的配制

碘片	2 g	碘化钾	1 g

纯化水及 95％乙醇加至 40 mL 制成酊剂。

先将碘化钾 1 g 放入大腹瓶中，加水和醇的等量混合液 20 mL 使其溶解后，再将碘片包入纱布囊内悬挂于液面，碘溶解，最后加余量的水和醇等量混合液冲洗纱布囊，至含量为 40 mL。

（四）实验报告

学生分组按处方举例法配制碘酊，并填写实习报告。

实验实训四　　兽药配伍禁忌

一、目的要求

了解观察常见的物理和化学性配伍禁忌的各种现象，掌握处理配伍禁忌的一般方法。培养学生在开具处方时能正确配用药物。

二、作用提示

为了充分发挥药物的作用，临床上常将两种以上的药物配合使用。但各种药物理化性质和药理性质不同，在配伍应用时，可能会出现物理、化学和药理上的变化。其中有些变化可能减少毒性、增强作用、延长疗效；有些变化可能造成使用不便，降低或丧失疗效，甚至增加毒性。前者符合治疗的需要，后者则属于配伍禁忌。但有些配伍禁忌可作为解毒作用，有些配伍禁忌通过特殊处理可以消除。

三、材料

1.药品

蓖麻油(或松节油)、纯化水、液状石蜡、樟脑酒精、结晶碳酸钠、水合氯醛、醋酸铅、樟脑、盐酸四环素粉针、磺胺噻唑钠注射液、5%氯化钙注射液、5%碳酸氢钠注射液、稀盐酸、碳酸氢钠、10%氯化高铁注射液、鞣酸、高锰酸钾、苦味酸。

2.器材

天平、吸量管、量筒、试管、研钵、试管架、硫酸纸、糨糊、铅笔、剪刀、铁锤等。

四、步骤

1.物理性的配伍禁忌

主要是由于药物的外观(物理性质)发生变化,有下列4种现象。

(1)分离:两种液体互相混合后,不久又分开。

取试管两支,一支加蓖麻油(或松节油)和水1 mL,一支加液状石蜡和水1 mL。互相混合振摇后,静置于试管架上。10 min后,观察分离现象。

(2)析出:两种液体互相混合后,由于溶媒性质的改变,其中一种药物析出沉淀或使溶液混浊。

取试管一支,先加入樟脑酒精2 mL,然后再加水1 mL,则樟脑以白色沉淀析出。

(3)潮解:吸湿潮解常发生于中草药干浸膏粉、乳酶生、干酵母、胃蛋白酶、无机溴化物和含结晶水的药物中。这些药物本身易受潮,如与受潮易分解药物配用时,更可促使后者变质分解。

取碳酸钠和醋酸铅各3 g于研钵中共研即潮解。

(4)液化:两种固体药物混合研磨时,由于形成了低熔点的低共熔混合物,熔点下降,由固态变成了液态,叫作液化。

取水合氯醛(熔点57℃)和樟脑(熔点171~176℃)各3 g混合研磨,产生液化(研磨混合物,熔点为−60℃)。

2.化学性配伍禁忌

化学性配伍禁忌,是指处方各成分之间发生化学变化。药物的化学变化必然导致药理作用的改变。这种配伍禁忌是最常见的,而且危害性也较大。

(1)沉淀:两种或两种以上的药物溶液配伍时,由于化学变化而产生一种或多种以上的不溶性物质,溶液即出现沉淀。

取一支试管加入盐酸四环素注射液和磺胺噻唑钠注射液各2 mL,二者混合立刻产生沉淀。另取一支试管加5%氯化钙溶液和5%碳酸氢钠溶液3 mL,二者混合立刻产生碳酸钙沉淀。

(2)产气:药物配伍时,偶尔会有产生气体的现象,有的导致药物失效。

取一支试管先加入稀盐酸5 mL,再加碳酸氢钠2 g,不久即会见到产生气体(二氧化碳)而逸出。反应式如下:

$$NaHCO_3 + HCl \longrightarrow NaCl + H_2O + CO_2 \uparrow$$

(3)变色:某些药物因化学反应而引起颜色的改变。特别与 pH 较高的其他药物溶液配伍时,容易发生氧化变色现象。

取一支试管先加入 10%氯化高铁溶液 3 mL,再加 1 g 鞣酸,则溶液变为绿色、蓝色或黑色。反应式如下:

$$3C_{14}H_{10}O_9 + FeCl_3 \longrightarrow Fe(C_{14}H_9O_9)_3 + HCl$$

(4)爆炸或燃烧:多由强氧化剂与强还原剂配伍时引起。激烈的氧化-还原反应能产生热,引起燃烧或爆炸。

取高锰酸钾 3 份和苦味酸 2 份分别于研钵中研细,在纸上轻轻混拌均匀,备用。然后用普通圆柱形铅笔(或红蓝笔)做轴,将硫酸纸绕铅笔制成圆筒并用糨糊黏合,取下剪成 1.5 cm 的分段。每个小段一端折叠闭合,从另一端装入适量制备好的混合药粉,再将这一端也折叠闭合(可涂少许糨糊)。最后,将此制备的小药包立放于石灰地面上用槌猛击(脸要侧开击打的药包)则立刻发生爆炸,同时放出火光和响声。

注意:此项实验应在教师预先示范基础上,再让各组学生代表去做,以免发生事故。

装药包切不可过大。为防不测,此实验学生不做也可,仅让其了解即可。

(5)眼观外变化:有一些化学性配伍禁忌,其分子结构已发生了变化,但外观看不出来,因而常被忽视。如青霉素钠(钾)盐水溶液水解为青霉胺和青霉醛而失效。

五、实验报告

简单记录实验过程和结果,分析配伍禁忌产生的主要原因和表现,实践中如何避免配伍禁忌,写出实验报告。

实验实训五　药物保管与贮存

一、目的要求

通过教师讲解和动物药房的见习或参观,使学生掌握药物保管与贮存的基本知识和方法,并能应用于将来的工作和实践。

二、内容

(一)药物的保管

1.制定严格的保管制度

药物的保管应有严格的制度,包括出、入库检查,验收,建立药品消耗和盘存账册,逐月填写药品消耗、报损和盘存表,制订药物采购和供应计划。如各种兽药在购入时,除应注意有完整正确的标签(包括品名、规格、生产厂名、地址、注册商标、批准文号、批号、有效期等)及说明书(应有有效成分及含量、作用与用途、用法与用量、毒副反应、禁忌、注意事项等)外,不立即使用的还应特别注意包装上的保管方法和有效期。

2. 各类药品的保管方法

所有药品,均应在固定的药房和药库存放。

(1)麻醉药品、毒药、剧药的保管:麻醉药(吗啡、杜冷丁等)、毒药(如硫酸阿托品等)、剧药(如苯巴比妥、异戊巴比妥等)应按《兽药管理条例》执行,必须专人、专库、专柜、专用账册并加锁保管。各药品要有明显标记,每个品种须单独存放。品种间留有适当距离。随时和定期盘点,做到数字准确,账物相符。

(2)危险药品的保管:危险药品是指遇光、热、空气等易爆炸、自燃、助燃或有强腐蚀性、刺激性的药品,包括爆炸品(如苦味酸等)、易燃液体(如乙醚、乙醇、松节油等)、易燃固体(如硫黄、樟脑等)、腐蚀药品(如盐酸、浓氨溶液、苯酚等)。在危险品仓库内分类存放,并间隔一定距离,禁止与其他药品混放。药品要远离火源,并配备消防设备。

(3)易受湿度、温度、光线等影响药品的保管详见药物的贮存。

3. 处方的处理

处方是兽医人员为了治疗病畜而给药房所开写的调剂和支付药物的书面通知。接受和调配处方,是药物管理中的一个重要环节,原则上,兽医对处方负有法律责任,而药房人员却有监督的责任。一般来说,普通药处方至少要保存1年,剧毒药品处方则须保存3年,麻醉药品处方应保存5年。药房人员接到处方后要采取严肃态度,在配制支付之前应对处方复查,要点如下:①检查处方列举各药是否具备;②检查处方列举各药有无配伍禁忌;③检查处方列举各药的剂量有无超过极量;④处方上是否有兽医签字。

麻醉药品必须用单独处方,用量不能超过一日量,并书写完整,签全名,以资核查。

如发现以上各项有疑问应同兽医联系更正,否则药房人员也有责任。

库房应有防虫、防盗和防止药物变质、失效的措施等。保管药物应有专人负责,如有变动,应由接受人、移交人会同有关负责人共同盘点,造移交表一式3份,交接人和负责人签名各执1份,办理好交接手续。

(二)药物贮存的基本知识与方法

药物和其他一切物质一样,时刻都处在变质的运动中,只是由于化学结构和外界影响的不同,变质的速度也有差异。为了控制质量的变化,保证药品的质量和疗效,对药品的生产、包装、贮存都有相应的规定,如批号、有效期与失效期、存放方法与要求等。

1. 影响药物质量的外界因素

(1)空气的影响:空气中的二氧化碳能与某些药品发生氧化或碳酸化反应,促使药物的变质、变色,尤其在日光照射和温度、湿度过高时更易发生。

氧化。包装不严的药物,能逐渐与空气中的氧化合而变质。如水杨酸钠在空气中逐渐被氧化成一系列醌型有色物质。

碳酸化。有些药物与空气中的二氧化碳发生碳酸化而变质。如氨茶碱在空气中吸收CO_2,析出茶碱。

(2)光线的影响:日光中的紫外线能促使药品发生氧化、还原、分解等作用而变质、变色。

绝大多数药品长期受光照射都会发生变化。但光线对药物发生变化的影响,多与空气水分、温度等有联系。例如磺胺类药物在空气中遇光生成带有黄色的偶氮苯化合物。

(3)温度的影响:温度过高可以促进药品发生化学或物理变化而变质。如生物制品、抗生素等在高温情况下易变质失效。温度过低也能使药品变质,出现凝固、分层、沉淀、冻结以致降效或失效。如葡萄糖酸钙溶液久置冷处能析出结晶不易再溶解,冰冻可使各种抗毒素、类毒素等蛋白质制剂析出沉淀,而使效力降低。

(4)湿度的影响:一般来说,相对湿度为75%时,对药品的贮存最适宜。湿度过高或过低,均会使药品发生潮解、吸湿、稀释、水解、发霉变形、风化等现象。如氯化钙吸湿后可自行液化,脏器制剂等吸湿后易发霉等。

(5)时间的影响:不少药品虽然贮存条件适宜,但时间过长也会发生质量变化,尤其是抗生素、维生素等久贮更易变质,这些药品中有的规定了有效期,应常检查,以免过期失效。

(6)生物性因素的影响:有的药品本身含有可供生物生长必需的营养物质,如封口不严,易受细菌、霉菌的污染而腐败变质,或受虫蛀。

2.药物贮存的基本方法

(1)密封保存:凡易吸潮、发霉、变质的原料药如葡萄糖、碳酸氢钠、氯化铵等,应在密封干燥处存放;许多抗生素类及胃蛋白酶、胰酶、淀粉酶等,不仅易吸潮,且受热后易分解失效,应密封后置干燥凉暗处存放;有些含有结晶水的原料药,如硫酸钠、硫酸镁、硫酸铜、硫酸亚铁等,在干燥的空气中易失去部分或全部结晶水,应密封阴凉处存放,但不宜存放于过分干燥或通风的地方。

散剂的吸湿性比原料药大,应在干燥处密封保存,但含有挥发性成分的散剂,受热后易挥发,应在干燥阴凉处密封保存。片剂除另有规定外,应密闭在干燥处保存,防止发霉变质。中药、生化药物或蛋白质类药物的片剂易吸潮扩散,发霉虫蛀,更应密封于干燥阴凉处保存。

(2)避光存放:某些原料药(如恩诺沙星、盐酸普鲁卡因)、散剂(如含有维生素 D、维生素 E 的添加剂)、片剂(如维生素 C、阿司匹林片)、注射剂(如氯丙嗪、肾上腺素注射液)等,遇光、遇热可发生化学变化生成有色物质,出现变色变质,导致药效降低或毒性增加,应放于避光容器内,密封于干燥处保存。片剂保存于棕色瓶内,注射剂可放于遮光的纸盒内。

(3)置于低温处:受热易分解失效的原料药,如抗生素、生化制剂(如 ATP、辅酶 A、胰岛素、垂体后叶素等注射剂),最好放置于 2~10℃低温处。易爆易挥发的药品,如乙醚、挥发油、氯仿、过氧化氢等,以及含有挥发性药品的散剂(受热后易挥发),均应密闭阴凉干燥处存放。

各种生物制品如疫苗、菌苗等,应按规定的温度贮存。许多生物制品的适宜保存温度为—15℃(冻干菌苗),0~4℃(高免血清、高免卵黄液等,若需长期保存,也应保持于—15℃)。

(4)防止过期失效:有些药品如抗生素、生物制品、动物脏器制剂等,贮存一定时间后,药效可能降低或毒性增加,为确保用药安全有效,对这些药品都规定了有效期。凡超过有效期的药品不应使用。对有有效期的药品,应按规定的贮存条件贮存,并定期检查以防过期失效。药品卡片和标签上均应有特殊标记,注明有效期,或专柜保存,以便查找。

三、实验报告

综合参观见习和教师讲解的内容,写出药品保管和贮存基本要求的报告。

实验实训六 动物诊疗处方开写

一、目的要求

了解开写处方的意义,掌握处方的结构,根据临床实际能较熟练准确地开写处方。

二、材料

处方笺、临床病例。

三、步骤

先由教师讲述 10～15 min 后由学员开写。

(1)会进行处方登记。

(2)结合临床病例或由教师列举某一病例开写两张处方:①开一张普通处方;②开一张临时调配处方。

(3)签名核对。

四、实验报告

要求每位学员均要会开写处方,开出比较正确的处方笺。

实验实训七 防腐消毒药的杀菌效果

一、目的要求

掌握消毒药杀菌效果的定量测定方法。

二、原理

悬液定量杀菌试验法是将消毒剂与菌悬液混合作用一定时间后,加入化学中和剂去除残留的消毒剂,以终止消毒剂与微生物的进一步作用,然后进行菌落计数,计算杀菌率,判断消毒剂的杀菌效果。

三、材料

1.菌种

大肠杆菌 O_{78}、金黄色葡萄球菌。

2. 药品

500 g/L 戊二醛、1%甘氨酸、普通营养琼脂培养基、磷酸盐缓冲液(PBS)。

3. 器材

量筒、容量瓶、平皿、移液管、试管、吸管、L 形玻璃棒、恒温箱等。

四、步骤

(1)实验浓度消毒剂的配制:用灭菌蒸馏水将 500 g/L 戊二醛稀释成浓度为 2.5 g/L、10 g/L、20 g/L。

(2)实验用菌悬液的配制:将保存的大肠杆菌、金黄色葡萄球菌分别接种于肉汤培养液中,37℃恒温箱中培养 16～18 h,取增菌后的菌液 0.5 mL,用磷酸盐缓冲液稀释至浓度为 $1\times(10^6\sim10^7)$ CFU/mL。

(3)消毒效果实验:将 0.5 mL 菌悬液加入 4.5 mL 试验浓度消毒剂溶液中混匀计时,到规定作用时间后,从中吸取 0.5 mL 加入 4.5 mL 中和剂(即 1%甘氨酸)中混匀,使之充分中和,10 min 后吸取 0.5 mL 悬液用涂抹法接种于营养琼脂培养基平板上,于 37℃培养 24 h,计数生长菌落数。每个样本选择适宜稀释度接种 2 个平皿。

(4)结果计算:按照下列公式计算平均杀菌率,杀菌率达 99.9%以上为达到消毒效果。

$$杀菌率\ KR=(N_1-N_0)/N_1\times100\%$$

式中:N_1 为消毒前活菌数,N_0 为消毒后活菌数。

五、注意事项

(1)不同消毒剂要选择不同的中和剂,中和剂须有终止消毒剂又对实验无不良影响。
(2)实验温度一般要求在室温(20～25℃)下进行。

六、结果

戊二醛对大肠杆菌和金黄色葡萄球菌的杀菌效果

菌种	戊二醛质量浓度/(g/L)	作用不同时间的平均杀菌率/%		
		5 min	10 min	20 min
大肠杆菌	2.5			
	10			
	20			
金黄色葡萄球菌	2.5			
	10			
	20			

七、作业

哪些因素会影响消毒剂的杀菌效果?试举例说明。

附:磷酸盐缓冲溶液(PBS)的配制方法

在 800 mL 蒸馏水中溶解 8 g NaCl,0.2 g KCl,1.44 g Na_2HPO_4 和 0.24 g KH_2PO_4,用 HCl 调节溶液的 pH 至 7.4,加水定容至 1 L,在 103.4 kPa 高压下灭菌 20 min。于室温保存。

实验实训八　体外药敏试验——纸片扩散法

一、目的要求

观察抗菌药物的作用效果,熟练掌握纸片扩散法体外测定药物的抗菌活性。

二、原理

将含一定浓度抗菌药物的滤纸片放在已接种一定量某种细菌的琼脂平板上,经培养后,可在纸片周围出现无细菌生长区,称抑菌圈。测量各种药敏纸片抑菌圈直径的大小,即可判定该细菌对某种药物的敏感程度。

三、材料

1.菌种

金黄色葡萄球菌、大肠杆菌。

2.药品

含青霉素、庆大霉素、土环素、恩诺沙星等抗菌药的药敏纸片,营养肉汤培养基,普通营养琼脂培养基。

3.器材

平皿、无菌棉签、镊子、测量尺、恒温箱等。

四、步骤

(1)将大肠杆菌和金黄色葡萄球菌分别接种到营养肉汤中,置 37℃温箱培养 12 h,取出备用。

(2)用无菌棉签蘸取上述菌液,均匀地涂于营养琼脂平皿表面上。待培养基表面稍微干燥后,用无菌小镊子分别夹取所需的药敏纸片,均匀地贴放于培养基表面,稍微下压。各纸片间的距离不小于 3 cm,并分别做上标记。

(3)将培养皿置 37℃温箱内,培养 16～18 h 后,观察有无抑菌圈,并测量各种药敏纸片抑菌圈的直径大小,以毫米(mm)表示。试验结果判定标准见下表。

纸片扩散法药敏试验判定标准

抑菌圈直径/mm	敏感性
>20	极度敏感
15~20	高度敏感
10~15	中度敏感
<10	低度敏感
无抑菌圈	不敏感或耐药

五、结果

纸片法测定抗菌药物的抑菌效果

菌种	药物	抑菌圈直径/mm	判定结果
大肠杆菌	青霉素		
	庆大霉素		
	四环素		
	恩诺沙星		
金黄色葡萄球菌	青霉素		
	庆大霉素		
	四环素		
	恩诺沙星		

六、作业

根据实验结果讨论试验中所用药物的抗菌范围及其主要适应症。

附:药敏纸片的制备

将直径为 6 mm 左右的圆形定性滤纸片消毒烘干,然后分别浸入一定浓度的抗菌药物药液中,使其充分浸透药液,然后用另一滤纸吸去附于纸片上的药液,再置 37℃ 恒温箱中烘干备用。制得的药敏纸片保持时间不宜过长。

实验实训九　体外药敏试验——试管稀释法

一、目的要求

观察抗菌药物的作用效果,熟练掌握抗菌药物最低抑菌浓度(MIC)测定的常用方法。

二、原理

根据抗菌药物对液体培养基中实验菌的生长繁殖抑制作用的强度,将能够抑制细菌生长的最低浓度作为衡量指标。MIC 值越小则说明药物的抑菌作用越强。

三、材料

1. 菌种

大肠杆菌。

2. 药品

庆大霉素、灭菌营养肉汤培养基。

3. 器材

1 mL 和 2 mL 灭菌移液管、带塞灭菌试管、分析天平、恒温箱等。

四、步骤

(1)准备材料

庆大霉素溶液的制备:准确称量适量硫酸庆大霉素粉剂,用无菌蒸馏水配成浓度为 1 280 IU/mL 的溶液。

制备菌悬液:将保存的大肠杆菌接种于灭菌营养肉汤培养基中,置 37℃ 恒温箱培养 16～18 h,取对数生长期菌液 0.5 mL,用肉汤培养基按一定比例[1:(100～1 000)]稀释至浓度为 $(1～2)×10^8$ CFU/mL。

(2)取 13 支无菌试管,分别编号并排成一列。分别向各试管中加入菌悬液,除第一管加入菌悬液 1.8 mL 外,其余各管均加入 1.0 mL。

(3)加入倍比稀释的药液。第 1 管加入药液 0.2 mL,混匀后,吸出 1.0 mL 加入到第 2 管。同样方法依次稀释至第 12 管,弃去 1.0 mL,第 13 管为生长对照管。12 支试管中的药物浓度分别为:128、64、32、16、8、4、2、1、0.5、0.25、0.125、0.06 IU/mL(也可根据实验需要增加试管数,浓度可依此类推)。用试管塞塞好试管口,置 37℃ 恒温箱培养 16～24 h。

(4)取试管逐支摇匀,肉眼观察,以不出现肉眼可见生长(混浊现象)的最低药物浓度为该药对测试菌的 MIC。

五、注意事项

(1)稀释过程要在各试管中用移液管反复吹打,使溶液充分混合均匀。

(2)本实验操作应在无菌条件下进行,防治杂菌污染。

六、作业

利用氨基糖苷类药物作用机理分析实验结果,并阐述测定 MIC 在兽医临床中的意义。

实验实训十　链霉素对神经肌肉传导阻滞作用的观察

【目的要求】观察链霉素的神经毒性反应,练习小白鼠腹腔注射的给药方法。

【实验材料】

1. 动物　小白鼠2只,体重为18～22 g。

2. 药物　4%硫酸链霉素溶液、1%氯化钙溶液。

3. 器材　鼠笼、天平、烧杯、1 mL注射器。

【实验步骤】

1. 取小白鼠2只,称重,编号,观察呼吸、四肢肌张力、体态等正常活动情况。

2. 两只小白鼠均按0.1 mL/10 g体重腹腔注射4%硫酸链霉素溶液,观察并记录出现反应的时间和症状。

3. 待症状明显后,给乙鼠按0.1 mL/10 g体重腹腔注射1% $CaCl_2$溶液,甲鼠作为对照。观察2只小鼠有何变化。

【实验结果】

链霉素的毒性反应及钙离子的拮抗作用

鼠号	药物	呼吸情况	四肢肌张力	体态
甲	用药前			
	注射硫酸链霉素后			
乙	用药前			
	注射硫酸链霉素后			
	注射 $CaCl_2$ 后			

【注意事项】

1. 实验动物也可用家兔。

2. 静脉注射 $CaCl_2$ 抢救效果最好,可根据实际情况选择给药途径。

【课后作业】氨基糖苷类抗生素有哪些不良反应,氯化钙对抗的属于哪一种不良反应?

实验实训十一　水合氯醛的全身麻醉作用及氯丙嗪的增强麻醉作用

【目的要求】观察水合氯醛的麻醉作用及主要体征变化,了解氯丙嗪的增强麻醉作用。

【实验材料】

1. 动物　家兔3只。

2. 药物　10%水合氯醛、2.5%氯丙嗪。

3. 器材　家兔固定器、5 mL注射器2支、针头3个、台称、体温计。

【实验方法】

1. 取兔3只,称重,编号,观测正常情况,如呼吸、脉搏、体温、痛觉反射、瞳孔、角膜反射、骨骼肌紧张度等。

2. 分别给各兔注射药物。甲兔耳静脉注射全麻醉量的水合氯醛,即1.2 mL/kg体重的10%水合氯醛;乙兔耳静脉注射半麻醉量的水合氯醛,即0.6 mL/kg体重的10%水合氯醛;丙兔先耳静脉注射0.12 mL/kg体重的2.5%氯丙嗪,后耳静脉注射半麻醉量的10%水合氯醛。

3.分别观察各兔的反应及体征变化。

【注意事项】

1.必须仔细观察给药前后家兔的临床表现,记录麻醉维持时间,同时还要注意家兔体温的变化。

2.准确控制水合氯醛与氯丙嗪的剂量。

【实验结果】

全身麻醉实验结果

兔号	体重	药物	麻醉时间		用药前			用药后		
			出现时间	麻醉时间	痛觉反射	角膜反射	肌肉紧张度	痛觉反射	角膜反射	肌肉紧张度
甲		全量水合氯醛								
乙		半量水合氯醛								
丙		氯丙嗪＋半量水合氯醛								

【课后作业】分析全身麻醉时,为什么要观察体征?氯丙嗪用作麻醉前给药有什么好处?

实验实训十二　药物泻下作用

一、目的要求

通过硫酸钠对肠道的作用,掌握盐类泻药的作用机理。

二、原理

肠壁黏膜是一种半透膜,水向渗透压大的方向流动,盐类泻药易溶于水,其水溶液中的离子不易被肠道吸收,在肠道内形成高渗环境,阻止肠道内水分吸收和将组织中水分吸入肠道,使肠道内含有大量水分,增大肠道内容积,对肠壁感受器产生机械和化学刺激,促进肠蠕动,加快水分向粪便中央渗透,发挥其浸泡、软化和稀释作用,使之随着肠蠕动而排出体外。

三、材料

1.动物　家兔,体重 2~3 kg。

2.药品　5％硫酸钠溶液、0.25％盐酸普鲁卡因注射液、生理盐水。

3.器材　兔固定板(或手术台)、剪毛剪、酒精棉、镊子、手术刀、缝合线、缝合针、止血钳、纱布、10 mL 注射器。

四、步骤

(1)取家兔以 0.25％盐酸普鲁卡因注射液浸润麻醉。

(2)将兔仰卧保定于手术台上,腹部剪毛消毒。

(3)切开腹壁,暴露肠管,取出一段小肠,在不损伤肠系膜血管情况下,用线将肠管结扎分成两小段,每段长 2～4 cm。

(4)向两段肠腔内分别注入 5‰硫酸钠溶液和生理盐水,使肠壁充盈适度,不要太膨胀。注射完后,将肠壁放回腹腔,缝合腹壁。

(5)2 h 后打开腹壁,观察两段肠壁充盈度有何变化。

五、注意事项

(1)选择肠管的长度和粗细尽量相同。

(2)结扎时各段肠管不相通。

(3)每段小肠血管要比较均匀。

(4)注射后肠管充盈度尽量相同。

(5)注射时不要损伤肠系膜血管和神经。

六、结果

药物对家兔排尿量的影响

药物	注射室充盈度	2 h后充盈度
生理盐水		
5‰硫酸钠溶液		

七、作业

根据实验结果分析盐类泻药对家兔的泻下作用,说明其临床应用。

实验实训十三　利尿药与脱水药作用

一、目的要求

观察呋塞米、甘露醇对家兔的利尿作用;掌握药物利尿的实验方法。

二、原理

呋塞米是高效利尿药,通过抑制髓袢升支粗段对氯化钠的重吸收产生利尿作用;快速静脉注射甘露醇,通过渗透压作用使尿量增加。

三、材料

1.动物　雄性家兔 3 只,体重 2～3 kg。

2.器材 兔固定板(或手术台)3 块、兔开口器 1 个、10 号导尿管 3 条、20 mL 小量筒 3 个、5 mL 注射器 3 个、5 号针头 3 个、婴儿秤 1 台、胶布。

3.药品 1%呋塞米注射液、20%甘露醇注射液、生理盐水、液状石蜡。

四、步骤

(1)取家兔 3 只,称重标记,分别按每千克体重 50 mL 灌胃蒸馏水。

(2)30 min 后,将兔仰卧保定于手术台上。

(3)取 10 号导尿管用液状石蜡润滑后由尿道口缓缓插入膀胱 8～12 cm,见有尿液滴出即可,并将导尿管用胶布固定于兔体,以防滑脱。

(4)压迫兔的下腹部,排空膀胱,并在导尿管的另一端接一量筒收集尿液,记录 15 min 内正常尿量。

(5)以每千克体重 5 mL 分别给 3 只家兔耳静脉注射生理盐水、1%呋塞米、20%甘露醇注射液。

(6)用量筒收集并记录各个兔每 15 min 内的尿量,连续观察 1 h,比较各兔在不同时间段内尿量的变化和总尿量。

五、注意事项

(1)雄兔或性未成熟的雌兔比较容易插尿管,且在实验前 24 h 应供给充足的饮水量和青饲料喂养。

(2)各兔的体重、灌水及给药时间尽可能一致,给药前尽量排空各兔膀胱,以免影响实验结果。

(3)插入导尿管时动作要轻缓,以免损伤尿道口。

六、结果

药物对家兔排尿量的影响 mL

兔号	正常尿量 (15 min)	药物	用药后尿量			
			0～15 min	15～30 min	30～45 min	45～60 min
甲		生理盐水				
乙		呋塞米				
丙		甘露醇				

七、作业

根据实验结果分析各药物对家兔的利尿作用,说明其临床应用。

实验实训十四　普鲁卡因的局部麻醉作用

一、目的要求

观察盐酸普鲁卡因的局部麻醉作用。

二、材料

1.动物　青蛙1只。

2.器材　蛙板、大头针、脊髓破坏针、玻璃钩针、手术剪、尖镊子、蜡纸、棉花铁支架、铁钳或止血钳、小烧杯、计时钟、1 mL 注射器。

3.药品　0.5%稀盐酸溶液、2%盐酸普鲁卡因溶液。

三、步骤

取1只青蛙,用脊髓破坏针破坏大脑(或自两眼后剪去青蛙上颚)后,使蛙的腹部朝上固定在蛙板上。用剪刀剪开大腿皮肤,用玻璃钩针轻轻拨开半膜肌和股二头肌,暴露坐骨神经和股动脉。用玻璃钩针和尖镊子仔细分离坐骨神经。然后在分离出的坐骨神经下放置一片小蜡纸,并在坐骨神经下沿其分布垫一小棉条并用铁夹夹住蛙下颚部将其挂在铁架上。当蛙腿不动时,将其一侧后肢的趾部浸入盛有0.5%稀盐酸的小烧杯内,测定自蛙趾浸入稀盐酸液至发生举足反射的时间。当出现反应时,立即用清水洗去蛙腿上的酸液。然后在蛙腿坐骨神经下的棉条上滴加2滴2%普鲁卡因溶液,并用棉条裹住蛙的坐骨神经,约10 min 后重复上述试验,测定引起举足反射的时间。比较两次时间的差异,分析产生该差异的原因。

四、结果

记录未施用普鲁卡因和滴加普鲁卡因后蛙趾浸入酸液时举足反射的时间。

五、作业

记录实验过程和结果,比较两次实验时间的差异,分析普鲁卡因对神经干的传导麻醉作用及临床应用。

实验实训十五　水合氯醛的全身麻醉作用

一、目的要求

观察家兔在不同给药途径下对水合氯醛的反应,并通过该次试验进一步了解家兔的有关生理指标,练习兔的灌胃、灌肠、耳静脉注射法及反射检查法。

二、材料

1.动物　家兔 3 只。

2.器材　10 mL 玻璃注射器、8 号针头、9 号人用导尿管、兔开口器、家兔固定台、台秤、兽用体温计、塑料尺。

3.药品　10％水合氯醛注射液、10％水合氯醛淀粉浆溶液、液状石蜡。

三、步骤

取健康青年家兔 3 只,称重。然后检查其角膜、睫毛和肛门反射是否正常;同时测定其体温、脉搏和呼吸频率,用塑料尺测量其瞳孔直径大小,做好记录。

对选出的 3 只家兔通过不同的给药途径给予 10％的水合氯醛溶液(灌胃及灌肠者给予10％水合氯醛淀粉浆溶液),记录给药起止时间。

第 1 只家兔采用胃管(9 号人用导尿管代替)向胃内注入 10％水合氯醛淀粉浆溶液。水合氯醛剂量为 0.3 g/kg。

第 2 只家兔用细胶管或 9 号人用导尿管向直肠内注入 10％水合氯醛淀粉浆溶液。水合氯醛剂量为 0.3 g/kg。

上述两种给药途径给药后,可以观察到家兔在麻醉过程中首先出现肌肉紧张度降低,其次是后麻醉,这时家兔躯体前部尚能支持。然后其前躯逐渐麻痹,但头仍然能够支撑。随后其头亦卧在台上,最后完全进入侧卧麻醉状态。分别记录 2 只家兔进入不同麻醉阶段的时间和开始苏醒的时间,记录于下表中。

第 3 只家兔采用耳静脉注射 10％水合氯醛注射液。水合氯醛剂量为 0.1～0.12 g/kg。观察家兔进入麻醉状态的时间及在不同的时间的表现,记录于下表中。

项目	麻醉前			麻醉过程中		
	内服	直肠给药	静注给药	内服	直肠给药	静脉注射给药
给药开始时间						
给药结束时间						
开始麻醉时间						
完全麻醉时间						
体温						
心率						
呼吸						
瞳孔大小						
痛觉						
角膜反射						
睫毛反射						
肛门反射						
肌肉紧张度						
苏醒时间						

四、作业

记录试验过程和结果,分析为什么通过不同途径给予水合氯醛时,家兔开始产生麻醉作用的时间不一样,家兔进入麻醉期的表现不完全一样?为什么直肠给药比内服给药的作用快而强?

提示:

(1)若用仔猪进行本试验,则直肠灌注水合氯醛剂量为 0.5 g/kg。

(2)家兔各项生理指标及反射的测定方法如下。

体温测定:由一个人将家兔保定在家兔保定台上,另一人将体温计水银柱甩至 35℃ 以下,然后左手抓住家兔尾部,右手持已消好毒的体温计蘸少许液状石蜡,缓缓插入家兔肛门内(深 6 cm 左右,停留 3~5 min)。然后取出体温计,用酒精棉球擦拭以除去黏附在体温计上的粪污,准备读数,并做好记录。

角膜反射检查:将家兔保定在家兔保定台上,检查者用手在离家兔眼前 15~20 cm 处来回晃动,观察家兔有无眨眼现象。若有眨眼现象,则证明有角膜反射。注意在晃动手掌时不要扇动空气。

睫毛反射检查:将家兔保定在家兔保定台上,检查者用毛笔或棉签轻触家兔睫毛。若家兔出现眨眼现象,则表示睫毛反射存在。也可用棉签轻触家兔的眼睑,观察其有无眨眼现象。

肛门反射检查:将家兔保定在家兔保定台上,检查者右手持棉签轻触家兔肛门,观察家兔肛门是否出现收缩现象。若出现肛门收缩,则证明肛门反射存在。

实验实训十六　肾上腺素对普鲁卡因局部麻醉作用的影响

【目的要求】观察肾上腺素对普鲁卡因局部麻醉作用的影响。

【实验材料】

1.动物　家兔 1 只。

2.药物　0.1% 盐酸肾上腺素注射液,2% 盐酸普鲁卡因注射液。

3.器材　注射器(1 mL、5 mL)、8 号针头、剪毛剪、镊子、酒精棉球、台秤。

【实验方法】

1.取家兔 1 只,称重,观察其正常活动,用针刺后肢,观察并记录有无疼痛反应。

2.按 2 mL/kg 体重,在两侧坐骨神经周围,分别注入 2% 盐酸普鲁卡因注射液和加有 0.1% 肾上腺素的普鲁卡因注射液。

3.5 min 后开始观察两后肢有无运动障碍,并用针刺两后肢,观察有无痛觉反应,以后每 10 min 检查一次,观察两后肢恢复感觉的情况。

【注意事项】

1.使兔自然俯卧,在尾部坐骨嵴与股骨头之间摸到一凹陷处,即为坐骨神经部位,注射点需要准确把握。

2.普鲁卡因与肾上腺素的比例,即每 10 mL 2% 普鲁卡因注射液中加 0.1% 盐酸肾上腺素注射液 0.1 mL。

【实验结果】

局部麻醉实验结果

药物	用药前反应	用药后反应/min						
		5	10	20	30	40	50	60
普鲁卡因								
普鲁卡因＋肾上腺素								

【课后作业】分析家兔两后肢运动和感觉恢复时间为何不同？说明普鲁卡因与肾上腺素合用进行局部麻醉的临床意义。

实验实训十七 亚硝酸盐中毒与解救

【目的要求】观察亚硝酸盐中毒的临床表现及亚甲蓝的解毒效果，了解中毒与解毒原理。

【实验材料】

1.动物 家兔 1 只。

2.药物 5％亚硝酸钠注射液、0.1％亚甲蓝注射液。

3.器材 家兔固定器、台秤、5 mL 注射器、8 号针头、酒精棉球、体温计。

【实验步骤】

1.取家兔 1 只称重，观察其正常活动、呼吸及口鼻部皮肤、眼结膜及耳血管的颜色等情况，测量体温。

2.按 1～1.5 mL/kg 体重给家兔耳静脉注射 5％亚硝酸钠注射液，记录时间并观察动物的呼吸、眼结膜及耳血管颜色的变化，开始发绀时测量体温。

3.待出现典型的亚硝酸盐中毒症状后，按 2 mL/kg 体重给家兔静脉注射 0.1％亚甲蓝注射液，观察并记录解毒结果。

【注意事项】

1.解救时，注射亚甲蓝的剂量不能过大，否则有害。

2.要准备好亚甲蓝注射液，中毒症状明显时立即注射解救，以免家兔中毒死亡。

【实验结果】

亚硝酸盐中毒与解救结果

检查项目	中毒前	中毒后	解毒后
呼吸			
体温			
眼结膜			
耳血管			
其他			

【课后作业】根据实验结果，分析亚甲蓝解救亚硝酸盐中毒的原理及效果。

实验实训十八　有机磷类中毒及其解救

一、目的要求

观察有机磷中毒症状,比较阿托品与碘解磷定的解毒效果。

二、材料

1. 动物　家兔。
2. 器材　5 mL 注射器、8 号针头、塑料尺、酒精棉球、台秤。
3. 药品　10%敌百虫、0.1%阿托品注射液、2.5%碘解磷定注射液。

三、步骤

(1)取家兔 3 只分别称重,标记。

(2)剪去腹部、背部的被毛,观察其正常活动、瞳孔大小、呼吸与心跳次数、唾液分泌情况,有无粪尿排出,用镊子轻击背部有无肌肉震颤等。

(3)每只兔自耳静脉注射 10%敌百虫溶液 1 mL/kg 体重,如 20 min 后无中毒症状,可再注射 0.25 mL/kg 体重。

(4)待产生中毒症状后,观察上述指标有何变化。

(5)待中毒症状明显时,甲兔从耳静脉注射 0.1%阿托品注射液 1 mL/kg 体重;乙兔从耳静脉注射 2.5%碘解磷定注射液 2 mL/kg 体重;丙兔从耳静脉注射与甲、乙两兔相同剂量的阿托品和碘解磷定溶液。

(6)观察、比较以上药物对家兔解救效果,并记录于下表中。

兔号	体重	药物	瞳孔/mm	唾液（分泌）	肌肉震颤	粪、尿	心跳/(次/min)	呼吸/(次/min)
甲	用药前 注射敌百虫后 注射阿托品后							
乙	用药前 注射敌百虫后 注射碘解磷定后							
丙	用药前 注射敌百虫后 注射阿托品＋碘解磷定后							

(7)扼要记录实验过程和结果,分析敌百虫中毒机理和阿托品、碘解磷定的解毒原理,写出实验报告。

附　录

附录一　不同动物用药量换算表

1.各种畜禽与人用药剂量比例简表（均按成年）

种类	成人	牛	羊	猪	马	鸡	猫	犬
比例	1	5～10	2	2	5～10	1/6	1/4	1/4～1

2.不同畜禽用药剂量比例简表

畜别	马 （400 kg）	牛 （300 kg）	驴 （200 kg）	猪 （50 kg）	羊 （50 kg）	鸡 （1岁以上）	犬 （1岁以上）	猫 （1岁以上）
比例	1	1～1.5	1/3～1/2	1/8～1/5	1/6～1/5	1/40～1/20	1/16～1/10	1/32～1/16

3.家畜年龄与用药比例

畜别	年龄	比例	畜别	年龄	比例	畜别	年龄	比例
猪	1岁半以上	1	羊	2岁以上	1	牛	3～8岁	1
	9～18个月	1/2		1～2岁	1/2		9～15岁	3/4
	4～9个月	1/4		6～12个月	1/4		15～20岁	1/2
	2～4个月	1/8		3～6个月	1/8		2～3岁	1/4
	1～2个月	1/16		1～3个月	1/16		4～8岁	1/8
							1～4岁	1/16
马	3～12岁	1	犬	6个月以上	1			
	15～20岁	3/4		3～6个月	1/2			
	20～25岁	1/2		1～3个月	1/4			
	2岁	1/4		1个月以下	1/16～1/8			
	1岁	1/12						
	2～6个月	1/24						

4.给药途径与剂量比例关系表

给药途径	内服	直肠给药	皮下注射	肌内注射	静脉注射	气管注射
比例	1	1.5～2	1/3～1/2	1/3～1/2	1/4～1/3	1/4～1/3

附录二 注射液物理化学配伍禁忌表

1	1 注射用青霉素 G 钠(10 万 IU/mL)pH5
2	2 注射用青霉素 G 钾(1 万 IU/mL)pH5	—
3	3 注射用氨基苄青霉素钠(2%)pH8.2	/	/
4	4 注射用羧苄青霉素(2%)pH6.5	/	/	/
5	5 注射用硫酸链霉素(5%)pH5～7	—	—	/	/
6	6 硫酸卡那霉素注射液(25 万 IU/mL)pH7.8	+	+	/	/	—
7	7 氯霉素注射液(125 mg/mL)pH5.5	—	—	/	/	—	±
8	8 注射用盐酸土霉素(50 mg/mL)pH2	+	+	/	/	—	±	—
9	9 注射用盐酸金霉素(0.2%)pH3	+	△	/	/	—	—	—	—
10	10 注射用盐酸四环素(50 mg/mL)pH2	+	△	/	/	—	±	—	—	—
11	11 注射用乳糖酸红霉素(50 mg/mL)pH6.5	+	—	/	/	—	±	—	△	△	△
12	12 硫酸庆大霉素注射液(2 万 IU/mL)pH6	—	/	/	/	/	—	—	—	/	—	—
13	13 枸橼酸小檗碱注射液(10 mg/mL)pH4～6	—	—	/	/	—	—	—	—	—	—	—	/
14	14 磺胺嘧啶钠注射液(20%)pH9	+	+	/	/	+	+	±	+	+	+	+	+	+
15	15 毛花强心丙注射液(0.2 mg/mL)pH5.5	—	—	—	—	—	—	—	—	—	—	—	—	—	+
16	16 毒花旋花子甙 K 注射液(0.25 mg/mL)pH5.5	—	/	/	/	/	—	—	—	/	—	—	—	/	+	/
17	17 毒毛旋花子甙 G 注射液(0.25 mg/mL)pH5.5	—	—	—	—	—	—	—	—	—	—	—	—	—	+	—	—
18	18 肾上腺素注射液(0.1%)pH3	—	—	—	—	—	—	—	—	—	—	—	/	+	+	—	/	—
19	19 重酒石酸去甲肾上腺素注射液(1 mg/mL)pH4.5	±	±	/	—	—	—	—	—	—	—	—	—	+	+	—	—	—	—
20	20 硫酸异丙肾上腺素注射液(0.5 mg/mL)pH4.5	—	—	—	—	—	—	—	—	—	—	—	—	+	+	—	—	—	—	—
21	21 盐酸利多卡因注射液(塞罗卡因)(2%)pH3.5～6	—	—	—	—	—	—	—	—	—	—	—	/	+	+	—	/	—	—	—	—
22	22 氨茶碱注射液(2.5%)pH9	+	△	△	△	+	+	—	±	±	±	△	—	+	—	—	△	—	+	△	△	—
23	23 盐酸山梗莱碱注射液(洛贝林)(3 mg/mL)pH4.5	—	—	—	—	—	—	—	—	—	—	—	—	—	+	—	—	—	—	—	—	—	+
24	24 戊四氮注射液(10%)pH7.6～8 右旋糖酐注射液(6%含 0.9%NaCl)pH5.5	—	—	—	—	—	—	—	—	—	—	—	/	—	—	—	—	—	—	—	—	—	—	—
25	25 尼可刹米注射液(25%)pH6.5	—	—	—	—	—	—	—	—	—	—	—	—	—	—	—	—	—	—	—	—	—	—	—	—
26	26 注射用三磷酸腺苷(10 mg/mL)pH4.5	—	—	—	—	—	—	—	—	—	—	—	—	—	+	—	±	—	—	—	—	—	△	—	—	—
27	27 注射用辅酶 A(25 IU/mL)pH5.5	+	+	—	—	—	+	—	+	—	+	+	—	—	+	±	±	±	—	—	—	—	△	±	—	—	—
28	28 注射用细胞色素 C(7.5 mg/mL)pH6.5	+	+	—	—	—	+	—	+	—	+	+	—	—	+	—	—	—	—	+	+	—	△	—	—	—	—	—
29	29 维生素 C 注射液(250 IU/mL)pH6	—	—	—	—	—	—	—	±	±	±	+	—	—	+	—	—	—	—	—	—	—	△	—	—	—	—	—	—
30	30 右旋糖酐注射液(6%含 0.9%NaCl)pH5.5	—	—	/	/	—	—	—	—	—	—	—	—	+	±	—	—	—	—	—	—	—	—	—	—	—	—	—	—	—
31	31 葡萄糖注射液(5%)pH5	—	—	/	/	—	—	—	—	—	—	—	—	—	±	—	—	—	—	—	—	—	—	—	—	—	—	—	—	—	—
32	32 氯化钠注射液(0.9%)pH5.5	—		/	/	—	—	—	—	—	—	±	—	+	—	—	—	—	—	—	—	—	—	—	—	—	—	—	—	—	—	—
33	33 葡糖糖氯化钠注射液 pH5.5	—	—	—	—	—	—	—	—	—	—	—	—	+	±	—	—	—	—	—	—	—	—	—	—	—	—	—	—	—	—	—	—
34	34 复方氯化钠注射液 pH5.5	—	—	/	/	—	—	—	—	—	—	±	—	+	—	—	—	—	—	—	—	—	—	—	—	—	—	—	—	—	—	—	—	—
35	35 氯化钾注射液(10%)pH5	—	—	—	—	—	—	—	—	—	—	±	—	+	+	—	—	—	+	—	—	—	—	—	—	—	—	—	—	—	—	—	—	—	—
36	36 氯化钙注射液(5%)pH5	—	—	—	—	+	+	—	—	—	—	+	—	+	+	—	—	—	—	—	—	—	—	—	—	—	—	—	—	—	—	—	—	—	—	—
37	37 葡萄糖酸钙注射液(10%)pH6	—	—	/	/	—	—	—	+	—	+	—	—	—	+	—	—	—	—	—	—	—	—	—	/	—	—	+	—	—	—	—	—	—	—	—	—
38	38 乳酸钠注射液(11.2%)pH6.5～7	—	—	/	/	—	—	—	±	—	±	±	—	+	±	—	—	—	—	—	—	—	—	—	—	—	—	—	—	—	—	—	—	—	—	—	—	—
39	39 碳酸氢钠注射液(5%)pH8.5	+	△	/	/	—	—	—	±	±	±	+	—	—	±	—	△	—	+	△	△	+	—	—	—	—	+	+	△	△	—	—	—	—	+	—	+	+	—
40	40 山梨醇注射液(25%)pH4.5～5	—	—	/	/	—	—	—	—	—	—	—	—	—	—	—	—	—	—	—	—	—	—	—	—	—	—	—	—	—	—	—	—	—	—	—	—	—	—	—
41	41 甘露醇注射液(20%)pH5	—	—	/	/	—	—	—	—	—	—	—	—	—	—	—	—	—	—	—	—	—	—	—	—	—	—	—	—	—	—	—	—	—	—	—	—	—	—	—	—
42	42 注射用促皮质素(2 IU/mL)pH4.2	+	+	/	/	+	—	—	—	—	—	±	/	+	+	—	—	—	—	—	+	—	+	—	—	+	+	+	+	+	+	±	+	±	+	+	+	±	+	+	—	—
43	43 氢化可的松注射液(5 mg/mL)pH5.7	—	—	—	—	+	+	—	—	—	—	—	±	+	△	—	—	—	—	—	—	—	△	—	—	—	—	±	—	—	—	—	—	—	—	—	—	—	±	△	—	—	—
44	44 注射用氢化可的松琥珀酸钠(10 mg/mL)pH5～7	—	/	/	/	/	+	—	+	/	+	—	—	/	+	—	—	—	/	+	—	/	△	+	/	—	—	+	+	—	+	—	—	/	—	—	+	—	—	△	—	—	—	/
45	45 地塞米松磷酸钠注射液(氟美松)(5%)pH6.5～7	—	—	—	—	—	—	—	±	—	±	—	—	+	+	—	—	—	—	—	—	—	—	+	+	—	—	+	+	—	—	—	—	—	—	—	+	—	—	—	—	—	+	—	—
46	46 维生素 K3 注射液(4 mg/mL)pH5.5	+	—	—	—	—	—	—	—	—	—	—	—	+	+	—	—	—	—	—	—	—	△	—	—	—	—	—	—	—	—	—	—	—	—	—	—	—	—	+	—	—	—	—	—	—
47	47 止血敏注射液(25%)pH4.5～5	—	—	—	—	—	—	—	—	—	—	—	—	+	+	—	—	—	—	—	—	—	—	—	+	—	—	+	—	—	—	—	—	—	—	—	—	—	—	—	—	—	+	—	—	+	—
48	48 6—氨基己酸注射液(20%)ph7.5	—	—	—	—	—	+	—	+	+	+	—	—	—	+	—	—	—	—	—	—	+	—	—	/	—	—	—	—	—	—	—	—	—	—	—	—	—	—	—	—	—	+	—	—	—	—	—
49	49 硫酸阿托品注射液(0.5 mg/mL)pH5.5	—	—	—	—	—	—	—	—	+	—	—	—	+	△	—	—	—	—	—	—	+	△	—	—	—	—	—	—	—	—	—	—	—	—	—	—	—	—	△	—	—	—	—	—	—	—	—	—
50	50 氢溴酸东莨菪碱注射液(0.3 mg/mL)pH5.5	—	—	—	—	—	—	—	—	+	—	—	—	+	△	—	—	—	—	—	—	—	△	—	—	—	—	—	+	—	—	—	—	—	—	—	—	—	—	△	—	—	—	—	—	+	—	—	—	—
51	51 度冷丁注射液(50 mg/mL)pH5	—	—	—	—	—	—	—	—	—	—	—	—	+	+	—	—	—	+	—	—	—	+	—	—	—	—	—	—	—	—	—	—	—	—	—	—	—	—	+	—	—	—	—	—	+	—	—	—	—	—
52	52 注射用苯巴比妥钠(2%)pH9.6	—	—	+	/	—	+	—	+	±	+	—	/	+	—	—	—	—	—	—	—	—	—	+	—	—	—	—	—	—	—	—	—	—	—	—	—	—	—	—	—	—	+	—	—	—	—	+	+	—	—	+
53	53 注射用异戊巴比妥钠(5%)pH10.2	—	—	+	/	+	+	—	+	—	+	—	/	—	—	—	/	—	+	+	+	+	+	+	—	—	+	—	+	+	—	±	—	+	—	—	+	+	—	+	—	—	+	—	/	—	+	+	+	—	—	+	/
54	54 注射用硫喷妥钠(2.5%)pH10.8	+	△	+	/	+	+	±	±	+	+	+	/	+	—	—	—	—	+	+	+	+	+	+	—	—	+	—	+	+	±	±	—	±	—	+	+	+	+	+	—	—	+	—	/	—	+	+	+	—	—	+	—	—
55	55 硫酸镁注射液(5%含 5%葡萄糖)pH5.8	—	—	/	/	—	—	—	—	+	—	—	/	—	—	—	—	—	—	—	—	—	+	—	—	—	—	—	—	—	—	—	—	—	—	—	+	+	—	+	—	—	+	—	/	—	—	—	—	—	—	—	—	—	+
56	56 溴化钠注射液(10%)pH5.7	—	—	/	/	—	—	—	—	—	—	+	—	+	+	—	—	—	—	—	—	—	—	—	—	—	—	—	—	—	—	—	—	—	—	—	—	—	—	—	—	—	+	—	—	—	—	—	—	—	—	—	—	—	—	+
57	57 溴化钙注射液(10%)pH6.5～7	—	/	/	/	/	+	—	—	/	—	+	—	/	+	—	—	—	/	—	—	/	—	—	/	—	—	—	—	—	—	—	—	—	—	—	—	—	—	+	—	—	/	—	—	/	—	—	—	—	—	—	/	/	/	/	—
58	58 盐酸氯丙嗪注射液(25 mg/mL)pH5.5	+	+	+	+	—	—	—	—	—	—	—	—	+	+	—	—	—	+	—	—	—	+	—	—	—	+	±	—	±	—	—	—	—	—	—	—	—	—	+	—	—	—	—	+	+	±	+	+	—	—	—	+	+	+	—	+	—
59	59 盐酸异丙嗪注射液(25% mg/mL)pH5.5	+	+	+	+	—	+	—	—	—	—	—	—	+	+	—	—	—	—	—	—	—	+	—	—	—	+	±	+	±	—	—	—	—	—	—	—	—	—	+	—	—	—	—	+	+	±	+	+	—	—	—	+	+	+	—	+	—	—
60	60 盐酸苯海拉明注射液(20 mg/mL)pH5.5	—	—	/	/	—	—	—	—	+	—	—	—	+	+	—	—	—	+	—	—	+	+	—	—	—	—	±	—	—	—	—	—	—	—	—	—	—	—	+	—	—	—	—	+	+	—	+	—	—	—	—	+	+	+	—	—	—	—	—
61	61 脑垂体后叶注射液(10 IU/mL)pH3.5	+	+	/	/	—	+	—	—	—	—	—	—	—	+	—	—	—	—	—	—	—	△	—	—	—	—	—	—	—	—	—	—	/	—	—	—	—	—	+	—	—	—	—	—	+	+	—	—	—	—	—	—	—	—	—	—	—	—	—	—
62	62 马来酸麦角新碱注射液(0.2 mg/mL)pH5	+	—	—	—	—	—	±	—	—	—	—	—	—	+	—	—	—	—	—	—	—	+	—	—	—	+	+	—	—	—	—	—	—	—	—	—	—	—	+	—	—	—	—	—	—	—	—	—	—	—	—	—	—	—	—	—	—	—	—	—	+
63	63 催产素注射液(10 IU/mL)pH3.5	+	/	/	/	/	—	—	—	/	—	—	—	/	△	—	—	—	/	—	—	/	△	—	/	—	—	—	—	—	—	—	—	/	—	—	—	—	—	△	—	—	/	—	—	/	—	—	—	—	—	—	/	/	/	/	—	—	—	—	—	—	+
64	64 盐酸普鲁卡因注射液(2%)pH5	±	±	—	—	±	—	—	—	—	—	—	—	+	+	—	—	—	+	—	—	—	—	—	—	—	—	±	+	—	—	—	—	—	—	—	—	—	—	—	—	+	±	—	—	+	±	—	—	—	—	—	—	—	+	—	—	—	—	—	—	—	—	—
		1	2	3	4	5	6	7	8	9	10	11	12	13	14	15	16	17	18	19	20	21	22	23	24	25	26	27	28	29	30	31	32	33	34	35	36	37	38	39	40	41	42	43	44	45	#	47	48	49	50	51	52	53	54	55	56	57	58	59	60	61	62	63

说明

“—” 表示无可见的配伍禁忌(即溶液澄明,无外观变化)。

“+” 表示有浑浊或沉淀、变色等现象。

“△” 表示溶液澄明,但效价降低。

“±” 表示浓溶液配伍有浑浊或沉淀,但先将一种药物加入输液中稀释后,再加入另一种药物,溶液可澄明,或配伍量变更时可澄明。青霉素类稀释至 1 万 IU/mL,四环素类稀释至 0.5 mg/mL,卡那霉素稀释至 2%以下,氯霉素稀释至 0.2%,氢化可的松稀释至 0.5 mg/mL。

本表只表示配伍间的外观变化情况,除了个别外,未注明效价变化。

本表未表明配伍后的毒性变化情况。

“/” 表示未进行实验。

参考文献

[1] 李春雨,贺生中.动物药理.北京:中国农业大学出版社,2007.

[2] 孙志良,罗永煌.兽医药理学实验教程.北京:中国农业大学出版社,2006.

[3] 曾振灵.兽医药理学实验指导.北京:中国农业出版社,2009.

[4] 赵兴绪,魏彦明.畜禽疾病处方指南.北京:金盾出版社,2003.

[5] 陈杖榴.兽医药理学.北京.中国农业出版社,2001.

[6] 王新,李艳华.兽医药理学.北京:中国农业科学技术出版社,2006.

[7] 李荣誉,王笃学,崔耀明.兽医药理学.北京:中国农业出版社,2007.

[8] 沈建忠,谢联金.兽医药理学.北京:中国农业大学出版社,2000.

[9] 中国兽药典委员会.中华人民共和国兽药典兽药使用指南(化学药品卷).北京:中国农业出版社,2006.

[10] 陈杖榴.兽医药理学.3版.北京:中国农业出版社,2009.

[11] 胡功政.兽药合理配伍使用.郑州:河南科学技术出版社,2009.

[12] 朱模忠.兽药手册.北京:化学工业出版社,2002.

[13] 王玉祥.药理学实验.北京:中国医药科技出版社,2004.

[14] 操继跃,卢笑丛.兽医药物动力学.北京:中国农业出版社,2005.

[15] 石冬梅,李玉冰.动物普通病.北京:中国农业大学出版社,2008.

[16] [英] Jones L M,Nicholas H Booth,Leslie E McDonald,et al.兽医药理学与治疗学.冯淇辉,申葆和,戎耀方等译.上海:上海科学技术文献出版社,1985.

[17] 华南农学院.兽医药理学.北京:农业出版社,1980.

[18] 赵红梅,苏加义.动物机能药理学实验教程.北京:中国农业大学出版社,2007.

[19] 沈春岚.家畜药理学实验指导.长春:中国人民解放军兽医大学训练部,1987.

[20] 陈新谦,金有豫.新编药物学.15版.北京:人民卫生出版社,2003.

[21] Ruth R Levine. Pharmacology:drug actions and reactions. 6ed. Pathenon Publishing,2000.

[22] 杨世杰.药理学.北京:人民卫生出版社,2001.

[23] 王雷.解热镇痛抗炎类药物.中国兽药杂志,2003,37(4):53-55.

[24] 陈妙英.解热镇痛药的再评价.药物不良反应杂志,2002(6):417.

[25] 蔡豫丽.常用解热镇痛药的不良反应及预防.中原医刊,2002,23(5):128.

[26] 郝文利,李培锋.解热镇痛药的发展概况.动物医学进展,2006,27(6):45-49.

[27] 余祖功,胡明亮,江善祥.氟尼辛葡甲胺——动物专用的解热镇痛消炎药.畜牧与兽医杂志,2005,37(7):35.

[28] 周翠珍.动物药理学.重庆:重庆大学出版社,2007.

[29] 梁运霞,宋冶萍.动物药理与毒理.北京:中国农业出版社,2006.

[30] 钱之玉.药理学进展.南京:东南大学出版社,2005.

[31] 郑筱萸.药学专业知识(一).北京:中国中医药出版社,2003.

[32] 陈杖榴.兽医药理学.北京:中国农业出版社,2005.

[33] 宋大鲁.中西结合兽医学概论.北京:中国农业出版社,1998.

[34] 吴本芬,程绍云.抗过敏药物引起过敏反应1例.河北医药,2004,26(9):717.

[35] 王成.中兽医诊疗技术.郑州:河南科学技术出版社,2009.